試験対策の
第一人者
左門至峰の
出るとこ
DERUTOKO

ネスペ教科書

最短距離で合格できる
ネットワークスペシャリスト

OPEN

左門至峰［著］

日経BP

はじめに

本書は，ネットワークスペシャリスト試験に合格するための入り口として，ネットワークの基礎を身に付けてもらうための本です。

コンセプトは，「基礎」，「試験に出る（または出た）ところだけ」を解説することです。覚える必要のない解説は，可能な限り排除しました。とはいえ，その技術の背景や関連技術を説明しないと，何のことだかさっぱり分からなくなるので，最低限は残しています。

受験生の皆様におかれましては，この難問試験の対策として，「基礎」を学習する意味があるのか，と疑問に思われるかもしれません。

答えは，「大いに意味があります！」。試験センターである情報処理推進機構（IPA）が公開していた，ネットワークスペシャリスト試験の前身であるテクニカルエンジニア（ネットワーク）試験の「試験区分の内容説明」には，次のように記載されていました。

> **受験者がプロトコルなど基礎技術を体系的に整理し，実務経験があれば容易に解答できるよう工夫している**

ここにあるように，合格に必要なのは，基礎知識なのです。実際，合否を決める午後2試験でさえも，解答例だけを見ると，難しいキーワードは出てきません。基礎的な言葉ばかりで構成されているのです。

本書は，今回を含めて二度改訂しています。毎回意識しているのは，覚える必要のない解説を排除することで，薄い本に仕上げることです。仕事やプライベートで忙しいと，勉強に割ける時間が少ないと思います。そもそも「分厚い本は読む気にならない」という方もいらっしゃるでしょう。多くの方の役に立ててほしいと思い，他の参考書と比べて薄くしています。

ただ今回の改訂では，前回より内容を充実させています。もちろん，無駄に解説を増やすことはしていません。最新の過去問を改めて読み直し，時代の変化に合わせて，不足していると判断した解説を追加したことで分量が増えました。もちろん，試験には出なくなった，もしくは出ないと予想される内容は削っています。

本書は，ネットワークスペシャリスト試験合格を目指す方が，最初に基礎知識を身に付ける本としてご活用ください。基礎知識が身に付いたら，次は過去問学習に入るとよいでしょう。過去問の中に分からない用語や技術が出てきたら，インターネットや書籍で調べたり，実機で試したりして知識を深めてください。これは，多くの合格者が実践している勉強方法です。

ネットワークの基礎を学ぶ本書と過去問学習で，是非とも合格を勝ち取っていただきたいと思います。

左門 至峰

目 次

Contents

第8章 関連技術

第9章 WAN

第 1 章

ネットワーク

1-1 ネットワークとは

皆さんはパソコン（PC）で，インターネットにアクセスしたり，サーバにファイルを保存したり，プリンタから印刷したりしていることでしょう。このように，複数のコンピュータ機器を接続したものを**ネットワーク**といいます。

1 ネットワークの分類

ネットワークは，大きくLAN，WAN，インターネットの三つに分けられます。例えば，ファイルサーバやプリンタとの接続など，事務所などの限られた範囲で接続されたネットワークを**LAN**（Local Area Network）といいます。また，複数の拠点や取引先などと接続されたネットワークを**WAN**（Wide Area Network）といいます。

フルスペルを見ると，「Local」や「Wide」などのキーワードが入って，理解しやすいですね

はい，そう思います。略語になっている用語のフルスペルを必ずしも覚える必要はありませんが，新しい用語に遭遇したときはフルスペルを確認すると，意味を覚えやすいでしょう。

インターネットは，GoogleやFacebookなどの海外サービスを含めた世界中のサーバ群と接続されたネットワークです。参加しているのは，LANやWANのように顔が見える相手ばかりではありません。便利なサービスを利用できる半面，攻撃者も参加できるネットワークなので，セキュリティ面で不安があります。

ここで，LAN，WAN，インターネットのイメージを示します。

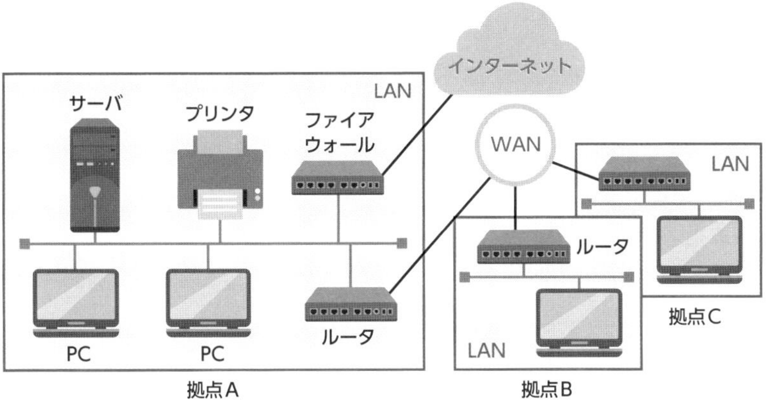

◉ LAN, WAN, インターネットのイメージ

2 ネットワーク構築に必要な機器

ネットワークを作るときに必要な機器をいくつか紹介します。

❶PCと NIC（LANポート）

皆さんが利用するPCには，ケーブルを接続するためのコネクタ（**LANポート**）が備わっています。かつてはLANポートが付いた**NIC**（Network Interface Card）と呼ばれるカード型の装置をPCに装着していましたが，今ではNICを装着しているケースは少なく，NICの機能を組み込んでいることが一般的です。一部のPCやサーバでは，今でもNICを装着しています。またノートパソコンでは，LANポートを搭載せず，後述する無線LANで通信する製品が増えています。

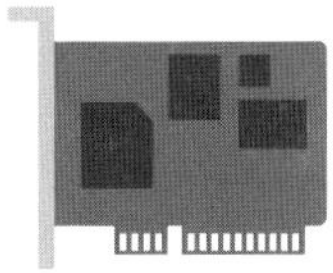

◉ PCやサーバに装着するNICの形状

❷ケーブル

機器同士をつなぐケーブルには，LANケーブル，光ファイバーケーブル，電話線などがあります。皆さんに最もなじみ深いのは，LANケーブルでしょう。詳しくは，2-2で解説します。

◉ 皆さんにもおなじみのLANケーブル

❸スイッチングハブ

複数のPCやサーバを接続する機器をスイッチングハブといいます。詳しくは2-5で解説します。単にスイッチと呼ぶこともあります。

❹ルータやファイアウォール

LANとLANや，LANとWANとの接続する際に使用する機器をルータといいます。また，LANとインターネットとの接続する際に使用する機器をファイアウォールといいます。

❺無線LAN

LANケーブルを使ったLANを有線LANと呼び，電波を使ったLANを無線LANと呼びます。

❻サーバ

Webサーバ，メールサーバなど，さまざまなサービスを提供する機器がサーバです。

ここまでに紹介した❶〜❻の機器は，次のように接続されます。

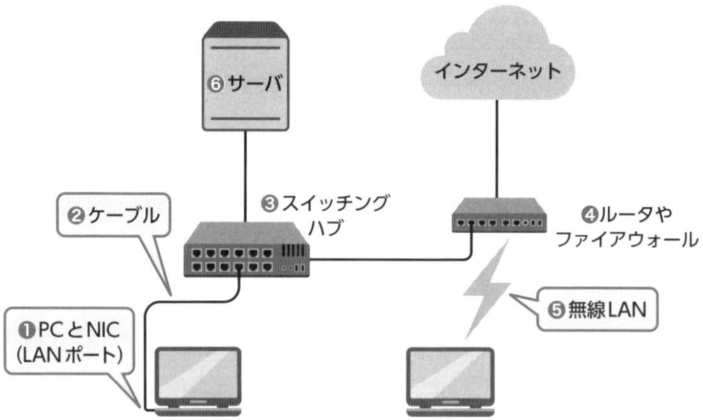

◉ ネットワーク構築に必要な機器

1-2 プロトコル

1 プロトコルとは

プロトコルとは，通信するための「取り決め（ルール）」のことです。インターネットは世界中のサーバと通信しますから，通信のルールを決めておく必要があります。例えば，メールの場合，メールを送信する場合にはSMTP，受信する場合にはPOPやIMAPといったプロトコルを使います。通信相手が，このような取り決めに合意していなければ，当然ながら通信が成立しないのです。

2 OSI参照モデル

プロトコルは階層で管理されます。例えば，メールのSMTPやPOP，IMAPはアプリケーション層のプロトコルです。ケーブルの種類やコネクタの形状など，物理的な階層のプロトコルもあります。

国際標準化機構であるISOは，通信に関するプロトコルを7つの階層に分けて管理しています。これを，**OSI（Open System Interconnection）参照モデル**といいます。

ネットワーク機器メーカは，OSI参照モデルに合わせて機器を開発しています。そのため，異なるメーカの機器をつなげても正しく通信できるようになります。

◉ OSI参照モデル

階層	名称	解説	代表的なプロトコル
7層	アプリケーション層	ユーザーが使うアプリケーションのデータをやり取りする	HTTP，SMTP，FTP，POP，IMAP
6層 5層	（プレゼンテーション層） （セッション層）		TLS
4層	トランスポート層	順序制御などを行い，通信の品質を保つ	TCP，UDP
3層	ネットワーク層	IPアドレスを用いて，ルーティングやデータ中継などを行う	IP
2層	データリンク層	LAN内の機器同士でデータをやり取りする	MACアドレス，イーサネット，PPP
1層	物理層	LANケーブル，光ケーブルといった物理的な媒体の差異を吸収する	LANケーブル，光ケーブル

※5〜7層をまとめてアプリケーション層と呼ぶことがあります。

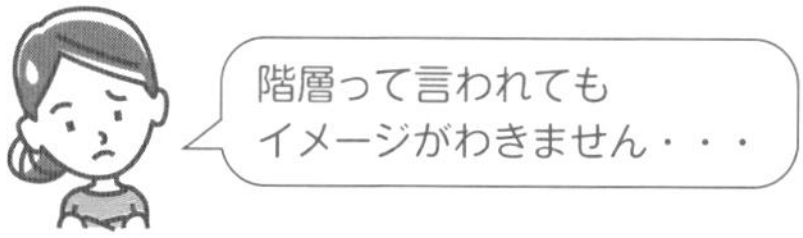

あまり難しく考えず，プロトコルを整理をするために7階層に分けた，くらいに考えてください。ただ，階層に分けることは理にかなっています。例えば，製品開発をするときに便利です。

各ネットワーク機器は，どの階層の処理を行うのかを意識して設計されています。例えば，スイッチングハブは2層のデータリンク層の処理を行う装置です。上位である3層のネットワーク層の処理に関与しません。このように，自分が担当する層の機能だけを実現すればいいので，設計が楽になるのです。

第2章

LAN（1層，2層）

2-1 MACアドレス

1 MACアドレスとは

MACアドレス(MAC：Media Access Control)は，世界中で一つしか存在しないように機器のメーカが機器ごとに割り当てた固有の番号です。正確には，NICごとに一つずつ割り振ります。よって，二つのNIC機能を持つ機器には，MACアドレスが二つあります。

次の画面は，無線LANと有線LANのNICを搭載したPCにおける，Windowsの「ネットワーク接続」です。Wi-Fi (無線LAN) とイーサネット (有線LAN) の二つのネットワーク接続があります。それぞれにMACアドレスが割り当てられています。

◉ **PCにおけるネットワーク接続の様子**

自分のPCのMACアドレスを見てみましょう。コマンドプロンプトから「ipconfig /all」を実行すると，「物理アドレス」が表示されます。これがMACアドレスです。

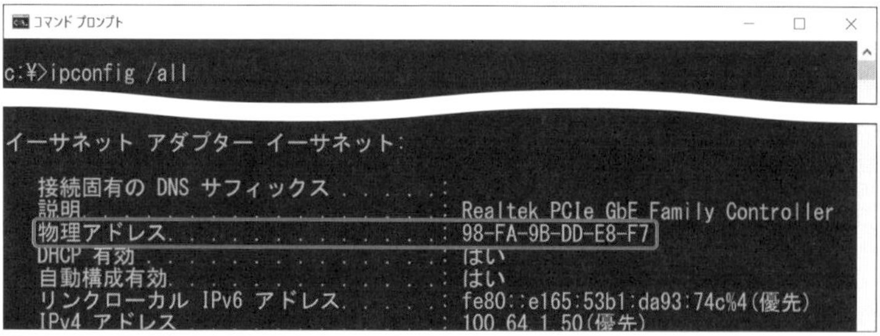

◉ **PCのMACアドレス**

MACアドレスは16進数表記で，「98-FA-9B-DD-E8-F7」のように1バイトごとに「-」や「:」で区切られます。全体の長さは，48bitです。

私のPCと同じMACアドレスを割り当てられた機器は，世界中どこにもないということですか？

はい，そうです。その特徴を生かして，機器を認証する**MACアドレスフィルタリング**という仕組みがあります。認証サーバがMACアドレスを見て，接続を許可してよいかどうかを判断する仕組みです。

ただ，ユーザ側でMACアドレスを書き換える方法が存在します。そのため，MACアドレスだけで認証するのはセキュリティとしては不十分です。

ネットワークではMACアドレスのほかに，この後で解説するIPアドレスというアドレスも使います。MACアドレスは名前，IPアドレスは住所にたとえられることがあります。郵便局の人が名前や住所を頼りにハガキを運ぶように，ネットワークではMACアドレスやIPアドレスを頼りにパケットを運びます。住所（IPアドレス）は引っ越すと変わりますが，引っ越しても名前（MACアドレス）は変わりません。ネットワークの世界でも，IPアドレスはどこから接続するかによって変わりますが，MACアドレスは変わらないという特徴があります。

2 MACアドレスのフォーマット

MACアドレスは，48bitで構成されています。前半の24bitはNICのメーカ（製造者）に割り当てられた**OUI**（Organizationally Unique Identifier）で，後半の24bitは製造者が独自に割り当てた機器ごとの番号です。OUIから製造者を調べることができます。例えば，AppleのOUIは00-1B-63，DellのOUIは00-1D-09です。例えば，次はApple製品のMACアドレスだと分かります。

00-1B-63-00-53-34

← 製造者ごとの番号 →（24bit）	← 機器ごとの番号 →（24bit）

◉ MACアドレスのフォーマット

2-2 ケーブル

ネットワークで主に使われるケーブルは，金属の信号線を使ったLANケーブルと，光ファイバを使った光ファイバケーブルに分けられます。

1 LANケーブル（ツイストペアケーブル）

我々が日常的に利用している**LANケーブル**は，ツイストペアケーブルと呼ばれます。2本の信号線（ペア）をより合わせた（ツイスト）ケーブルという意味です。不要になったLANケーブルをニッパーなどで開いてみると，その様子がよく分かると思います。

◉ ツイストペアケーブルを開いたところ

1本の信号線は，銅線とその周りを被覆する樹脂でできています。2本の信号線をより合わせて電圧の差を使って信号を流して，データを送ります。

信号線にノイズ対策のシールドを施したLANケーブルを**STP**（Shielded Twisted Pair），シールドがないLANケーブルを**UTP**（Unshielded Twisted Pair）と呼びます。

LANケーブルは，「**カテゴリ**」と呼ぶ規格によって，分類されます。一般にカテゴリに続く数字が大きいほうが高品質で，より高速な通信に対応します。1Gbps（1000Mbps）の通信には，カテゴリ5eやカテゴリ6のLANケーブルが使われます。10Gbpsであれば，カテゴリ6Aやカテゴリ7のLANケーブルを使います。

2 光ファイバケーブル

(1) 光ファイバケーブルとは

光ファイバケーブルは，信号を送る伝送媒体として光ファイバを用いたケーブルです。LANケーブルに比べ，高速かつ長距離の通信が可能です。

(2) 光ファイバケーブルの種類

光ファイバケーブルには，コアの直径が細く，光の通り道が一つのシングルモードファイバ（SMF：Single Mode Fiber）と，コアの直径が太く，光の通り道が複数あるマルチモードファイバ（MMF：Multi Mode Fiber）の二つがあります。

シングルモードファイバは，長距離伝送に向いています。一方，マルチモードファイバは，シングルモードに比べてケーブルの曲げに強く，使いやすいという特徴があります。企業内のLANで広く利用されています。

(3) 光ファイバケーブルとLANケーブルの接続

光ファイバケーブルとLANケーブルは，信号の種類が異なるため，両者を接続する装置が必要です。

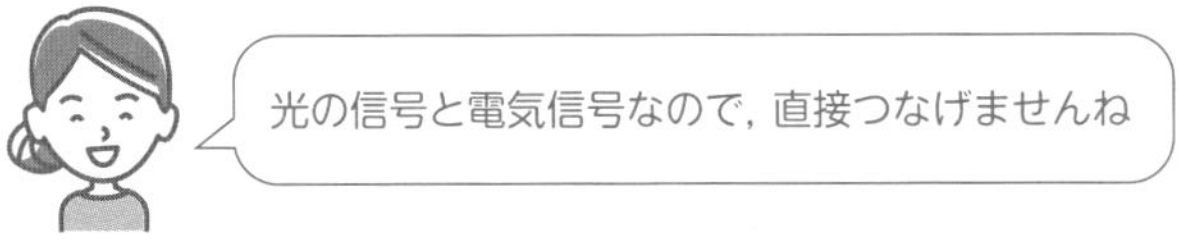

そうです。光の信号と電気信号を相互に変換するメディアコンバータ（M/C）を設置する必要があります。光回線を利用したインターネット接続サービスでは，メディアコンバータを使ってLANケーブルを接続できるようにしています。

ネットワーク機器の中には，光ファイバケーブルとLANケーブルの両方を接続できる機器があります。こうした機器には，メディアコンバータの機能が組み込まれています。

◉ LANケーブル（左）と光ファイバケーブル（右）を接続できるネットワーク機器

2-3 イーサネット

1 イーサネットとは

LANに異なるメーカのPCやサーバ，プリンタ，ネットワーク機器を接続しても，正常に通信できます。これは，LANの通信に関する様々な規格（プロトコル）があり，各機器が規格に沿って通信しているからです。

イーサネット (Ethernet) は，会社や家庭などでよく使われる有線のケーブルで構成されたLANの規格です。イーサネットでは，データを**フレーム**と呼ばれるまとまった単位に分割して，送信します。これは，引っ越しの際に荷物を一定の大きさの段ボールに詰めて送るのに似ています。

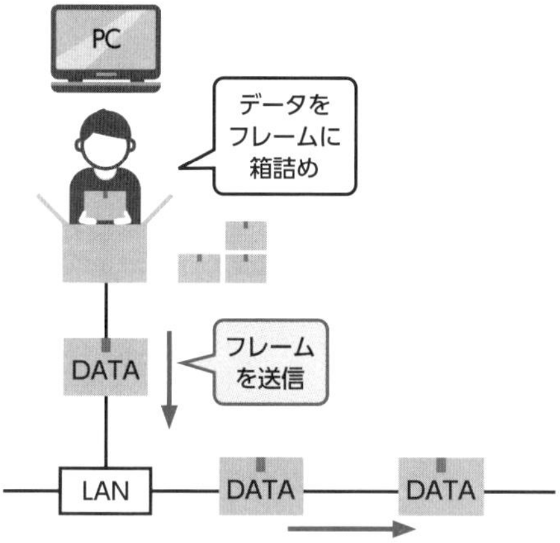

◉イーサネットでデータを送るイメージ

箱詰めにすることで，複数のPCがほぼ同時に複数のPCと通信できるようになります。箱に入れないと，みんなのデータが混ざってしまいますよね。

イーサネットの規格では，フレームの大きさやフォーマットなどが細かく定められています。メーカはイーサネットの規格に従った製品を作るので，異なるメーカの機器が混在しても相互通信が可能になります。

2 イーサネットフレーム

イーサネットで流れるフレームを**イーサネットフレーム**といいます。イーサネットフレームの構造は以下です。

❶宛先MAC アドレス	❷送信元MAC アドレス	❸タイプ	❹データ	❺FCS

◉ **イーサネットフレームの構造**

内容に関して，以下に補足します。

❶宛先MACアドレス：イーサネットで通信する相手のMACアドレス
❷送信元MACアドレス：フレームを送信する送信元のMACアドレス
❸タイプ：データ部にはどんなタイプのデータが入っているかを示す情報。例えば，IPv4のデータなのか，IPv6なのかを示す値が入る
❹データ：メールやWeb閲覧など，実際にやり取りするデータ
❺FCS：フレームの損失が無いかを確認するためのもの

そうです。これを見ると，イーサネットは，IPアドレスではなくMACアドレスにて通信をしていることが分かってもらえると思います。

イーサネットフレームは，宛先によって，次の三つに分類されます。

◉ **イーサネットのフレームの種類**

名称	解説	宛先MACアドレス
ブロードキャスト	同一セグメント内の全ての端末にデータを一斉送信	全ての端末を意味する FF:FF:FF:FF:FF:FF※注
ユニキャスト	一つの端末だけにデータを送信	宛先のMACアドレス
マルチキャスト	同一セグメント内の特定のグループの端末に，データを一斉に送信	マルチキャスト固有のアドレス

※注：2進数で表すと16進数のFは1111。FF:FF:FF:FF:FF:FF はすべてが1

次に，この三つのフレームのイメージを紹介します。

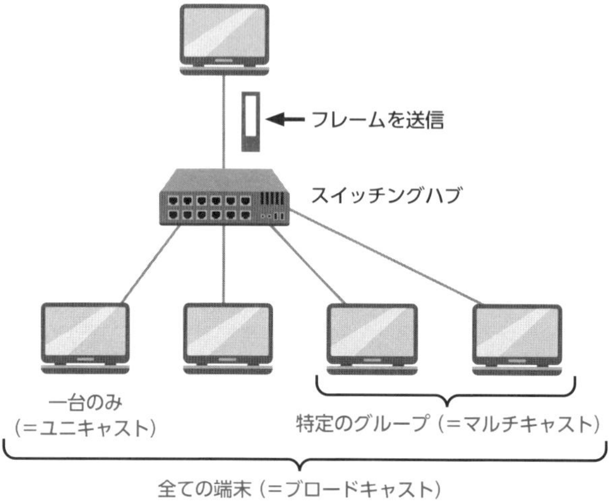

◉3種類のイーサネットフレーム

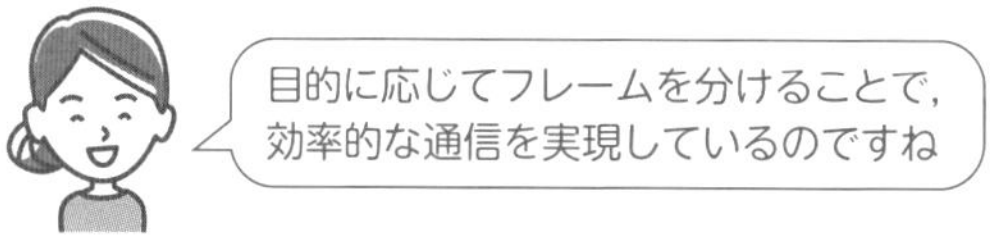

はい，その通りです。通常はユニキャストで通信をしますが，特定のグループに限定して一斉送信する場合はマルチキャストを使います。

3 イーサネットの規格

イーサネットには，いくつかの規格があります。

規格は，次のように表記します。三つの要素に分けられ，左から順に伝送速度，伝送方式，ケーブルの種類を表します。伝送速度の1000は1000Mbps，つまり1Gbpsを示します。BASEはベースバンド方式，デジタルデータをそのまま伝送する方式ですが，これは覚える必要はありません。Tはツイストペアケーブルを示します。

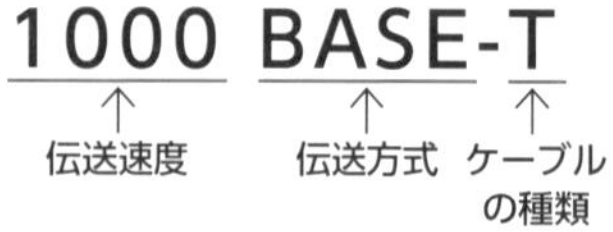

次に，イーサネットの規格をいくつか紹介します。

◉ イーサネットの規格

規格	速度	ケーブル	伝送距離※注
1000BASE-T	1Gbps	ツイストペアケーブル	100m
1000BASE-SX		光ケーブル（マルチモード）	550m
1000BASE-LX		光ケーブル（マルチモード，シングルモード）	マルチモード（550m） シングルモード（5km以上）
2.5GBASE-T	2.5Gbps	ツイストペアケーブル	100m
5GBASE-T	5Gbps	ツイストペアケーブル	100m
10GBASE-T	10Gbps	ツイストペアケーブル	100m
10GBASE-SR	10Gbps	光ケーブル（マルチモード）	300m
10GBASE-LR	10Gbps	光ケーブル（シングルモード）	10km

※注：距離は，製品やケーブルの種類によって変わりますので，目安と考えてください。

補足ですが，SXおよびSRのSと，LXおよびLRのLは，波長の長さを示します。Sは波長が短く（S：Short），Lは長い（L：Long）という意味です。シングルモードは，マルチモードに比べて長い波長を使うことが多く，長距離伝送が可能になります。

上の表の中で，比較的新しい規格として，2.5Gbpsまたは5Gbpsの通信速度のイーサネット規格（IEEE 802.3bz）があります。これは，**マルチギガイーサネット**と呼ばれます。これらの規格では，広く普及しているカテゴリ5eやカテゴリ6のLANケーブルをそのまま使えます。もちろん，利用にはPCやスイッチが2.5Gbpsや5Gbpsに対応している必要があります。それでも，10Gbpsより導入しやすいでしょう。

4 パケットキャプチャ

ネットワークがつながらなかったり，ネットワークの遅延が発生したりする問題が起こった際に，その原因を究明する必要があります。どうやって原因を見つけますか？

人間だったら，病院で血液検査をしたり，レントゲンを撮ったりして，正確な状況を確認しますよね。

ネットワークトラブルの原因を探すときは，ネットワーク機器の設定を確認したり，コマンドを使ってネットワークの状態を見たりします。さらに，LANケーブルに流れるデータ（フレーム/パケット）を収集して，パケットの中身を見てネットワークの状況を確認する手法があります。この手法を**パケットキャプチャ**といいます。

パケットキャプチャは，次のような方法で実行します。

❶パケットキャプチャ用のPCを用意

PCでパケットキャプチャを行うには，PCにキャプチャソフトをインストールします。無料で使えるWiresharkが有名です。Wiresharkを使うときは，自分宛てではないパケットを収集できるようにするためのNICの動作モード**プロミスキャスモード**（promiscuous mode）を有効にする必要があります。

❷スイッチングハブにミラーポートの設定

従来，スイッチングハブは，宛先の端末がつながっているポートにのみフレームを転送します。ですから，パケットキャプチャ用PCにはフレームが届きません。そこで，キャプチャ用PCが接続されたポートにもフレームを転送するために，**ミラーリング**を設定します。ミラーリングが設定されたポートを**ミラーポート**といいます。

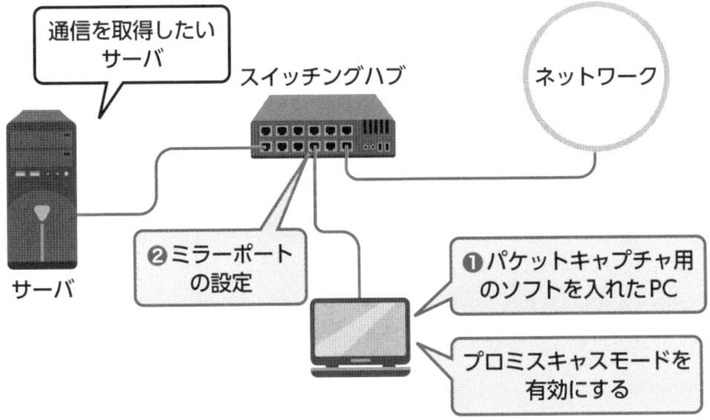

◉ パケットキャプチャの方法

2-4 ARP

1 ARPとは

ARP (Address Resolution Protocol：アドレス解決プロトコル) とは，IPアドレスからMACアドレスを取得するプロトコルです。通信相手のMACアドレスを調べるために使います。

次の図を見てください。PC1が192.168.1.2のIPアドレスを持つPCと通信しようとします。PC1は，192.168.1.2のPCと通信をするために，ARPパケットを送って，MACアドレスを調べます（下図❶）。192.168.1.2のIPアドレスを持つのはPC2ですから，PC2が「私です」と回答します（下図❷）。これにより，PC1は192.168.1.2のIPアドレスのMACアドレスを知ることができます。

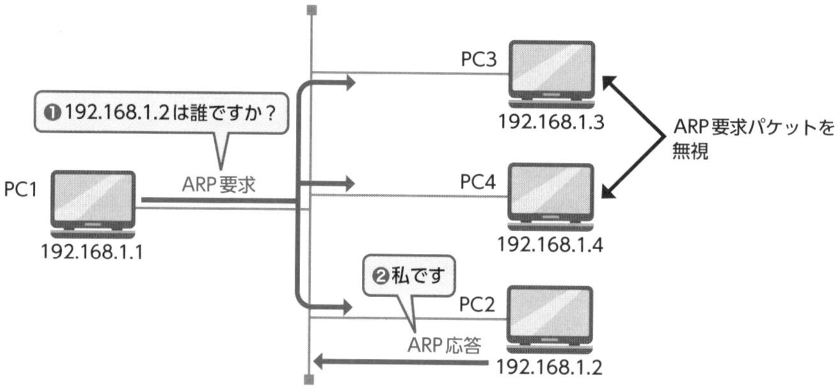

◉ ARPの動作

全員に一斉に送るという点では，デパートなどで迷子の保護者を呼び出すときに似ていますね。

2 ARPテーブル

PC1はARP応答によって，PC2のMACアドレスを知ることができました。しかし，ARPによるMACアドレスの問い合わせを，PC2にデータを送るたびに実行するのは非効率です。そこでPC1は，192.168.1.2とPC2のMACアドレスが対応することを記録しておきます。この対応表を，**ARPテーブル**といいます。

PC1のARPテーブルは，次のようになります。

◉ PC1のARPテーブル

IPアドレス	MACアドレス
192.168.1.2	00-00-5E-00-53-01（PC2のMACアドレス）

PC1からのARP要求に応答したPC2でも，PC1のIPアドレスとMACアドレスの対応をPC2のARPテーブルに記録します。なお，このPC1のARP要求を無視したPC3とPC4には何も記録されません。

3 GARP

(1) GARPとは

GARP（Gratuitous ARP）は，自分自身に設定したIPアドレスに対するARPです。

その通りです。この点は複雑なので，順を追って説明します。

従来のARPは，IPアドレスからMACアドレスを取得します。GARPもこの点は同じです。しかし，GARPが従来のARPと違うのは，自分のIPアドレスを問い合わせる点です。その目的の一つは，自分のIPアドレスとMACアドレスの対応をLAN内に通知するためです。例えば，GARPによって，スイッチングハブのARPテーブルを更新します。

といってもよく分からない思うので，具体的な例で説明します。

(2) GARPの活用例

次のように冗長化（一方が故障してももう一方が代わりに動作するように，複数台の機器を用意し設定しておくこと）された2台のファイアウォール（以降，FW）があります（図の❶）。二つのFWは192.168.1.1という共通のIPアドレスを持って冗長化していたとします（同❷）。FW1とFW2のMACアドレスはそれぞれmac1，mac2です（同❸）。

正常時はFW1がアクティブ（同❹）として動作し，FW2は待機しています。ルータのARPテーブルには，192.168.1.1のMACアドレスとしてmac1が保持されています（同❺）。

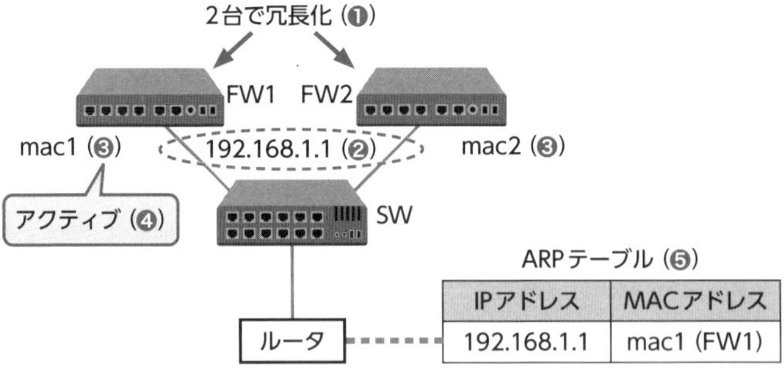

◉ 冗長化されたFWの構成

この状態で，FW1が故障するとどうなるでしょうか。

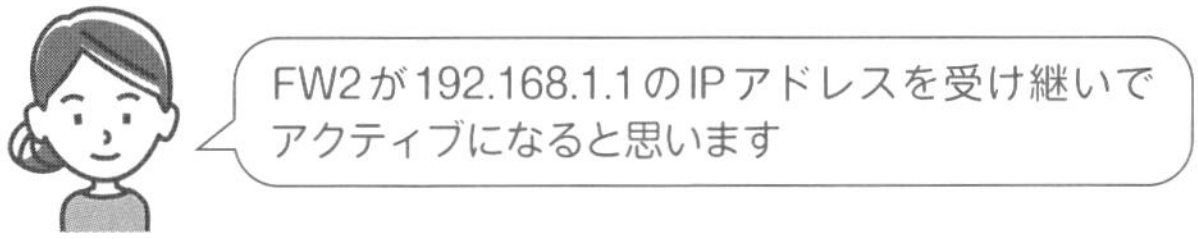

そうです。FW2がアクティブになります（次の図の❶）。しかし，このままではルータのARPテーブルが書き換わっていません。ルータに192.168.1.1宛のフレームが届いても，mac1（故障しているFW1）にフレームを送ってしまいます。それを防ぐのがGARPです。FW2がGARPを送ると（同❷），それを受け取ったルータはARPテーブルを書き換えて192.168.1.1に対応するMACアドレスをmac2（FW2）に書き換えます（同❸）。

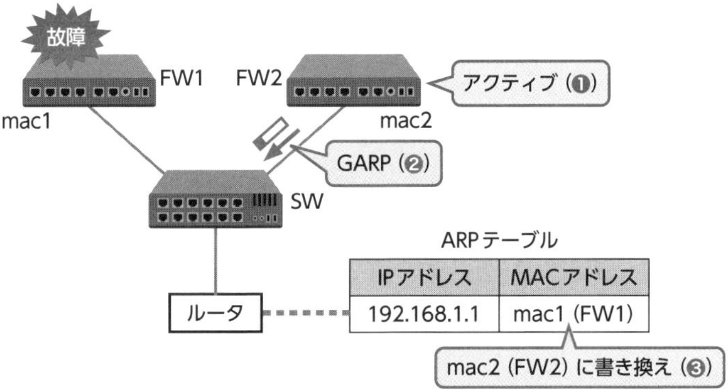

◉ アクティブになる機器が変わったら，GARPでARPテーブルを書き換える

(3) GARPが更新できるテーブル

GARPが更新できるテーブルは，ルータのARPテーブルだけではありません。2-5で解説するスイッチングハブのMACアドレステーブルも更新可能です。例えば，VRRPに構成において，マスタルータがダウンした場合，バックアップルータに切り替わります。このときに，スイッチのMACアドレステーブルを更新する目的でGARPを送信します。詳しくは，VRRPの章で説明します。

4 ARPスプーフィング

ARPスプーフィングは，ARPフレームに偽りの情報を入れて，相手をだまします。「spoof」は「だます」という意味です。その結果，だました相手のARPテーブルに嘘の情報を登録させます。そうすれば，相手の通信を妨害することができます。

では，過去問（令和元年午後1問3）に登場したネットワークで解説します。不正なPCとL3SW1，通信制御装置で構成されたネットワークです。ARPスプーフィングは第三者が攻撃する意図で使うことが多いですが，この問題では通信制御装置がネットワークを監視し，不正なPCに通信させないためにARPスプーフィングを使います。

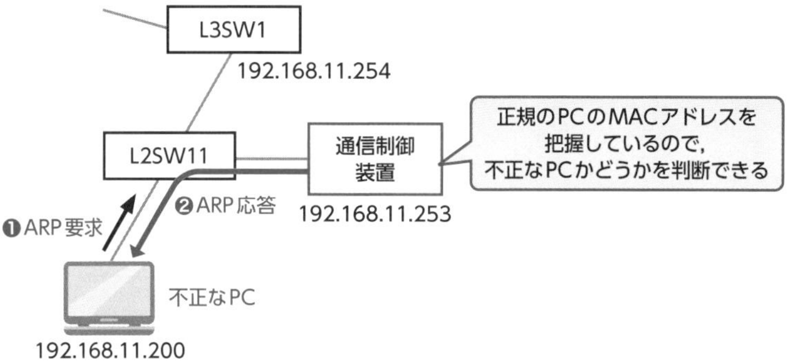

◉ 過去問に登場したARPスプーフィングの実行例

通信制限装置は，セグメント内のARPパケットを監視します。そして，不正だと判断したPCが送った「L3SW1のMACアドレスは何ですか？」というARP要求（図の❶）を検出すると，通信制限装置が「私です」と嘘のARP応答（同❷）を送ります。

その結果，不正なPCのARPテーブルは，次にように記録されます。

◉ PCのARPテーブル

IPアドレス	MACアドレス
192.168.11.254（L3SW1）	通信制御装置のMACアドレス

ARPでは認証を実行しないので，PCは無条件に応答を信じます。これにより，PCのARPテーブルに嘘の情報が書き込まれます。

はい，そうです。そこで，通信制限装置は何度も偽のARP応答を送ります。ARPテーブルは後から届いた情報で上書きされるので問題ありません。

2-5 スイッチングハブ

1 スイッチングハブとは

ハブは，複数のLANケーブルを束ねて接続する装置です。ポートに届いたフレームを他のすべてのポートに転送します（図の❶）。このため，ハブに接続されている全てのPCにフレームが届きます。スイッチングハブと区別するために，シェアードハブやリピータハブと呼ばれることもあります。

一方，**スイッチングハブ**は，フレームの宛先MACアドレスを見て，該当するPCが接続されているポートにのみフレームを転送します（同❷）。

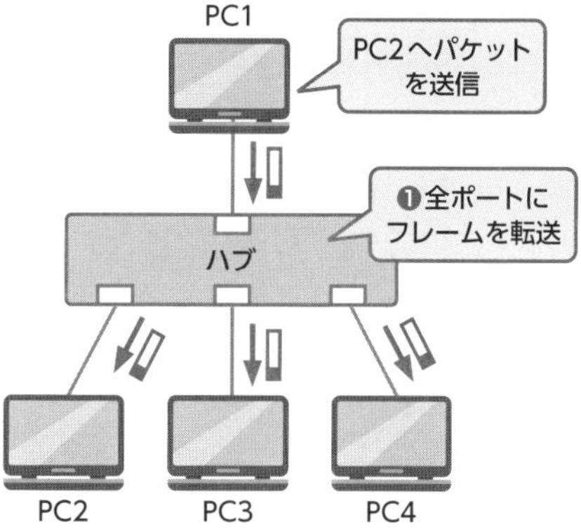

◉ ハブの動作

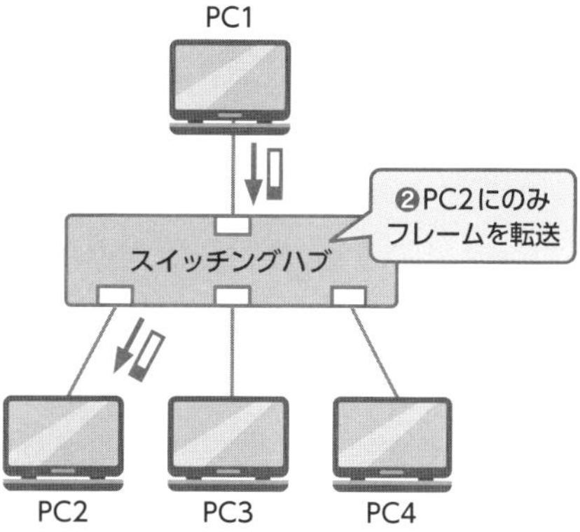

◉ スイッチングハブの動作

スイッチングハブを使えば，該当ポートにのみフレームを転送するので，無駄なトラフィックが流れません。

また，多くのスイッチングハブには，VLANの機能やSTPの機能，認証LANなどのセキュリティ機能なども有します。最近販売されているハブは，ほぼすべてスイッチングハブです。

2 MACアドレスの学習

スイッチングハブでは，MACアドレスを学習します。目的は，上記の図で示したような，該当のポートにのみフレームを転送するためです。例えば，スイッチングハブの1番ポートには，「00-00-5E-00-53-01」のMACアドレスを持つPC2が接続されている，という情報を持ちます。

学習したMACアドレスとポートの対応情報は，**MACアドレステーブル**に記録されます。

◉ MACアドレステーブル

MACアドレス	ポート
00-00-5E-00-53-01	1番
00-00-5E-00-53-25	2番
00-00-5E-00-53-A3	3番

2-4で解説したARPテーブルでは，IPアドレスとMACアドレスの対応を保持します。違いを覚えておきましょう

次は，シスコシステムズのスイッチ製品にて，MACアドレステーブルを表示したところです。ポート19番（Fa0/19），ポート10番（Fa0/10），ポート1番（Fa0/1）にて，接続先のMACアドレスを学習している様子が分かります。

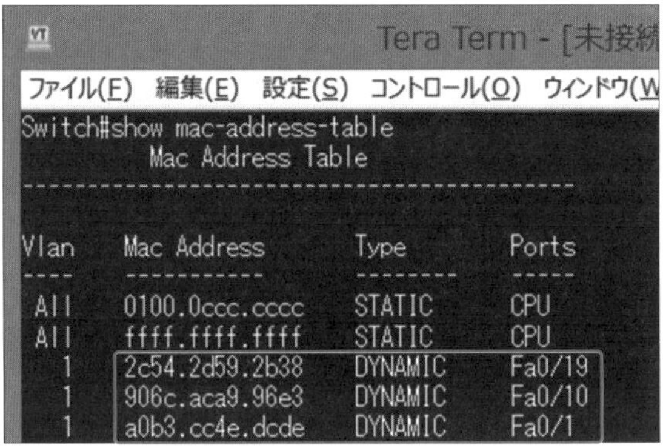

◉ 実際のMACアドレステーブル

3 ネットワークの接続設定について

スイッチのポートやPCのNICでは，速度や通信の設定を行うことができます。次はWindowsのPCにて，該当するNICのプロパティを開いた画面です。いろいろな設定ができますが，その中の一つに「速度とデュプレックス」があります（図の❶）。

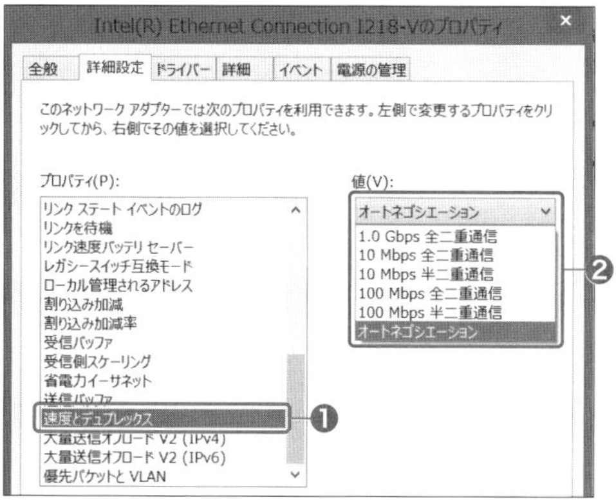

◉ NICの設定

これを見ると分かるように，NICでは**全二重**や**半二重**の設定と，速度（1Gbpsや10Gbpsなど）の設定が行えます（同❷）。

ここで，全二重と半二重について解説をします。まず，「二重」とは一重（片方向）ではなく，二重（双方向）を意味します。次に，「全」とは「全て二重」，つまり同時に二重（双方向）を意味します。

整理すると，次の3パターンになります。

◉ 片方向，半二重，全二重

種類	解説	例
片方向通信	一方的な通信	ラジオ
半二重通信（half duplex）	両者が通話可能だが，両者が同時に通話することはできない	トランシーバ
全二重通信（full duplex）	両者が双方向で，同時に通話することが可能	電話

全二重・半二重や接続先ポートの速度を自動判別して，それを基に自装置の

設定を変更する機能をオートネゴシエーションといいます（「NICの設定」の図の❷）。

また，通常，PCとスイッチングハブを接続するケーブルはストレートケーブル，PCとPCやスイッチングハブ同士を接続するのはクロスケーブルです。接続先ポートのピンの割り当てを自動判別して，ストレートケーブルまたはクロスケーブルのいずれでも接続できるスイッチングハブの機能を**Automatic MDI/MDI-X**といいます。

便利な機能ですね。
でも，そもそもなぜケーブルを分ける必要があるのですか？

LANケーブルは，右図のように，8つのピンで構成されます。1番，2番ピンは送信用で，3番，6番ピンは受信用と決まっています。ストレートケーブルを使うと，PCから1番ピンで送ったデータが送信用の1番ピンに届いてしまいます。ですから，PC同士を接続するには，クロスケーブルが必要です。

ちなみに，スイッチングハブでは，PCとストレートケーブルで接続できるようにピンが配置されています。

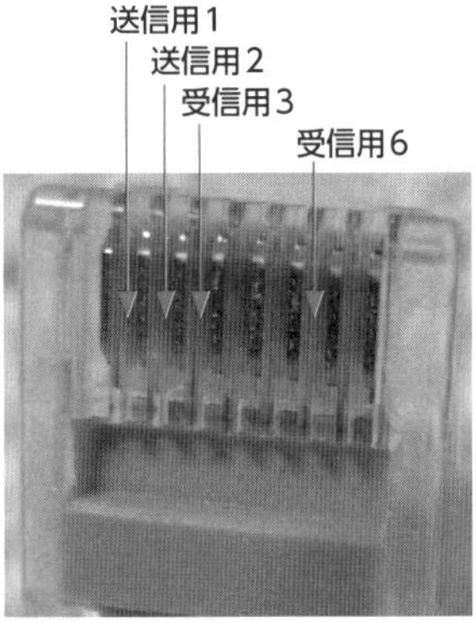

◉ LANケーブル

補足解説 1Gbps以上の通信の場合のケーブル

Cat5e以上のケーブルによる1G（1000M）bps以上の通信の場合は，100Mbps通信では使わなかった4，5，6，7のピンを含め，8本すべてを送受信に使うことで高速通信を実現しています。また，1Gbps以上の通信を行う場合は，ネットワーク機器側にて，Automatic MDI/MDI-X機能を実装するように通信規格で定められています。よって，PCとPCを直接接続する場合でも，ストレートケーブルで通信できます。

最近は1Gbps以上の通信ばかりですので，クロスケーブルの必要性が薄れてきています。

2-6 STP

1 STPの概要

L2スイッチを複数接続して経路を冗長化すると，次の図のように経路がループ構成になります。こうなると，フレームがループを無限に流れ続け，通信ができなくなります。

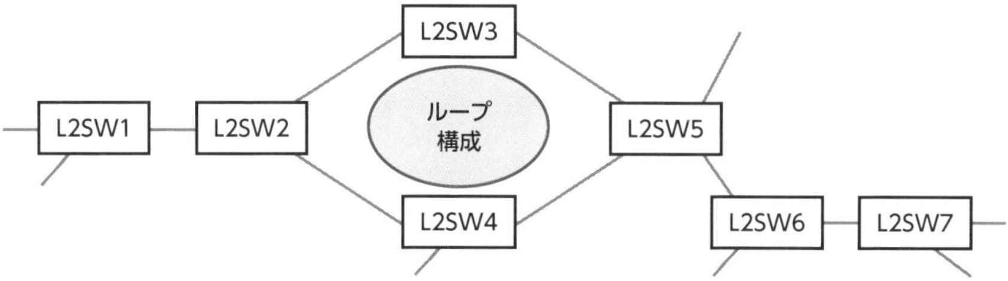

◉ フレームのループ

そこで，IEEE 802.1Dで規定されているデータリンク層のプロトコルである**STP**（スパニングツリープロトコル）を有効にします。STPは，ループ構成になった経路の一部をフレームが流れないようにブロックすることで，フレームのループを防ぎます。

2 STPの目的

STPの目的は，次の二つです。

❶ループの回避

既に述べましたが，STPの目的はループを防ぐことです。ループが発生すると，ネットワークが輻輳（ふくそう，混み合って通信できなくなる状態）して，通信ができなくなるからです。

❷信頼性向上（冗長性の確保）

LANの設計をするときに，わざとループを作ることがあります。それは，ループ構成を組んでSTPを有効にしておけば，障害時に自動的に迂回経路に切り替わるからです。つまり，冗長性を確保することができます。

3 STPの言葉の整理

STPを詳しく解説する前に，STPに関するいくつかの言葉を解説します。

❶ブリッジ

ブリッジとは，同一セグメントの二つのネットワークを接続する装置です。実質的には，2ポートのスイッチングハブと同じです。一方，STPにおけるブリッジという言葉は，スイッチングハブだと考えてください。

❷ルートブリッジ

スパニングツリーは，「ツリー」という言葉が含まれる通り，ツリー(tree) 構造になっています。そのツリー構造の根 (root)，つまり起点になるのが**ルートブリッジ**です。ルートブリッジは，セグメントごとに一つ選定されます。

❸BPDU

STPでは，ルートブリッジが**BPDU** (Bridge Protocol Data Unit) というフレームを送信することで，ループを検出します。また，BPDUはブリッジ間の情報交換にも利用されます。

4 ルートブリッジの決め方

ルートブリッジの決定には，ブリッジの優先度（ブリッジプライオリティ値）とMACアドレスを使用します。プライオリティは数字で指定し，0が最も小さく，値が小さい方が優先です。

例えば，次の構成図を見てください（過去問の平成20年午前問44より）。3台のスイッチがループ構成で接続されています。各スイッチの優先度が等しい場合，ルートブリッジはどれになるでしょうか。

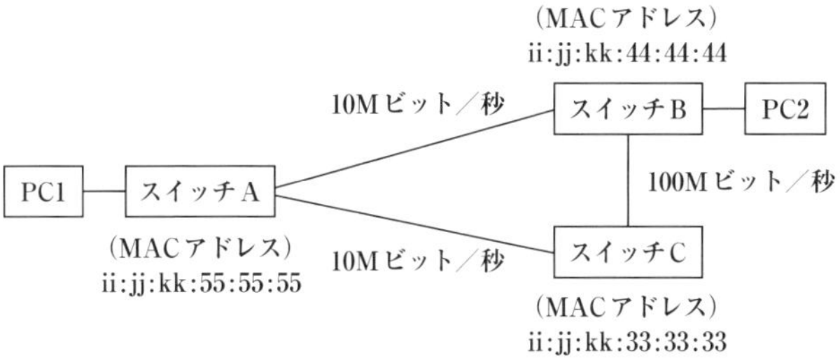

◉3台のスイッチがループ構成で接続

今回の場合，スイッチの優先度はすべて等しいので，MACアドレス（の小ささ）で決まります。最小のMACアドレスを持つスイッチCがルートブリッジになります。

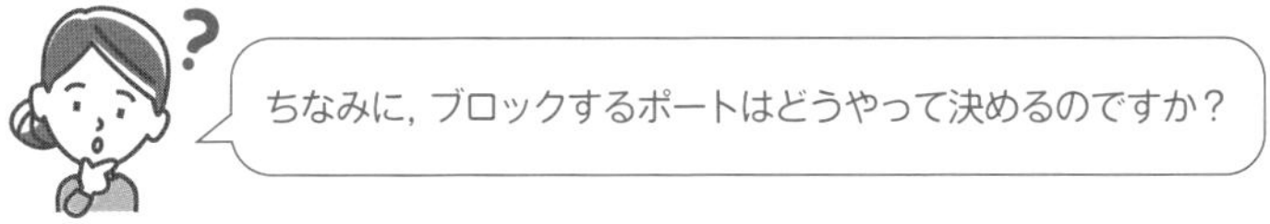

少し複雑な計算式でブロックするポートが決められます。ここでは解説しませんが，考え方としては，ルートブリッジから最も遠いところがブロックされると理解してください。今回の場合は，スイッチAのスイッチBに接続しているポートがブロックされます。

5 STPのポート状態

STPの状態には次の四つの状態があり，上から下の順に状態が遷移します。

◉ STPの状態遷移

遷移	ポートの状態	概要	（次の状態遷移までの）所要時間
↓	ブロッキング	データ転送をしない。BPDUの受信のみ	約20秒
	リスニング	BPDUを送信して状態を確認。ルートブリッジ，ルートポートなどを選定	約15秒
	ラーニング	流れるトラフィックからMACアドレスを学習※注	約15秒
	フォワーディング	データ転送の実施	—

※注：MACアドレスの学習をしないと，全てのポートからフレームが流れることになってしまいます。

この4つのポートの状態の中で，データを転送するのは，フォワーディング状態だけです。ということは，ブロッキングの状態から，通信可能になるまでには，最大で50秒ほどかかります。ちょっと長いですよね。

所要時間って，もっと短くできないのですか？

設定変更すれば短くできます。ただ，接続されたすべてのスイッチにBPDUを届け，状態を確認したりポートの役割を決めたりしますので，ある程度の待ち時間が必要です。そうしないと，ループが発生してしまう場合があるのです。

6 RSTP

ここまでに説明したように，通常のSTPではフォワーディング状態になるまでに50秒ほどかかります。業務で50秒も通信が停止するのは困りますよね。**RSTP**（Rapid STP）は，高速（Rapid）なSTPとあるように，切り替わる時間を短くしたSTPです。

RSTPでは，STPのように，状態が変更した都度リスニングやラーニングの待ち時間を発生させるようなことはしません。すぐに状態変化をさせて，数秒での切り替えを可能にしています。

※ただし，必ずしも数秒で切り替わるのではなく，新規でスイッチを接続する場合などは，ラーニングの待ち時間などが必要です。

7 STP技術の必要性

2層（データリンク層）の冗長化技術としては，STP（およびRSTP）より優れた技術があります。それは，この後に解説するはスタックやリンクアグリゲーションの技術です。実際の現場でも過去問でも，STPやRSTPを使った「冗長化」はほとんど利用されません。

ただし，スタックとリンクアグリゲーションで冗長化をしても，ループ対策は必要です。誰かが間違って，ループになるようにLANケーブルを挿してしまうかもしれないからです。

単純な例でいうと，下図左のように，一つのスイッチングハブに，1本のLANケーブルの両端を接続した場合です。（同じVLANに所属したポートであれば，）これでループになります。それ以外には，2台のスイッチが1本のLANケーブルで接続されているところに，もう一方のLANケーブルを接続した場合です（下図右）。

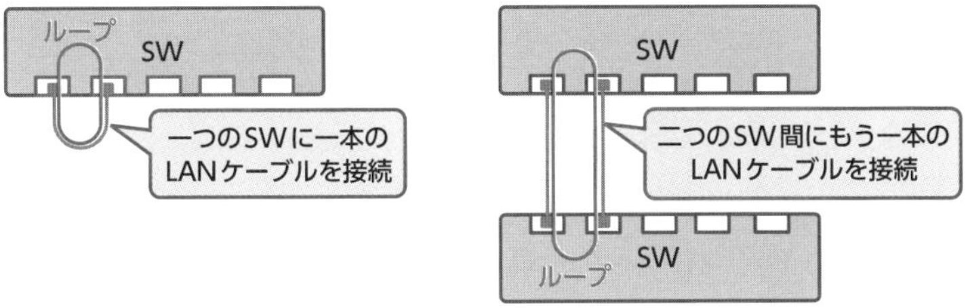

◉ ループ接続の例

なので，スタックなどの冗長化技術を使えばSTPが不要というわけではありません。STPはループ対策として，スタックなどの冗長化技術と併用されます。

2-7 リンクアグリゲーション

1 リンクアグリゲーションとは

リンクアグリゲーション (Link Aggregation) とは，コンピュータとスイッチングハブ，または2台のスイッチングハブの間を接続する複数の物理回線を論理的に1本の回線に束ねる技術です。

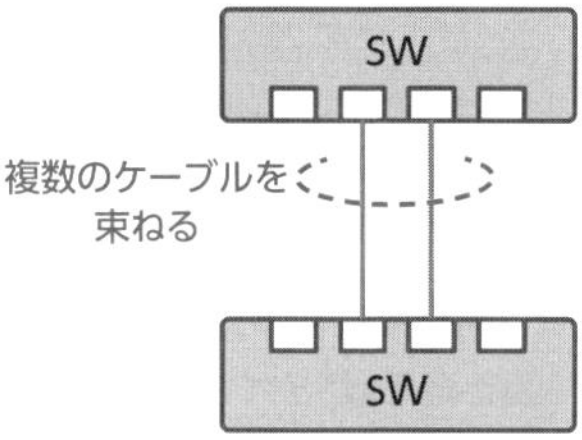

◉ リンクアグリゲーション

2 リンクアグリゲーションの目的

リンクアグリゲーションを設定する目的は次の通りです。

❶帯域拡大

例えば，1Gbpsのケーブルを4本束ねることで，4Gbpsの通信が可能になります。

10Gbpsに対応しているスイッチングハブは高額です。加えて，10Gbps用の専用の接続コネクタ（SFPといいます）やケーブルも必要です。リンクアグリゲーションは，安価なスイッチングハブとLANケーブルで帯域拡大ができるので，便利な技術です。

❷冗長化（による信頼性向上）

複数のケーブルを束ねることで，1本のケーブルが切断されたとしても，残りのケーブルで通信が可能です。冗長化ができるので信頼性が向上します。

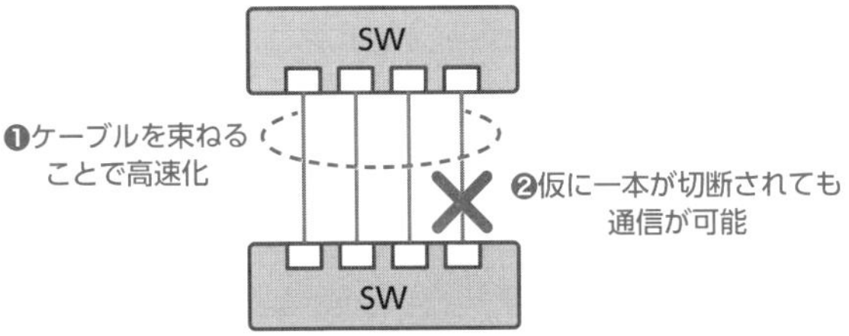

◉ リンクアグリゲーションの目的

3 STPに比べた利点

スイッチの冗長化を実現する仕組みには，STPもありましたよね？

はい，STPもリンクアグリゲーションもどちらもスイッチの冗長化が可能です。しかし，ネットワークの現場では，STPを使わずにリンクアグリゲーションを使うことがほとんどです。なぜなら，STPに比べてリンクアグリゲーションには次の利点があるからです。

❶障害時の中断時間が短い

ケーブルが切断されるなどの経路障害が発生したとき，STPの場合は，経路を再計算するのに時間がかかります（古いSTPの技術では約50秒かかります）。その間，通信が行えません。一方，リンクアグリゲーションは再計算の必要ありませんので，中断時間はほぼ発生しません（1秒以内に切り替わります）。

❷設定と運用が容易

STPでは，どこをルートブリッジにしてどこをブロッキングするかの設計をする必要があります。一方，リンクアグリゲーションでは，それらを考慮する必要がないので，設定も運用も簡単です。

❸帯域拡大

リンクアグリゲーションでは帯域の拡大ができますが，STPではできません。

4 スタック

リンクアグリゲーションはケーブルの冗長化技術でしたが，スイッチそのものを物理的に冗長化する仕組みとして**スタック**があります。スタックは2台以上のスイッチングハブを主に専用ケーブル（光ケーブルの場合もあり）で接続し，1台として動作させる技術です。スタックする機器は，原則として同じ機器である必要があります。

Configは2台で一つになります。ですから，2台で共通のIPアドレスを持ちます。

さて，スタック接続ですが，リンクアグリゲーションと組み合わせて，スイッチングハブとケーブルの両方を冗長化することがよくあります。接続構成例は次です。

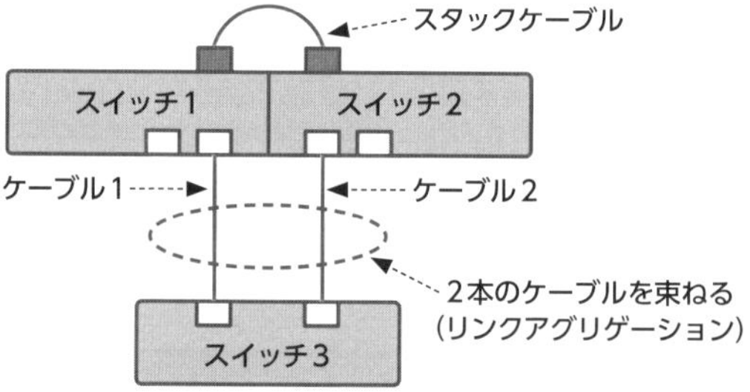

◉ スタック接続とリンクアグリゲーションの組み合わせ

LANケーブル（または光ケーブル）の接続ですが，2本（またはそれ以上）のLANケーブルをスタック接続したスイッチに一つずつ接続します。そして，ケーブルはリンクアグリゲーションで冗長化します。こうすれば，仮にスイッチ1がダウンしても，スイッチ2とスイッチ3に接続されているケーブル2を使うことで，スイッチ間の接続性を確保できます。

補足解説 チーミング

リンクアグリゲーションに似た技術に，**チーミング**があります。チーミングは，サーバの複数のNICと複数のLANケーブルを接続し，冗長化と帯域増大を図ります。

両者の違いは，多少乱暴かもしれませんが，リンクアグリゲーションはNW機器のケーブルの冗長化で，チーミングはサーバのNICの冗長化と考えてください。

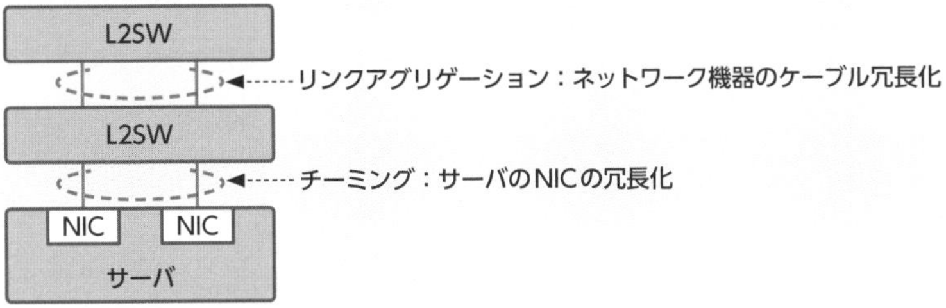

◉ リンクアグリゲーションとチーミング

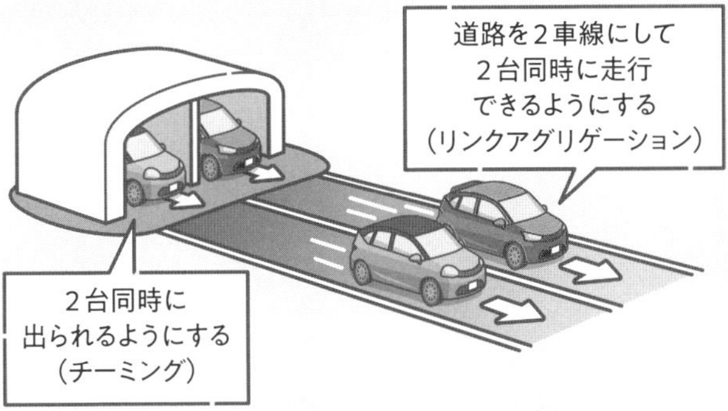

◉ 道路と車に例えるなら

5 リンクアグリゲーションの設定方法

リンクアグリゲーションの設定方法は，静的に設定する方法と，LACP（Link Aggregation Control Protocol）というプロトコルなどを使って動的に設定する方法があります。

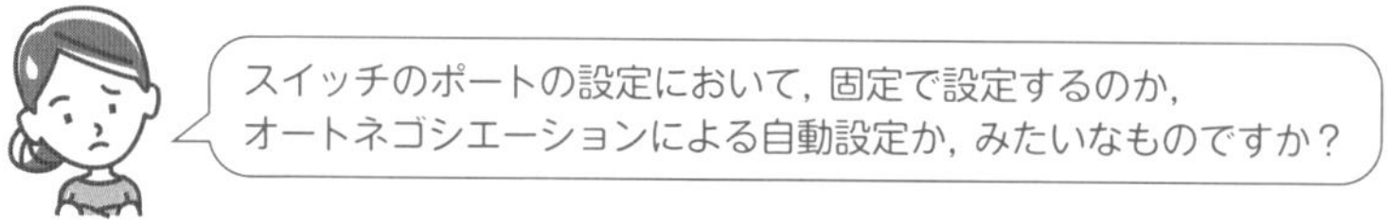

そう考えてもらえばいいでしょう。

覚える必要はありませんが，イメージを膨らませるために，設定方法を紹介します。シスコシステムズの製品での設定例です。

```
Switch (config)#interface range fastEthernet 0/1 - 2 ←1番，2番ポートに設定
Switch (config-if-range)#switchport mode access      ←ポートVLANの設定
Switch (config-if-range)#switchport access vlan 10   ←VLAN番号を10に設定
Switch (config-if-range)#channel-group 1 mode on     ←リンクアグリの設定
```

◉ リンクアグリゲーションの設定

最後の行ですが，modeの後に，静的に設定するのか（mode on），LACPで動的に設定するのか（mode active）を指定します。今回は，静的設定するので，mode onになっています。

※くどいですが，設定は試験に出ませんので，雰囲気だけ理解してください。

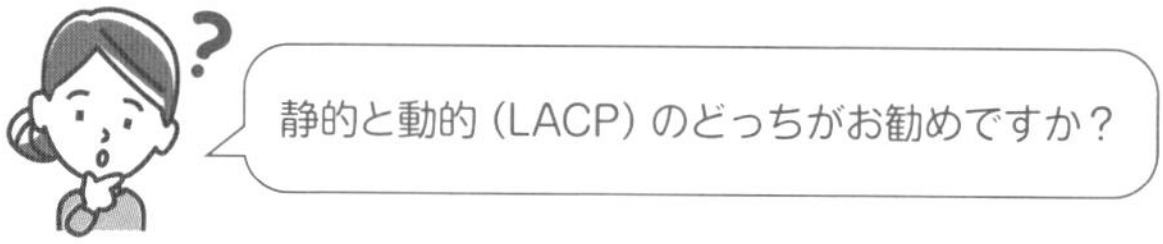

どっちがお勧めというのは特にありません。正直，どちらもありです。

少しだけ両者の比較をしますと，静的の場合，ネゴシエーションに余分なトラフィックが流れないという利点があります。ですが，LACPでもネットワークに負荷をかけるほどではありません。対向の機器の状態（正常なのか，ダウンしているかなど）を確認できるので，過去問（令和元年午後1問1）では，LACPが使用されました。

2-8 VLAN

1 VLANとは

最近のスイッチングハブは，ほぼ全ての機器でVLAN機能が備わっています。**VLAN**（Virtual LAN）とは，Virtualという文字通り，仮想的（論理的）なLANを構成する仕組みです。具体的には，一つのスイッチングハブのポートを論理的なグループにまとめます。そして，そのグループを一つの仮想的なスイッチングハブとして動作させます。

VLANのイメージとして，次のように，一つのスイッチングハブに，複数のスイッチングハブが同居していること考えてください。

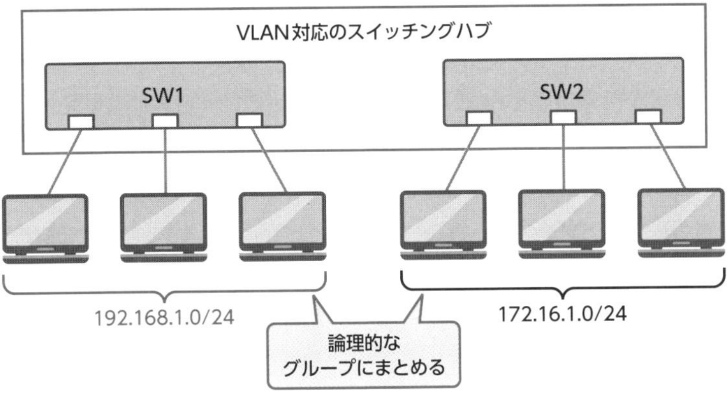

◉ VLANのイメージ

2 VLANのメリット

VLANを利用するメリットは次の通りです。

❶複雑なネットワークを容易に構築できる

VLANを利用しないと，一つのスイッチングハブには一つのネットワークしか接続することができません。ですから，複数のネットワークが存在する場合，ネットワーク単位に物理的なスイッチングハブを設置する必要があります。

そうなんです。一方，VLANを使って論理的なネットワークを作れば，複雑な形態のネットワークを容易に，しかも1台のスイッチングハブで構築することができます。

❷ネットワークの構成変更が容易

物理的なネットワークを構築する場合，例えば，新しいネットワークができたのであれば，新しいスイッチングハブやLAN配線を用意する必要があります。しかし，VLANによる仮想的なネットワークの場合，設定変更だけでネットワークを変更できます。

3 ポートベースVLANとタグVLAN

VLANにはポートベースVLANとタグVLANがあります。

(1) ポートベースVLAN

ポートベースVLANでは，スイッチの物理的なポートごとにVLANグループを設定します。一つのポートに所属するVLANは一つです。

次の図は，1番と2番ポートをVLAN10に設定し，3番と4番ポートをVLAN20に設定した構成例です。同じVLAN番号でグループ化がされ，VLAN10には192.168.1.0/24，VLAN20には172.16.1.0/24のネットワークが構築されます。

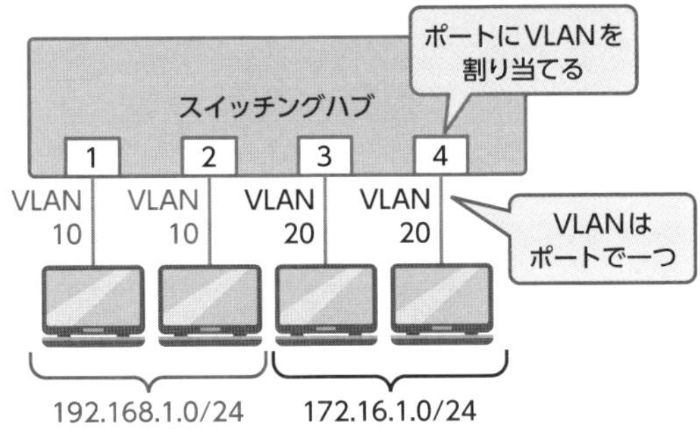

◉ ポートベースVLAN

また，ポートベースVLANが設定されたポートを「アクセスポート」と言います。

(2) タグVLAN

タグVLANは**IEEE 802.1Q**で規定されVLANで，パケットに埋め込まれたタグ番号を基にVLANグループの設定をします。一つのポートには，複数のVLANが所属できます。

次を見てください。タグVLANのフレームでは，イーサネットフレームにおける「送信元MACアドレス」と「タイプ」の間にVLANタグ（802.1Qヘッダ）が挿入されます。

宛先MAC アドレス	送信元MAC アドレス	タイプ	データ	FCS

◉ イーサネットフレームの構造

宛先MAC アドレス	送信元MAC アドレス	VLANタグ	タイプ	データ	FCS

◉ タグVLANのフレーム構造

上記のVLANタグ（2バイト＝16ビット）の中で，12ビットがVLAN IDに利用されます。よって，VLAN IDは2^{12}=4096の値をとります。両端の0と4095はVLAN IDとしては利用できないので，実際には4094個のVLAN IDが設定可能です。

また，ポートベースVLANでは，ポートごとにVLANは一つだけ設定できました。一方のタグVLANでは，ポートに一つという制限がありません。ですから，次のように，スイッチとスイッチを接続する1本のケーブルにタグVLANを設定することで，VLAN10とVLAN20の二つのフレームが通過できます。

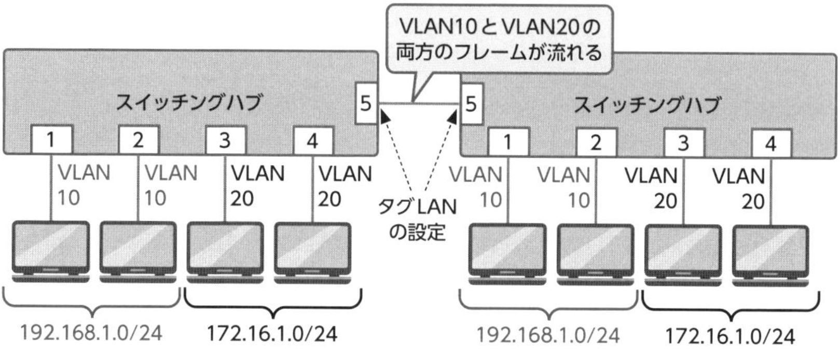

◉ **ポート5にタグVLANを設定（ポート1～4はポートVLAN）**

タグVLANを設定すれば，VLANごとに複数の物理ケーブルを準備する必要がないという利点があります。

また，タグVLANが設定されたポートを「トランクポート」と言います。

(3) 実際の設定

ここでは，先ほどの図と照らし合わせ，Catalystスイッチの1番ポート(fastEthernet 0/1)にVLAN10，3番ポート(fastEthernet 0/3)にVLAN20，5番ポート(fastEthernet 0/5)をタグVLANとして設定をします。

```
Switch (config)#interface fastEthernet 0/1      ←1番ポートの設定
Switch (config-if)#switchport mode access       ←ポートVLANに設定
Switch (config-if)#switchport access vlan 10    ←VLAN番号を10に設定

Switch (config-if)#interface fastEthernet 0/3   ←3番ポートの設定
Switch (config-if)#switchport mode access       ←ポートVLANに設定
Switch (config-if)#switchport access vlan 20    ←VLAN番号を20に設定

Switch (config-if)#interface fastEthernet 0/5   ←5番ポートの設定
Switch (config-if)#switchport mode trunk        ←タグVLANに設定
Switch (config-if)#switchport trunk allowed vlan 10, 20 ←許可するVLANを
                                                  10と20に設定
```

◉ **VLANの設定例**

なんとなく，イメージがつかめたでしょうか。

ポートVLANはVLANが一つしか設定できないのですね

そうです。一番下（5番ポート）以外は，VLANが一つしか設定できません。一方，タグVLANに設定すると，許可するVLANを複数指定することができます。

第3章

無線LAN（1層，2層）

3-1 無線LANの概要

1 無線LANとは

LANケーブルを使って構築するネットワークを有線LANといい，電波を使ってケーブルを使わずに構築するネットワークを**無線LAN**といいます。

無線LANを構築するには，無線で接続したい端末（PCやスマホ）に無線LANアダプタが必要です。また，無線LANの**アクセスポイント**（AP）も必要です。APは，無線LANを接続したい端末（PCやスマホなど）と，無線の電波を使って通信をする装置です。有線LANのインタフェースを持っているので，有線ネットワークと無線ネットワークを相互に接続する装置とも言えます。

最近では，アクセスポイントを集中管理する**無線LANコントローラ**（WLC）の導入も増えています。

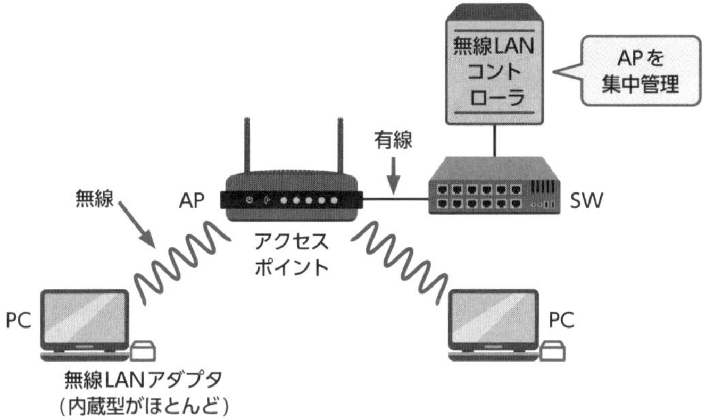

◉ 無線LANの概要

2 無線LANの用語

無線LANに関する基本的な用語をいくつか解説します。

❶ Wi-Fi（Wireless Fidelity）

Wi-Fiとは，無線LANの相互通信性を確保するための無線LANの規格です。業界団体のWi-Fiアライアンスが定めたテストをパスした機器は，異メーカや異機種間であっても相互接続がスムーズに行えます。

❷ビーコン

ビーコン（beacon）とは，APからクライアントに対して自分の存在を通知する信号のことです。皆さんのPCでも，無線LANに接続する際，接続可能な無線LANがいくつか表示されると思います。

これらの情報は，ビーコン信号によってAPからPCに通知されます。

◉ PCに表示される接続可能な無線LANの例

❸ SSID

SSID（Service Set IDentifier）とは，複数の電波が飛び交う無線の空間にて，無線LANを識別するためのID（文字列）です。SSIDによって，複数のネットワークを分離します。前掲の「PCに表示される接続可能な無線LANの例」の画面に表示されている「WiFi-spot」「AEC548WETT」「Free-AP」「Station-WiFi」はSSIDです。

情報処理技術者試験では，SSIDではなくESSIDと表現されることがあります。厳密にはSSIDにはBSSIDとESSIDがあり，EはExtended（拡張）を意味します。ですが，今のSSIDはほぼESSIDですので，同じものと考えてください。

❹CSMA/CA

イーサネットではアクセス制御にCSMA/CDを利用しますが，無線LANではCSMA/CA（Carrier Sense Multiple Access/Collision Avoidance：搬送波感知多重アクセス/衝突回避方式）という方式を採用します。

有線LANでは，CSMA/CDによってキャリア波を検知しました。しかし，無線LANでは送信電波が弱い場合もあり，確実な検知ができません。そこで，衝突を検知するのではなく，衝突（Collision）を回避（Avoidance）するという別の仕組みにしたのです。

3 無線LANコントローラ

(1) 無線LANコントローラの機能

無線LANが大規模になるにつれて，ネットワーク担当者の運用負荷の軽減と効率向上を目的として無線LANコントローラ（WLC）を導入することが増えます。

過去問（平成24年午後1問2，平成29年午後2問2）をもとに，無線LANコントローラの機能を以下に整理します。

- APの構成と設定を管理する（複数APに対する設定変更，ファームウェアのアップデートなどの一括処理）
- APのステータス（リンクダウン，接続端末数など）を監視する
- AP同士の電波干渉を検知する
- APの負荷分散制御，PMKの保持などによるハンドオーバ制御機能
- 利用者認証，認証VLANなどのセキュリティ対策機能

そうです。WLCがあればAPの役割は少なくなります。通信を転送することがAPの主な役割になります。

(2) WLCの動作モード

WLCの動作モードに関して，過去問（平成24年午後1問2）を参考に記載します。

①モードA：制御用通信だけがWLCを通過し，データ用通信は端末間で直接行われる。
②モードB：全ての通信がWLCを通過する。

図にすると，以下のようになります。

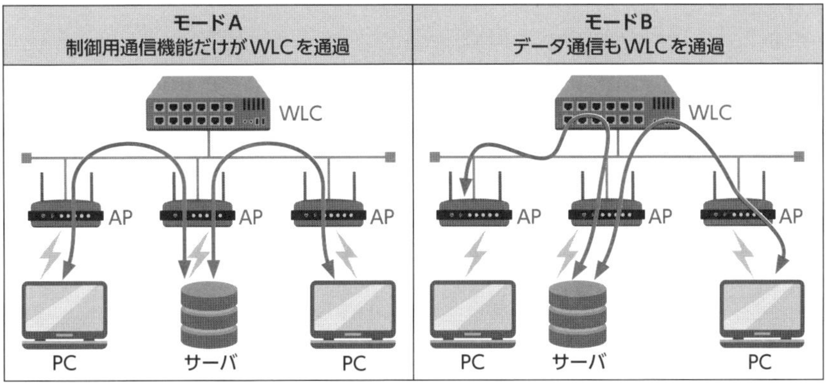

◉ WLCの2つの動作モード

現在普及している製品では，モードBのWLCを経由させるものが多いと感じます。その利点は，WLCで認証後の通信に関するポリシーなども一元管理できるからです。例えば，アクセスコントロールリスト（ACL）という方法でネットワークのセキュリティ管理をしやすくなります。一方，モードAもメリットがあります。例えば，WLCが通信のボトルネックにならないことです。また，WLCが一時的にダウンしても，端末間の通信が継続されるというメリットもあります。

補足解説

モバイルWi-Fiルータ

皆さんも，外出先にて，ノートPCからインターネットに接続することがあると思います。皆さんは，どのようにして接続していますか。

恐らく，以下があると思います。

❶公衆無線LANサービスを利用する

公衆無線LANサービスには，通信キャリアが提供しているサービスや喫茶店などが独自に提供しているものがあります。自分のPCをその無線LAN（Wi-Fi）に接続します。

❷モバイルWi-Fiルータ

通信キャリア（例えば格安通信キャリアなど）と契約し，提供されたデータ通信専用の**SIM**（Subscriber Identity Module：加入者識別モジュール）を装着した**モバイルWi-Fiルータ**でインターネットに接続します。PCはモバイルWi-Fiルータを無線LANのアクセスポイントとしてインターネットに接続します。
モバイルWi-Fiルータには，APN（Access Point Name：アクセスポイント名）の設定として，接続先プロバイダの情報や，ユーザ名，パスワードなどを設定します。

❸スマートフォンのテザリング

モバイルWi-Fiルータの代わりにスマートフォンを使います。「テザリング（tethering）」の「tether」は，「（ロープなどで）つなぐ」という意味です。

3-2 無線LANの規格

有線LANにおいては，イーサネットという規格があることを紹介しました。無線LANにおいても，通信の方式や周波数帯などを定めた規格があります。米国電気電子工学会（IEEE）が定めた規格で，IEEE 802.11nやIEEE 802.11acなどがあります。

1 無線LANの周波数帯とチャネル

(1) 周波数帯

電波は，無線LANに限らず，ラジオ，携帯電話，タクシーの無線など，さまざまな用途で使われています。個人や企業が勝手に電波を利用すると，互いに干渉しあって正常な通信ができません。そこで，総務省が用途ごとに利用できる周波数帯を決めています。

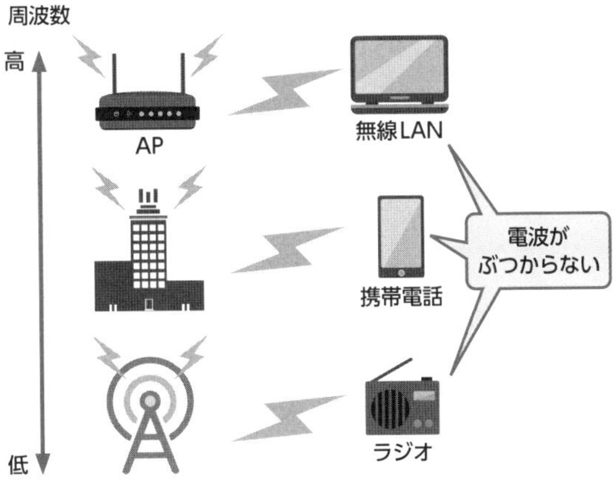

◉ 利用できる周波数帯は総務省が決めている

無線LANで主に利用される周波数帯は，2.4GHz帯と5GHz帯の二つです。2.4GHz帯はISMバンドと呼ばれます。ISMとはIndustry（産業）Science（科学）

Medical（医療）の頭文字であり，産業科学医療の分野にて許可なく自由に使える帯域です。

最近登場したWi-Fi 6の拡張（Extend）であるWi-Fi 6Eに対応した製品では，6GHz帯を使うようになりました。

(2) チャネル（チャンネル）

チャネルとは，電波の周波数帯における「位置」を表します。

❶2.4GHz帯

2.4GHz帯を使うIEEE 802.11gの場合，1から13までのチャネル（ch）があり，1chは2.412GHzを中心に20MHz（0.02GHz）の幅を持ちます。2chは2.417GHzを中心，3chは2.422GHzを中心，・・・と決められています。

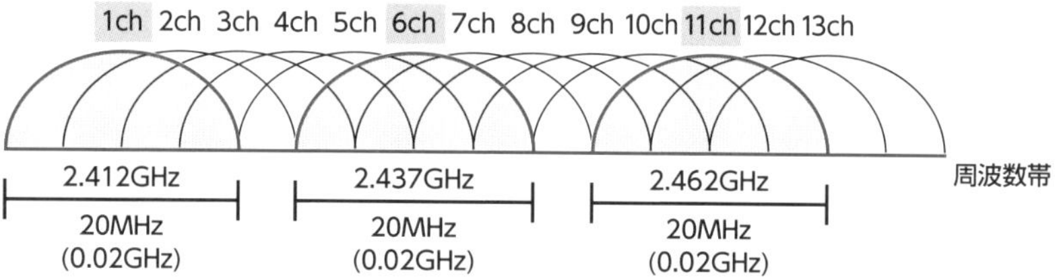

◉ IEEE 802.11gのチャネル

無線LANでは干渉を防ぐために，チャネルの間隔を空けます。上記の図を見ても分かるように，1, 6, 11の三つのチャネルを使えば電波が互いに干渉しません。

なお，2.4GHz帯は他の機器と電波を共用するISMバンドと呼ばれています。Bluetoothや電子レンジ，コードレス電話などもこの周波数帯の電波を使うので，電子レンジを使ったら無線LANの通信速度が落ちたり通信ができなくなったりすることがあります。

❷5GHz帯

一方の**5GHz**帯は基本的に無線LANとレーダの専用帯域です。しかも，以下のように多くのチャネルを持ちます。

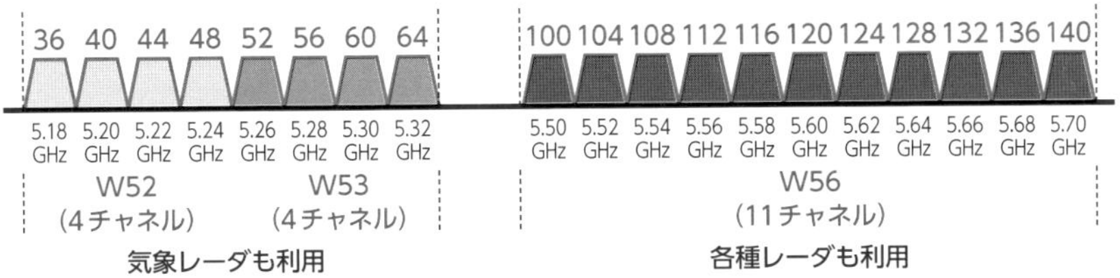

上記のように，5GHz帯は，チャネルをW52，W53，W56の三つの群に分けています。52，53などの数字ですが，5.2GHz，5.3GHzなど，中心となる周波数帯を指しています。

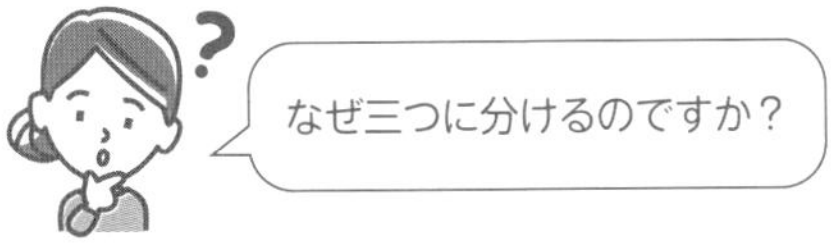

三つの群で，制約が違うからです。例えば，W52とW53は屋外での使用できません。また，W53とW56は，気象，航空，船舶などの各種のレーダも使う帯域なので，干渉しないようにしなければいけません。無線LANのAPは，レーダを検知すると即座にそのチャネルを停止し，他チャネルに切り替えます。この動作を「**DFS**（Dynamic Frequency Selection：動的周波数選択）」といいます。

また，DFSがレーダを検知すればそのチャネルは使えなくなるので，必ず通信が切断されます。APがチャネルを変更しても，レーダがないかを1分間確認するので，その間は端末であるPCも通信ができません。

以下，5GHz帯の三つのチャネルの「屋外利用」と「DFS機能」を整理しました。

チャネル	屋外利用	DFS機能
W52	×（例外あり）	不要
W53	×	必要
W56	○	必要

※注：W53は屋内専用とはいえ，窓際などにアクセスポイントを置くと屋外に電波が漏れてしまうこともあります。よって，レーダと干渉する可能性があるのでDFS機能が必須です。

2 電波干渉

(1) 無線LANの電波干渉

複数の電波が同時に発出されると，お互いに干渉します。でも，二人の人が同時に話をしても，ある程度は聞き分けることができます。それは，二人の声の周波数が若干違うからです。

以下は，周波数が同じ波をずらして重ね合わせた波と，周波数が異なる波を重ね合わせた波の違いです。

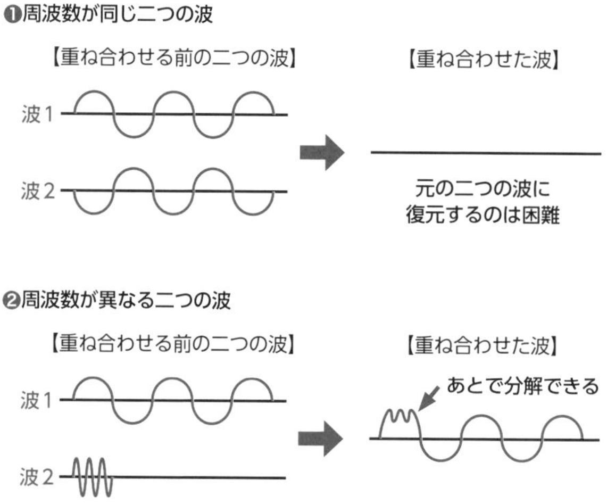

◉ 波を重ね合わせた様子

❷の波は重ね合わせてもなんとなく元の波が想像できます。でも，❶の波から元の波を想像するのは困難ですよね。

(2) 干渉を防ぐ方法

干渉を防ぐには，周波数帯を変えることです。例えば，先ほど述べた2.4GHz帯（ISMバンド）は，電子レンジや工場の機械でも利用されます。よって，無線LANと干渉が起こる可能性があります。

私の家では，電子レンジを使うと無線LANが使えなくなります

そうなります。そこで，干渉が少ない5GHz帯を使うことで，電子レンジとの干渉を避けることができます。また，すでに述べましたが，同じ2.4GHz帯を使う場合でも，チャネルを分けることで，干渉しないようにできます。例えば，20MHzの帯域幅を使って通信をする場合，1ch，6ch，11chの3チャネル（または，1ch，5ch，9ch，13chの4チャネル）を使えば，干渉しません。（先の「チャネル」の図を参照）

(3) 干渉を避けたAPの配置

先ほど，チャネルを分けて干渉しないようにすることを述べました。それを実現するために，APの配置およびAPに割り当てるチャネルを検討します。これは，過去問（平成29年午後2問2）の図です。

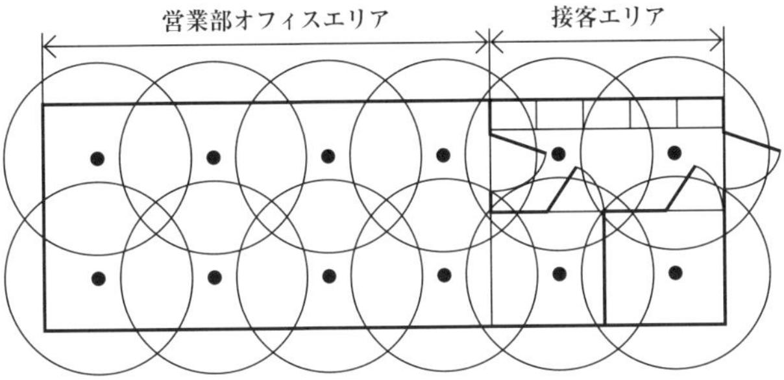

●：AP

※注：図中の円弧は，APがカバーするエリア（以下，セル）を示す。

◉ **APの配置イメージ（過去問より）**

この問題では，四つのチャネルをAPに割り当てます。そこで，5GHz帯の34，38，42，46chを割り当てるとすると，例えば，以下のようになります。

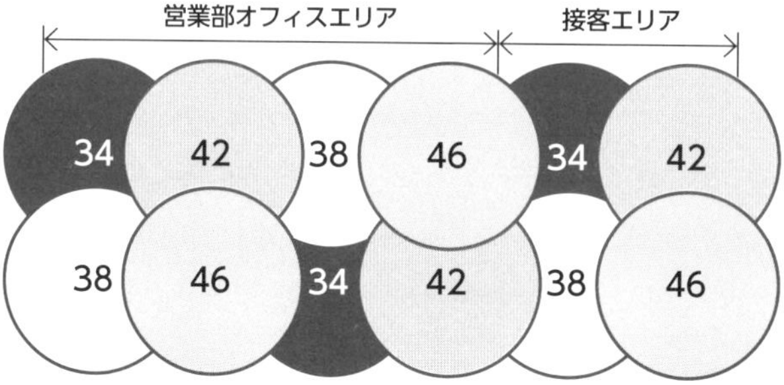

◉ チャネル設計

こうすることで，同じ34チャネルが重なることありません。つまり干渉せずに，ここに配置された12台のAPが同時に通信をすることができます。

セルを重ね合わせているのは意味がありますか？
もう少し離してもいいと思います

この点は，この過去問の設問3 (4) で問われました。各APのセルを重ねる目的は，以下の2つです。

❶ハンドオーバをスムーズに行わせるため

PCを移動する際に，例えば，ハンドオーバによってAP1からAP2に切り替わるとします。その際，AP1と通信が切れた際に，AP2を新たに探していては，通信の切り替えが遅くなります。重なり合う部分があれば，事前にAP2を認識することができ，AP1からAP2への切り替えがスムーズになります。

❷APの負荷分散を行わせるため

例えば，あるAPの配下にPCが密集していると，そのAPにたくさんのPCが接続してしまいます。セルが重なっている範囲があれば，いくつかのPCは別のAPに接続させることで，APの負荷を分散できます。

3 無線LANの規格

無線LANの規格を以下に整理します。

◉ 無線LANの規格

規格	周波数帯	最大速度	世代	
11b	2.4GHz	11Mbps		古
11g		54Mbps		↕
11a	5GHz	54Mbps		↕
11n	2.4GHz/5GHz	600Mbps	Wi-Fi 4	↕
11ac	5GHz	6.93Gbps	Wi-Fi 5	↕
11ax	2.4GHz/5GHz	9.6Gbps	Wi-Fi 6	新

一番右の世代ですが，IEEE 802.11a，IEEE 802.11nなどといわれても，どちらが新しい規格なのか，パッと分かりません。そこで，無線LANの規格の世代を分かりやすくするために，Wi-Fi AllianceがWi-Fi 4，Wi-Fi 5，Wi-Fi 6という数字表記を導入しました。携帯電話の通信規格が3G，4G，5Gなどと数字で世代（generation）を表すのと同様に，4，5，6の数字は世代を表し，数字が大きい方が新しい規格です。

異なる規格（例えば，11aと11g）での互換性はありますか？

残念ながらありません。ですから，異なる規格での相互通信はできません（IPv4とIPv6での互換性がないのと同じです）。というのも，規格によって，通信の仕組みがそもそも違うのです。例えば，IEEE 802.11a/gでは，従来のIEEE 802.11bから高速化するために，**OFDM**（Orthogonal Frequency-Division Multiplexing：直交周波数分割多重方式）という11bとは異なる方式を採用しました。OFDMでは，データをたくさん送るために，電波が互いに干渉しないように分割し，かつ，それらを重ねて多重化して送れるようにしたのです。

4 無線LANの高速化技術

IEEE 802.11nやIEEE 802.11acなどで利用されている無線LANの高速化技術を紹介します。

(1) MIMO (Multiple Input Multiple Output)

MIMOは，複数（Multiple）のアンテナを束ねて，同時に通信することで高速化する技術です。アンテナを2倍，3倍，4倍とすることで，通信速度を2倍，3倍，4倍にします。

また，IEEE 802.11nのMIMOはSU-MIMOで，SU（Single User）という言葉の通り，複数のデバイス（ユーザ）が接続しても，順番にしか通信ができません。IEEE 802.11acで導入されたMU-MIMOでは，MU（Multi User）という言葉の通り，複数のデバイス（ユーザ）が同時に通信できます。結果的に，ネットワーク全体として通信が高速化されます。

(2) チャネルボンディング

先ほどのMIMOはアンテナを束ねました。今度は帯域幅を束ねます。**チャネルボンディング**は，複数のチャネル（帯域幅）を結びつける（bonding）ことで，通信を高速化します。通常は20MHzの帯域幅で通信しますが，チャネルをボンディングして倍の40MHzの幅で送信すると，速度も約2倍になります。

◉ MIMOとチャネルボンディング

(3) デュアルバンドとトライバンド

デュアルバンドは，デュアル（二つ）という言葉の通り，2.4GHz帯と5GHz帯の二つの電波を同時に使います。**トライバンド**は，2.4GHz帯と5GHz帯（W52/W53）と，5GHz帯（W56）の三つの電波を同時に使います。さらに，6GHz帯を加えたクワッドバンドの機能を持ったAPも登場しています。

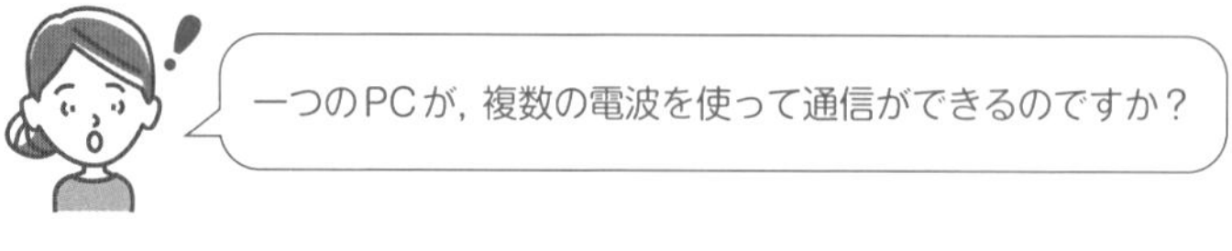

いえ，1台のPCで，2.4GHzの周波数と5GHzの周波数を同時に使って通信することはできません。ですから，2.4GHz帯のIEEE 802.11gの54Mbpsと，5GHz帯のIEEE 802.11aの54Mbpsを足して，合計108Mbpsの通信にはならないのです。

複数の周波数帯で，同時に通信ができるのはAPです。APであれば，2.4GHz帯でPC1と通信をしながら，5GHz帯でPC2と通信できます。これにより，ネットワーク全体としては，帯域幅が広がると言えるでしょう。

3-3 PoE

1 PoEとは

PoE (Power over Ethernet) とは，言葉の通りLAN (Ethernet) ケーブルの上 (over) で電力 (Power) を供給する仕組みです。無線のAPは，天井などの電源コンセントがない場所に設置することもあります。LANケーブルを使って電力も供給すれば，延長コードなどを天井裏にまで通す必要がないので便利です。

◉ 天井への配線は結構大変です

2 PoEの構成

多くの場合，PoEに対応したスイッチングハブとAPをLANケーブルで接続して，電力を供給します (下図)。このとき，電力を供給するには，AP (図❶) がPoEに対応している必要があります。加えて，スイッチングハブなどの電力を供給する機器 (❷) もPoEに対応している必要があります。参考ですが，LANケーブル (❸) は，日常的に使うカテゴリ5e以上のLANケーブルで電力供給ができます。

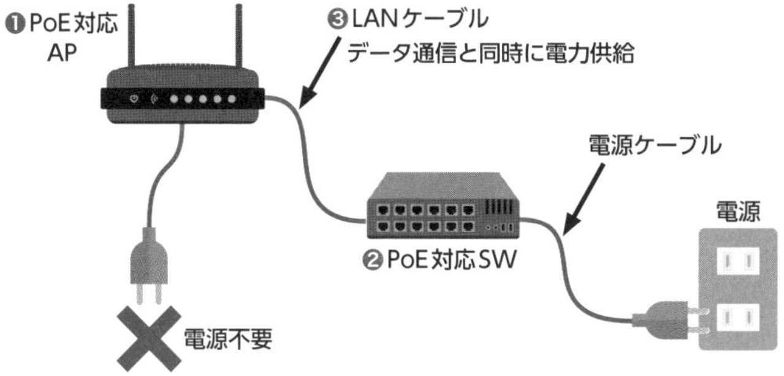

◉ **PoEの構成図**

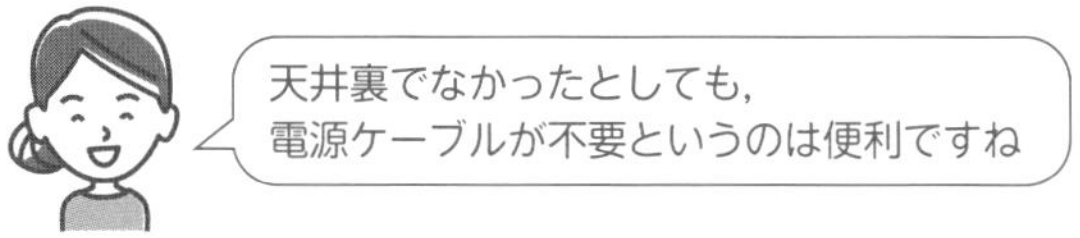

3 PoEの三つの規格

PoEには**IEEE 802.3af (PoE)**と**IEEE 802.3at (PoE+)**, **IEEE 802.3bt (PoE++)**の三つの規格があります。規格ごとに，消費電力が異なります。例えば，4K画質のカメラや，最新のWi-Fi 6アクセスポイントの場合，多くの電力を必要とします。そのため，電力供給が大きいIEEE 802.3btに対応したPoWスイッチを利用することが多くなるでしょう。

◉ **PoEの規格**

規格	最大供給電力	別名
IEEE 802.3af	15.4W	PoE
IEEE 802.3at	30W	PoE+
IEEE 802.3bt	90W	PoE++

3-4 無線LANのセキュリティ

1 なぜセキュリティ対策が必要なのか

無線LANは，ケーブルを物理的に接続する必要がなく，電波の届く範囲なら壁を超えてどこでも通信が可能です。その便利さの反面，有線LANに比べて悪意のある攻撃者からも狙われやすくなっています。

具体的には通信を盗聴されたり，社員になりすましてネットワークに接続されたりする危険性があります。そこで，通信の暗号化や不正な人を接続させない認証をすることが求められます。

さて，過去問（平成29年午後2問2）では，無線LANのセキュリティに関して，「無線LANのアクセス制御方式」としてまとめられています。アクセス制御なので，暗号化の内容は含んでいません。

◉ 無線LANのアクセス制御方式（過去問より）

方式	機能
SSID（又はESSID）	無線LANアクセスポイントの識別子によって制御する機能
[c：any] 接続拒否	SSIDが空白または [c：any] のとき接続要求を拒否する機能
SSID 隠蔽	ビーコン信号にSSIDを含めない機能
MACアドレスフィルタリング	送信元MACアドレスによって，無線LANアクセスポイントに対するクライアントのアクセスを制御する機能
IEEE 802.1X認証	RADIUSサーバを利用するなどしたクライアント認証機能

この内容に関して，これ以降の節で順次を解説します。

2 不十分なセキュリティ対策

上記の無線LANのアクセス制御ですが，セキュリティ対策としては不十分なものとして，以下があります。

(1) SSIDのステルス機能

「3.1 無線LANの概要」のビーコンで解説した通り，皆さんがPCやスマホで無線LANの設定をするときには，接続先候補のSSID名が設定画面に表示されます。

APからの情報を受け取って表示していますか？

はい，そうです。APは，ビーコンという信号を定期的にブロードキャストしています。ビーコンの中にはSSID名が含まれており，PCやスマホは受信したSSID名を表示しているのです。

SSIDの**ステルス機能**は，APにて「定期的に送信するビーコン信号を停止（平成28年午後1問2の解答例より）」します。この結果，端末側では，無線ネットワークの一覧にSSIDが表示されなくなります。

補足解説

ANY接続拒否とSSIDの隠蔽（ステルス）の違い

ANY接続拒否とSSIDの隠蔽（ステルス）ですが，どちらもSSIDに関するアクセス制御です。実際，ANY接続拒否にすると，自動でSSID隠蔽も有効になる機器もあります。また，SSIDが隠蔽されたら，ANYで接続すればいいと考えることもできるわけで，両者は混同してしまいがちかもしれません。

しかし，両者は別物です。ANY接続拒否は，SSIDは空白または，ANYでの接続要求を拒否する機能です。ANY接続拒否にすると，SSIDが隠蔽されるわけではありません。ですから，ANY接続を拒否してSSIDは公開する設定ができます。

(2) MACアドレスフィルタリング

MACアドレスフィルタリングは，利用者のPCをMACアドレスによって認証する方式です。

ではなぜ，これら(1)(2)の対策が不十分なのでしょうか。それは，SSIDやMACアドレスは暗号化ができないので，ツールを使えば簡単に盗聴ができるからです。ですから，SSIDをステルス機能で隠蔽したとしても，あまり意味がないのです。

また，MACアドレスは，ツールによって簡単に書き換えることができます。ですから，盗聴したMACアドレスを自分のMACアドレスに書き換えれば，正規の利用者になりすまして接続することができます。

では，SSIDやMACアドレスを暗号化すればいいのでは？

残念ながら，SSIDやMACアドレスを暗号化したら，そもそも通信ができません。複数の人が同じ空間で通信をしている中，SSIDが暗号化されてしまうと，どの電波と接続すればいいのかが分かりません。また，宛先MACアドレスが暗号化されれば，パケットをどこに届ければいいのかが分からないのです。

過去問（平成28年午後1問2）では，「SSIDやMACアドレスは容易に取得される危険性がある」理由として，「SSIDやMACアドレスは暗号化できず，傍受されるから（解答例より）」とあります。

3 無線LANのセキュリティ方式（暗号化方式）

(1) 無線LANのセキュリティの方式

無線LANのセキュリティ対策として，古くはWEPが使われていました。しかし，ツールを使うと簡単に盗聴できるため，2003年に新しいセキュリティ規格のWPA（Wi-Fi Protected Access）が制定されました。

WPAには，**WPA，WPA2，WPA3**の三つがあります。三つがあるといっても，時代とともに改良されてきたため，WPA3が最新かつ選定すべき方式です。他の二つはセキュリティ面でリスクがあり，推奨されません。実際，最新のWi-Fi 6では，セキュリティ規格であるWPA3が必須になっています。

WPAの三つの方式を以下に整理します。これら三つは，「暗号化方式」として整理されることもありますが，実際には，暗号化だけでなく認証も含めたセキュリティの枠組みです。

◉ 無線LANのセキュリティ方式

	セキュリティ方式	主な暗号化方式（暗号化アルゴリズム）	鍵長	認証（上段：パーソナル 下段：エンタープライズ）
❶	**WPA**	TKIP（RC4）	128bits	PSK 802.1x（EAP）
❷	**WPA2**	CCMP（AES）	128bits	PSK 802.1x（EAP）
❸	**WPA3**	GCMP（AES）	128bits（パーソナル） 192bits（エンタープライズ）	SAE 802.1x（EAP）

WPA2のところで「CCMP」と記載しましたが，試験では深いところは問われないでしょう。簡単に説明しますが，CCMP（Counter-mode with CBC-MAC Protocol）は，AESをベースにして無線LAN用に改ざん検知などの仕組みを追加したものです。GCMPも，表で整理するために記載しているだけです。CCMPの改良版くらいの理解でいいでしょう。

補足解説

暗号化アルゴリズム

暗号化アルゴリズムとは，暗号化の技術そのものと考えてください。例えば，古くからある暗号アルゴリズムに，シーザー暗号という方法があります。これは，アルファベットをA→D，B→Eというように，3文字ずらして暗号文を作ります。BEE（みつばち）を暗号化すると，EHHになります。

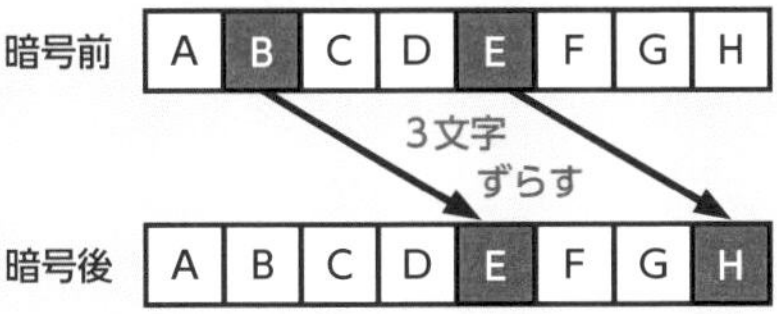

◉ シーザー暗号のアルゴリズム

しかし，このような単純なアルゴリズムでは，今の技術では簡単に解読されてしまいます。ですから，暗号化アルゴリズムに何を使うかというのは，セキュリティとして重要なのです。

4 無線LANの認証方式

ネットワークの現場では，無線LANの認証としてMACアドレス認証やWeb認証なども使われます。しかし，これらは試験では問われません。

試験で問われるのは，WPAにおける次の二つです。具体的には，**パーソナルモード**で利用される**PSK**（Pre Shared Key：事前共有鍵）による認証と，**エンタープライズモード**で利用されるIEEE 802.1X認証です。

(1) パーソナルモード

❶WPA/WPA2

パーソナルモードの認証方式は，WPA-PSK（WPA2-PSK）です。事前に端末とAPにPSK（事前共有鍵）を設定し，PSKが一致すれば認証が成功です。皆さんが使う無線LANルータなどでは，PSKではなくパスワード，パスフレーズ，セキュリティキーなどと表現されることがあります。

❷WPA3の場合

WPA2のパーソナルモードでは，PSKをもとに，別の鍵である**PMK**（Pairwise Master Key）を生成します。無線LANの暗号化通信ではいくつかの鍵が生成されますが，PMKは，そのもとになる鍵です。ですが，そのアルゴリズムは決まっているので，SSIDとPSKが同じであれば，PMKは常に固定です。PSKは人間が手動設定することも多く，この長さが短かかったり，辞書にあるような言葉を使うと，総当たり攻撃や辞書攻撃で解読されます。

2018年6月に発表された規格であるWPA3では，PSKではなく**SAE**（Simultaneous Authentication of Equals：同等性同時認証）を使います。SAEのアルゴリズムを使うと，利用者が設定したパスワードに加えてMACアドレスや乱数を利用し，接続ごとに異なるPMKを生成します。利用者が「123456789」などの簡単なパスワードを設定したとしても，複雑なPMKが作成されるので，総当たり攻撃への耐性が強化されました。

(2) エンタープライズモード

エンタープライズモードの認証方式は，認証サーバを使ったIEEE 802.1X認証です。認証サーバでは，利用者が入力するID/パスワード（またはクライアント証明書）が正しいかを確認し，正しければ認証が成功です。

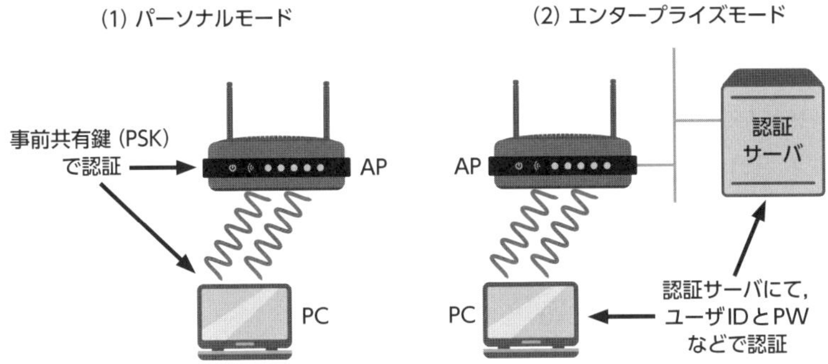

◉ パーソナルモードとエンタープライズモードの仕組み

また，WPA2の鍵長は128bitでしたが，WPA3-Enterpriseでは128bitに加え，192bitの鍵長のモードが追加されました。結果的に，WPA3には，WPA3-Personal, WPA3-Enterprise, WPA3-Enterprise（192bit）の3種のモードがあります。

参考ですが，以下はWindows11のパソコンにおける，無線LANの設定画面です。「セキュリティの種類」として，「WPA3-パーソナルAES」や「WPA3-エンタープライズ192ビットモード」などが選べることが分かります。

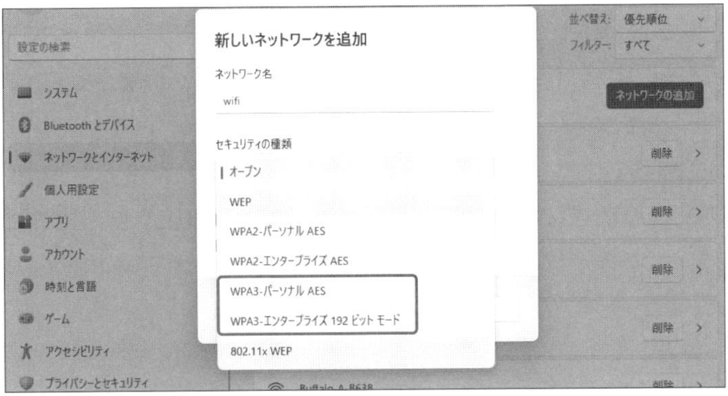

◉ パーソナルモードとエンタープライズモードの選択画面

ここで，以下の問題を解いてみましょう。

Q. 来訪者にはパーソナルモードで無線LANを設定してもらうことにした。来訪者に教える情報を二つ述べよ。（過去問の平成29年午後2問2設問5（2）より）

A. パーソナルモードの設定は単純で，ネットワーク名（＝SSID）とセキュリティキー（＝PSK）を設定するだけです。

解答例：ESSID（またはSSID），PSK

また，IEEE 802.1X認証については，7-5の「認証」の中で詳しく解説します。

5 ローミング

(1) ローミングとは

ローミングとは，異なるアクセスポイントのエリアにPCが移動しても，そのまま通信を継続できるようにする機能です。通信が途切れないので，利用者にとっては便利な機能です。

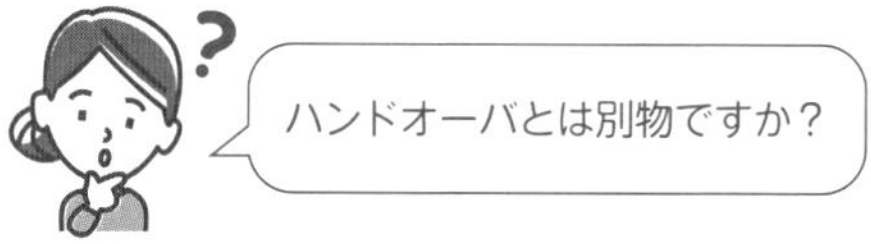

まあ，同じものと考えてもらってもいいでしょう。ローミングはどちらかというと，無線LAN（や携帯電話サービス）を提供する側の仕組みで，ハンドオーバは，移動する端末側の仕組みです。試験対策としては，どちらも同じと思ってもらって構いません。

(2) WPA2で実装されたハンドオーバ時間の短縮

無線LAN端末を移動しながら利用すると，接続するAPが変わります。このとき，接続するAPに改めてPMK（Pairwise Master Key ）の作成などの認証処理が発生するため，少しの間，通信ができなくなります。

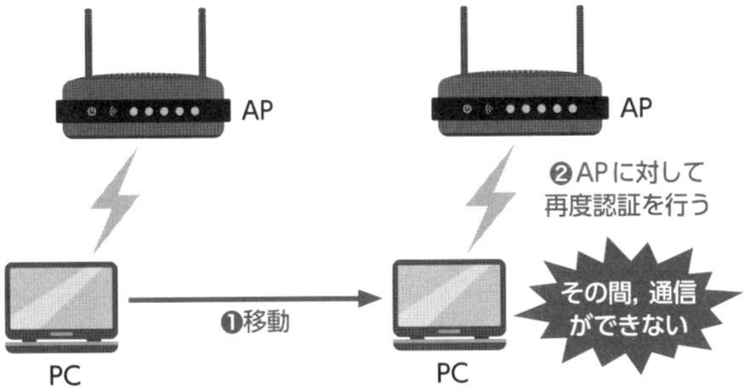

◉ ハンドオーバ時の通信断

この切り替わりの時間（ハンドオーバ時間）を短縮するために，WPA2では二つの機能が追加されています。

❶事前認証

APが切り替わるタイミングで認証するのではなく，同じネットワークに接続されている他のAPとは，接続しているAP経由で事前に認証を終えておきます。これを**事前認証**と言います。こうすることで，APを移動したときの認証を不要にします。

❷認証キーの保持（Pairwise Master Key キャッシュ）

一度認証した認証キーをAPが保持しておきます。そうすることで，認証済のAPに戻って接続するときに，PMKの再生成が不要になります。その結果，ハンドオーバ時間を短縮します。

以下は，WindowsのPCにおいて，WPA2エンタープライズの「詳細設定」です。「高速ローミング」として「PMKのキャッシュを有効にする」と「事前認証を使用する」を選択することができます。

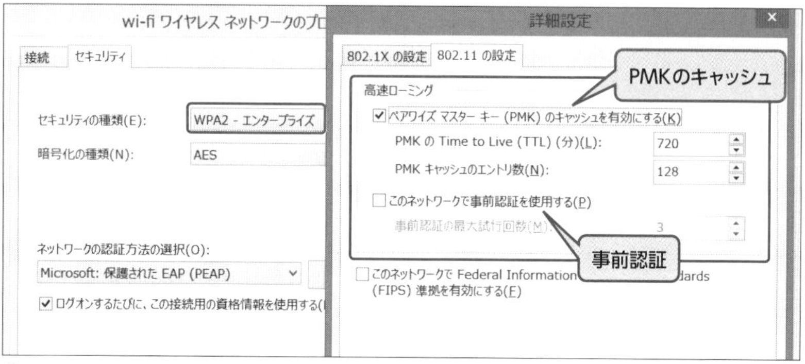

◉ Windowsにおける高速ローミングの設定

第4章

IP（3層）

4-1 IPアドレスとサブネット

1 IPアドレスとは

IPアドレスとは，address（＝住所）という言葉がある通り，IP通信における「住所」の役割をします。IPアドレスを見ることによって，どの地域やネットワークにいる誰なのかが分かります。

また，IPアドレスは次のように32ビット（4バイト）の2進数で表記されます。

11000000	10101000	00000001	01100100

◉ IPアドレスの例

そうなんです。2進数のままでは分かりにくいので，8ビット（1バイト）ずつに区切り，10進数で表します。

11000000	10101000	00000001	01100100
↓	↓	↓	↓
192.	168.	1.	100

◉ IPアドレスを10進数で表す

2 ネットワークアドレスとホストアドレス

IPアドレスはネットワークアドレスとホストアドレスからなります。世界が大小さまざまな国からなるように，ネットワークも大小さまざまなネットワークの集まりで構成されています。

そして，その中にパソコンなどの端末（**ホスト**）があります。どのネットワークに属しているかを表すために用いるのがネットワークアドレスで，その中の端末を特定するのがホストアドレスです。

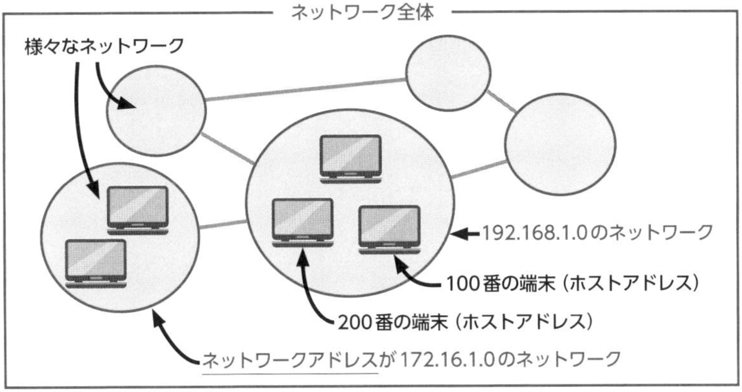

◉ **ネットワークアドレスとホストアドレス**

192.168.1.100のIPアドレスを持つPCについて考えます。192.168.1.0のネットワークにおける100番のホストであれば，アドレス部とホスト部は次のように分けられます。

【10進数】	192	.	168	.	1	.	100
【 2進数】	11000000		10101000		00000001		01100100

アドレス部（24bit）　ホスト部（8bit）

さて，ネットワークアドレスを表記する場合には，一般的にはホスト部をすべて0にし，最後に先頭から何ビットがネットワークアドレスであるかを表す数字（上記の場合は24）を入れます。上記の場合であれば，ネットワークアドレスは192.168.1.0/24と表現されます。

一方，ホストアドレスは，ホスト部をそのまま表現します。上記の場合は100です。

3 アドレスクラス

IPアドレスは，0.0.0.0～255.255.255.255までの値をとります。また，ネットワークの規模によって，四つのクラス分けがされています。クラスごとに，利用するIPアドレスの範囲も決められています。

◉ **アドレスクラスとIPアドレスの範囲**

クラス	用途	ネットワークアドレス	IPアドレスの範囲
クラスA	大規模向け	先頭から8ビット	0.0.0.0〜127.255.255.255
クラスB	中規模向け	先頭から16ビット	128.0.0.0〜191.255.255.255
クラスC	小規模向け	先頭から24ビット	192.0.0.0〜223.255.255.255
クラスD	マルチキャスト	32ビット	224.0.0.0〜239.255.255.255

しかし実際のネットワークはもっと複雑な場合がほとんどです。上記のような8ビット単位の分け方ではなく，さらに細かく分ける場合があります。そこで，**サブネットマスク**を使ってネットワークを分離します。クラスで割り当てられたネットワークを，サブネットマスクを使ってさらに小さなネットワークに分けたものを**サブネット**といいます。

4 サブネットマスク

先ほども解説しましたように，クラスで決められた8ビット単位のネットワークアドレスではなく，ネットワークアドレスとホストアドレスを柔軟に区分するものがサブネットマスクです。

サブネットマスクを使ったネットワークアドレスの表記方法は，ネットワークアドレス部をすべて1にします。例えば，23ビットのネットワークアドレスであれば，23ビットまでが1，それ以降を0とします。なので，255.255.254.0と表記されます。

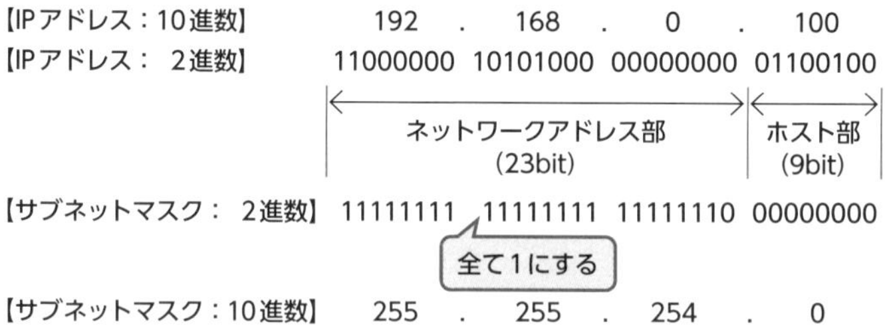

次の図は，ネットワークアドレスが21〜28ビットまでのサブネットマスクを記載しています。10進数でどう表現されるのか，一通り見ておくとよいでしょう。

◉ サブネットマスクの桁数の２進数，10進数表記

サブネットマスクの桁数	2進数表記	10進数表記
21	11111111 11111111 11111000 00000000	255.255.248.0
22	11111111 11111111 11111100 00000000	255.255.252.0
23	11111111 11111111 11111110 00000000	255.255.254.0
24	11111111 11111111 11111111 00000000	255.255.255.0
25	11111111 11111111 11111111 10000000	255.255.255.128
26	11111111 11111111 11111111 11000000	255.255.255.192
27	11111111 11111111 11111111 11100000	255.255.255.224
28	11111111 11111111 11111111 11110000	255.255.255.240

いえ，覚えている人はあまりいません。2進数で表した上で，計算して求める方法を身に付けましょう。午前問題でたまに出題されます。

5 ブロードキャストアドレス

ブロードキャストアドレスとは，同一サブネットワーク内に一斉にパケットを送信する際に利用するアドレスです。ホスト部を全て1にするとブロードキャストアドレスになります。

例として，192.168.1.0/24と192.168.1.192/28の２つのネットワークでブロードキャストアドレスを考えてみましょう。

【10進数表記】	【ネットワーク部（2進数）：24bit】	【ホスト部（2進数）】
192.168.1.0/24	11000000 10101000 00000001	00000000
	↓　そのまま	↓　**全て1に変換**
	11000000 10101000 00000001	**11111111**
	↓　↓　↓	↓
	192.　168.　1.	255 ←**ブロードキャストアドレス**

```
【10進数表記】      【ネットワーク部（2進数）：28bit】   【ホスト部（2進数）：4bit】
192.168.1.192/28  11000000 10101000 00000001 1100   0000
                                 ↓ そのまま          ↓ 全て1に変換
                  11000000 10101000 00000001 1100   1111
                     ↓        ↓        ↓      └──┬──┘
                                                 ↓
                    192.     168.      1.        207 ←ブロードキャストアドレス
```

このように，192.168.1.0/24のブロードキャストアドレスは192.168.1.255，192.168.1.192/28のブロードキャストアドレスは，192.168.1.207です。

6 グローバルIPアドレスとプライベートIPアドレス

IPアドレスには，**グローバルIPアドレス**と**プライベートIPアドレス**の2種類があります。両者の違いですが，グローバルIPアドレスは，「グローバル（世界的な）」という言葉の通り，世界とつながるインターネットの通信で利用できます。一方，プライベートアドレスは，「プライベート（私的な）」という言葉の通り，企業内のような私的なネットワークでしか利用できません。逆に，グローバルIPアドレスを私的なネットワークで利用することは可能です。

だったら，すべてグローバルIPアドレスを使えばいいのでは？

確かにそうですが，グローバルIPアドレスの数が足りません。プライベートIPアドレスが登場した背景には，IPアドレスの枯渇があります。グローバルIPアドレスは，世界で約43億個しかないので，数が足らなくなってきました。そこで，インターネットに接続しない閉ざされたプライベートネットワークにおいては，グローバルIPアドレスを利用せずに，プライベートIPアドレスを使うようにしたのです。閉ざされたネットワークで利用しますから，IPアドレスが他と重複しても構いません。プライベートIPアドレスは誰かに利用申請する必要もなく，自由に好きなIPアドレスを設定できます。

次の図を見てください。インターネットではグローバルIPアドレスを使い，LANではプライベートIPアドレスを使う様子を図にしています。

インターネットではプライベートIPアドレスは使えません。仮に設定をしたとしてもルーティングされないのでインターネットと接続できません（図❶）。逆に，LANでグローバルIPアドレスを使うことはできます（図❷）。

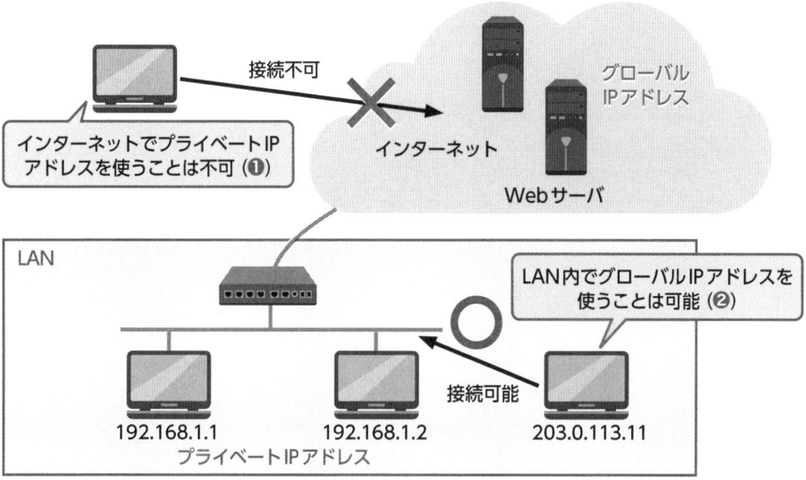

◉ **グローバルIPアドレスとプライベートIPアドレス**

プライベートIPアドレスの範囲は次の通りです。

クラス	IPアドレスの範囲
クラスA	10.0.0.0～10.255.255.255（10.0.0.0/8）
クラスB	172.16.0.0～172.31.255.255（172.16.0.0/12）
クラスC	192.168.0.0～192.168.255.255（192.168.0.0/16）

逆に，これらのプライベートIPアドレス以外が（一部例外がありますが），グローバルIPアドレスです。

補足解説

ループバックアドレス

ループバックアドレスとは，自分自身を示すアドレスです。IPv4の場合，一般的には127.0.0.1が使われます。実際には，127.0.0.0/8の範囲であれば利用可能です。両端のIPアドレスを割り当てることはできないので，127.0.0.1～127.255.255.254の範囲内で利用可能です。

過去問（平成25年午後1問1）では，SSL-VPNでループバックアドレスを活用して通信する記載があります。ここで，「ループバックアドレスの利用は，社内で使用中のプライベートアドレスを利用するよりも利点があり」として，「外部からの不正利用が発生しない（解答例）」とあります。

ループバックアドレスは，他の端末からアクセスすることはできません。例えば，隣のPCから127.0.0.1というループバックアドレス宛てに通信をしようとすると，自分自身に通信をしてしまいます。このように，セキュリティ面を考慮して利用される場合があります。

次の図は，ループバックアドレスである自分自身（127.0.0.1）にpingを送信した様子です。ループバックアドレスは，手動で設定することなく利用できます。

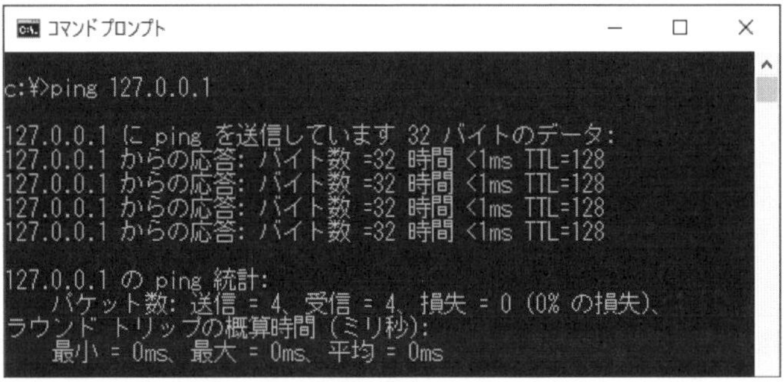

◉ ループバックアドレスへのping送信

4-2 IPパケットの構成

1 IPパケットとは

2-3の「イーサネット」にて，LANでは，データを送る際にフレームと呼ばれるまとまった単位でデータを送信することをお伝えしました。フレームとパケットは同じ意味を指すこともありますが，OSI参照モデルの第2層の場合はフレーム，第3層の場合は**パケット**と呼ばれることが一般的です。ここでは，元データが第2層のフレームや第3層のパケットにどう変化するかを含めて解説します。

2 IPヘッダ

(1) IPヘッダとは

PCから，FTPサーバにファイルを転送する場合を考えます。荷物を送るときに，宛先の住所・氏名や自分の住所・氏名を書くのと同様に，IPの世界でも宛先と送信元の情報を記載します。この情報が，IPヘッダです。**IPヘッダ**には，宛先IPアドレスや，送信元IPアドレスなどが含まれます。PCでは，送信したいデータにIPヘッダを付けてIPパケットとしてFTPサーバに送信します。

(2) IPヘッダの内容

参考までに，IPヘッダの内容を一般的な記載方法（32ビットで区切り）で書きます。全てを覚える必要はありませんが，次の図で赤色の字で示した「ToS」「プロトコル番号」「送信元IPアドレス」「宛先IPアドレス」がIPヘッダにあることを確認してください。

※ToSは8-9の「QoS」で解説します。

<table>
<tr><td>version</td><td>IHL</td><td>ToS</td><td colspan="2">パケット長</td></tr>
<tr><td colspan="3">識別子</td><td>フラグ</td><td>フラグメントオフセット</td></tr>
<tr><td colspan="2">TTL</td><td>プロトコル番号</td><td colspan="2">ヘッダチェックサム</td></tr>
<tr><td colspan="5">送信元IPアドレス (32 bit)</td></tr>
<tr><td colspan="5">宛先IPアドレス (32 bit)</td></tr>
<tr><td colspan="4">オプション (可変bit)</td><td>Padding (可変bit)</td></tr>
</table>

◉ IPヘッダの構成

IPヘッダは20バイトで構成され，IPパケットの最大サイズ（**MTU**：Maximum Transmission Unitといいます）は，1500バイト以下と決まっています。

IPヘッダを含むIPパケットの様子を，次に示します。

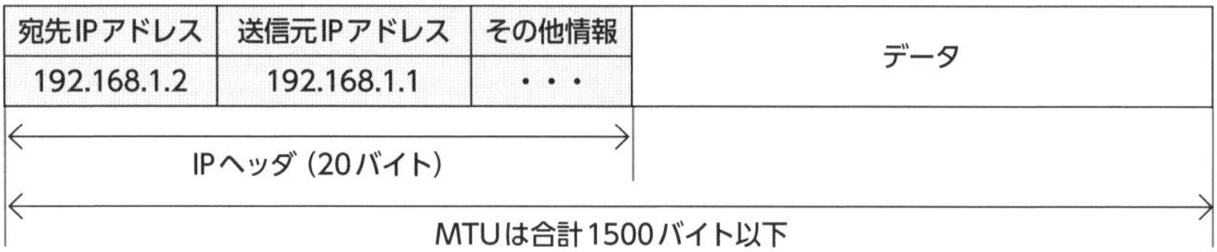

◉ IPヘッダとIPパケットのサイズ（MTU）

(3) プロトコル番号

IPヘッダの中にあるプロトコル番号は，上位層（4層以上）が何のプロトコルかを示す番号です。例えば，HTTPやSMTPで利用するTCP（プロトコル番号6）や，暗号化通信で利用するESP（プロトコル番号50）などがあります。

次の図で，代表的なプロトコル番号を紹介します。覚える必要は全くありません。

◉ 代表的なプロトコル番号

プロトコル番号	プロトコル	フルスペル
1	ICMP	Internet Control Message Protocol
6	TCP	Transmission Control Protocol
17	UDP	User Datagram Protocol
47	GRE	Genericl Routing Encapsulation
50	ESP	Encapsulating Security Payload
89	OSPF	Open Shortest Path First

3 IPパケットとイーサネットフレームの関係

前の図のIPパケットは，どうやって通信相手に届くのでしょうか。PCからFTPサーバにデータを送るケースで考えてみましょう。

実はIPアドレスの情報だけではFTPサーバに送ることができません。LANでは，IPアドレスではなくMACアドレスを基に通信が行われるからです。そこで，2-3の「イーサネット」の「イーサネットフレーム」で紹介した，「宛先MACアドレス」「送信元MACアドレス」などの情報を付加してデータを送信します。

次の図で改めて解説します。PCがFTPサーバにデータ（図の❶）を送る場合は，宛先IPアドレスなどのIPヘッダを付けたIPパケット（同❷）を作ります。このIPパケットをイーサネット上（＝LAN）に流すために，宛先のMACアドレスなどを付けたイーサネットフレーム（同❸）を作り，FTPサーバに届けます。

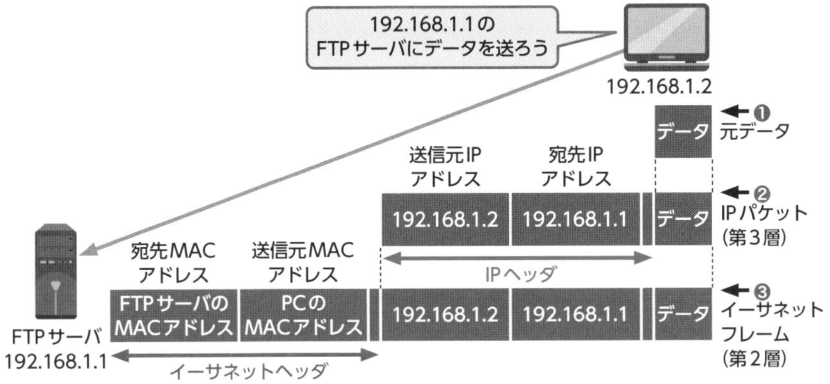

◉ ヘッダが付与される様子

4-3 ICMP

1 ICMPとは

ICMPは，ネットワーク層で動作し，送信エラー報告などのメッセージを通知するプロトコルです。ICMPの代表的なコマンドがpingです。例えば，pingによって，端末の接続状態を調べることができます。

次の図は，pingコマンドで192.168.0.1の端末が動作しているかどうかを確認した結果です。「Reply from」とあり，正常に動作していることが分かります。

```
C:¥>ping 192.168.0.1
Pinging 192.168.0.1 with 32 bytes of data:

Reply from 192.168.0.1: bytes=32 time=8ms TTL=64
Reply from 192.168.0.1: bytes=32 time=4ms TTL=64
Reply from 192.168.0.1: bytes=32 time=5ms TTL=64
Reply from 192.168.0.1: bytes=32 time=11ms TTL=64

Ping statistics for 192.168.0.1:
    Packets: Sent = 4, Received = 4, Lost = 0 (0% loss),
Approximate round trip times in milli-seconds:
    Minimum = 4ms, Maximum =  11ms, Average =  7ms
```

◉ pingの実行結果

2 ICMPリダイレクト

ICMPリダイレクトは，今より適切なルータがあることを伝えるICMPのメッセージの一つです。次の構成図をもとに具体的に解説します。

PCのデフォルトゲートウェイは192.168.1.254のIPアドレスを持つR1（次の図❶）に設定されています。PCが172.16.1.0/24のネットワークに通信する場合，まずはデフォルトゲートウェイであるR1にパケットを送ります（同❷）。R1はそのパケットをR2に転送（同❸）し，172.16.1.0/24のネットワークにパケットが届きます（同❹）。

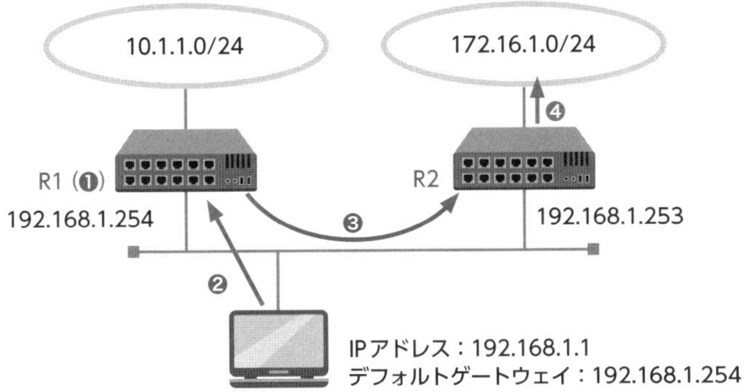

◉ ICMPリダイレクトが必要な状況

しかし，もっといい方法があります。それは，PCから直接R2にパケットを送ることです。このように，最適な経路を伝えるのがICMPリダイレクトです。具体的には，R1からPCに対して，「R2に送った方が速いですよ」というICMPリダイレクトメッセージを送ります。

3 ICMPのメッセージ

ICMPには送信するメッセージがいくつかの種類に分けられています。その一つが，先のICMPリダイレクトです。また，冒頭に紹介したpingの応答結果として，「Reply from」とありましたが，これは「Echo Reply」という名前のメッセージです。

次の図で，ICMPメッセージをいくつか紹介します。

◉ ICMPメッセージの種類

メッセージの種類	解説
Echo Reply	正常に応答したことを表すメッセージ
Redirect	転送されてきたデータを受信したルータが，そのネットワークの最適なルータを送信元に通知して経路の変更を要請するメッセージ（ICMPリダイレクト）
Time Exceeded	定められた生存時間（TTL：Time To Live）を超えた（Exceeded）ということで，パケットを破棄したことを通知するメッセージ

4-4 NAT

1 NATとは

企業や家庭で割り当てられたIPアドレスのほとんどは，プライベートIPアドレスです。しかし，プライベートIPアドレスのままではインターネットに出ることができません。そこで，ルータやファイアウォールなどで，プライベートIPアドレスをグローバルIPアドレスに変換（Translation）します。このように，IPアドレスを変換する仕組みを**NAT**（Network Address Translation）といいます。

次の図は，192.168.1.1というプライベートIPアドレスを持つPCが，ルータにて203.0.113.1というグローバルIPアドレスにNAT変換された様子を表しています。

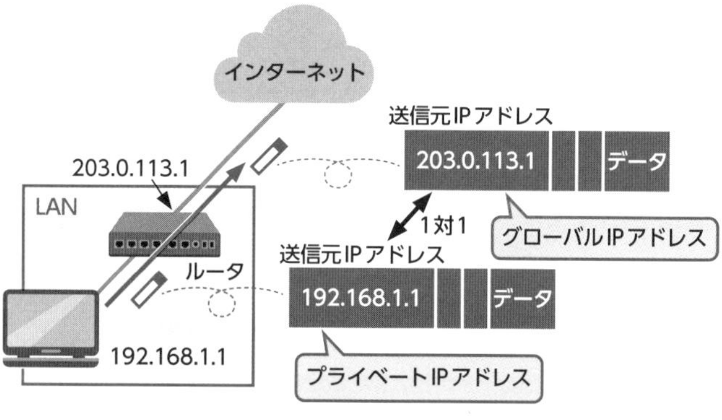

◉ NATによるアドレス変換

NATでは，IPアドレスを1対1で変換します。

IPアドレスには，送信元IPアドレスと宛先IPアドレスがあります。どちらを変換するのですか？

どちらもあります。送信元IPアドレスを書き換えるNATを送信元（Source）NAT，宛先IPアドレスを書き換えるNATを宛先（Destination）NATといいます。

前の図は，パケットの送信元のIPアドレスを変換しているので，送信元NATです。

2 NAPT

NATと同様の仕組みとして，**NAPT**（Network Address Port Translation）があります。NAPTは，IPアドレスだけでなく，ポート番号も変換します。（ポート番号とは，Web閲覧は80でメール送信は25などと決められたアプリケーションやサービスを識別する数字です。）

NATの場合は，1対1のアドレス変換ですが，NAPTの場合はポート番号も変換（または管理）の対象にすることで，**1対多**のIPアドレス変換を可能にしています。

例えば，次のように，192.168.1.1〜3のIPアドレスを持つ3台のPCのIPアドレスを，203.0.113.1という一つのグローバルIPアドレスに変換します。

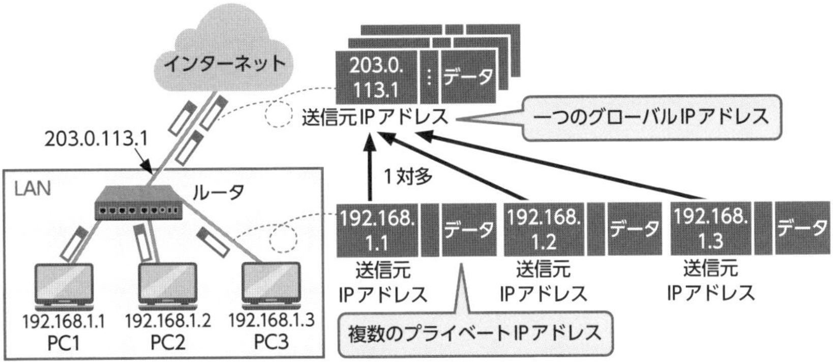

◉ NAPTによるアドレス変換

しかし，前の図において，203.0.113.1のIPアドレス宛てにパケットが届いても，そのパケットを3台あるPCのどれに届けていいのかが分かりません。そこで，ポート番号を使って，グローバルIPアドレスと複数のプライベートIPアドレスの対応を管理します。次がその対応例です。

◉ NAPTによるIPアドレスとポートの対応

変換前		変換後	
プライベートIPアドレス	ポート番号	グローバルIPアドレス	ポート番号
192.168.1.1 (PC1)	1001	203.0.113.1	1001
192.168.1.2 (PC2)	1002	203.0.113.1	1002
192.168.1.3 (PC3)	1003	203.0.113.1	1003

例えば，IPアドレスが203.0.113.1という情報だけではPCを特定できませんが，1001というポート番号も付加することで，192.168.1.1（PC1宛て）のパケットということが分かります。

3 CGN

CGN（Carrier Grade NAT）とは，ISPなどの通信キャリア（Carrier）級（Grade）の規模で使うNATです。CGNができた背景には，IPv4アドレスの枯渇問題があります。

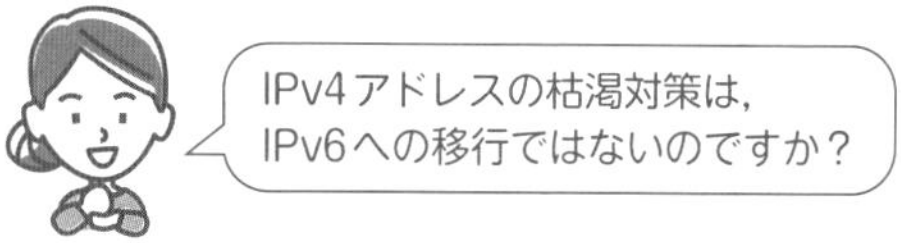

はい，その通りです。しかし，IPv6の全面移行はあまり普及が進んでいません。そこで，IPv6に移行するまでの間のつなぎの技術の一つとして，CGNが登場しました。CGNによるアドレス変換技術を活用すれば，少数のIPv4グローバルアドレスを使って，より多くの端末をインターネットに接続することができます。

CGNにはいくつかの方式がありますが，代表例として，過去問で問われたNAT444を紹介します。まず，NAT444の意味を説明します。4はIPv4を意味します。NAT444では，IPv4（グローバルIPアドレス）→IPv4（シェアードアドレス）→IPv4（プライベートIPアドレス）と，三つのIPv4アドレスを使います。これが，444の由来です。

次の図は，CGNによるNATの様子を表した図です。過去問の平成27年午後2問2の図を活用しています。

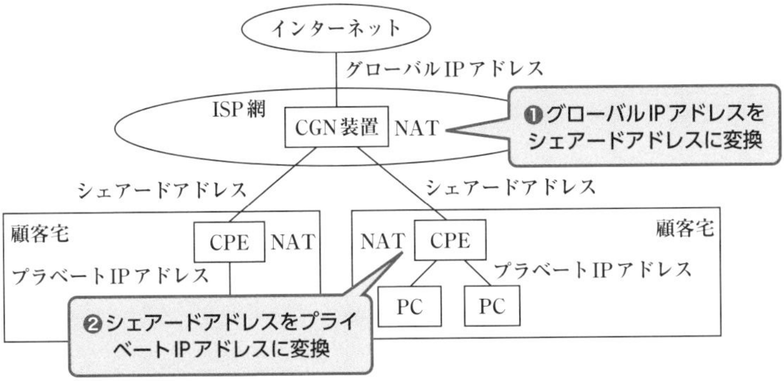

◉ CGNによるアドレス変換

まず，インターネットで使われるグローバルIPアドレスが，ISP網内のCGN装置でシェアードアドレスに変換されます（前の図の❶），そして，顧客宅の装置にて，シェアードアドレスがプライベートIPアドレスに変換されます（同❷）。

こうすることで，ISP（プロバイダ）では，少ないグローバルIPアドレスで，たくさんの顧客にサービスを提供することができます。

シェアードアドレスを使わずに，
全部プライベートIPアドレスでもいいと思います

素直な疑問ですよね。プライベートIPアドレスをプロバイダが管理できればそれも可能だと思います。しかし，プライベートIPアドレスは，顧客が自由に好きなIPアドレスを設定できるのが利点です。ですから，前の図において，シェアードアドレスの部分をプライベートIPアドレスにすると，顧客宅のプライベートIPアドレスと重複する危険があるのです。重複すれば，正常に通信が行えません。

シェアードアドレスはRFCで100.64.0.0/10と決められています。これを使えば，顧客宅のプライベートIPアドレスと重複することなく利用できます。

4-5 マルチキャスト

1 マルチキャストとは

2-3の「イーサネット」にて，イーサネットフレームは，誰に送信するかによって，ブロードキャスト，ユニキャスト，マルチキャストの三つに分類されることを説明しました。ここでは，マルチキャストについて詳しく解説します。

マルチキャストとは，複数の端末に対して，一つのデータを同時に送信する通信です。ユニキャストで3台のPCにデータを送る場合，3台分のデータが流れます（次の図左）。一方，マルチキャストの場合は，1台分のデータで3台のPCにデータを送ることができます（次の図右）。その結果，少ない帯域での通信が可能になります。特に，映像配信などの大容量の通信をするときに求められる仕組みです。

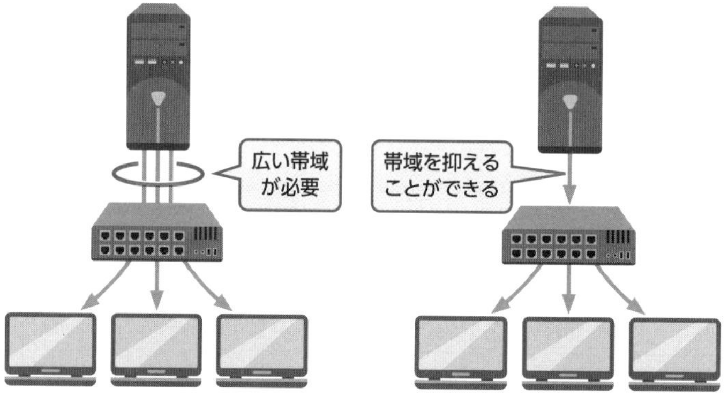

◉ ユニキャストの場合　　◉ マルチキャストの場合

なるほど，YouTubeなどの動画配信はこれを使っているのですね？

いえ，YouTubeなどはユニキャストでやっています。帯域圧縮の仕組みとしては，8-7で解説する「CDN」などの技術が使われます。また，完全に余談ですが，LAN内では1Gbpsが当たり前で，広帯域化しています。つまり，マルチキャストを使わずにユニキャストで送信しても，それほど問題になりません。これらの理由から，マルチキャストはあまり使われていない技術なのです。

2 マルチキャストの用語

マルチキャストに関する用語を整理します。

(1) ソースとレシーバ

ソース（マルチキャストソースともいいます）は，マルチキャストパケットを送信するホストのことです。過去問（令和5年午後1問2）では，IPカメラがソースに該当しました。

レシーバ（マルチキャストレシーバともいいます）は，マルチキャストパケットを受信するホストのことです。その過去問では，レシーバという名前の機器やPCが該当しました。

(2) マルチキャストのアドレス

マルチキャストでは，先頭4ビットが1110で始まるクラスDのIPアドレスを使います。具体的には，「224.0.0.0 ～ 239.255.255.255」です。例えば，232.1.1.1という**マルチキャストIPアドレス**を使うとします。ソースであるマルチキャストのサーバは，「232.1.1.1」を宛先IPアドレスにしたパケットを送ります。すると，232.1.1.1のグループに参加している端末（レシーバ）が，このマルチキャストを受け取ります。つまり，232.1.1.1のIPマルチキャストアドレスは，グループの識別子としても利用されます。

3 マルチキャストの仕組み

ここからは，マルチキャストの具体的な仕組みを説明していきます。バージョンによって動作が異なるので，PIM-SMとIGMPv2の場合で説明します。

マルチキャストパケットを届ける先は，このパケットを欲しいレシーバに限定すべきです。その仕組みとしてマルチキャストを届けるL3（3層のネットワーク層を「L3」や「レイヤ3」と呼ぶことがあります）装置間でルーティングするための**PIM**（Protocol Independent Multicast）と，L3装置からレシーバ間で，レシーバを管理するための**IGMP**があります。

まずは全体像を次の図でざっくり理解しましょう。

次の図は，過去問（令和5年午後1問2）を基にしたマルチキャストのパケットの流れです。図の❶のjoinの矢印を見てください。マルチキャストのパケットを受け取りたい端末（レシーバ11と13）が，「受け取りたい」という表明をしています。

次に❷の赤い矢印に着目してください。IPカメラが配信するパケットを，マルチキャストを使ってレシーバ11とレシーバ13に届けています。

このとき，目的のレシーバだけにパケットを届ける仕組みとして，L3装置間では❶PIMを使い，L3装置からレシーバ間では❷IGMPを使います。

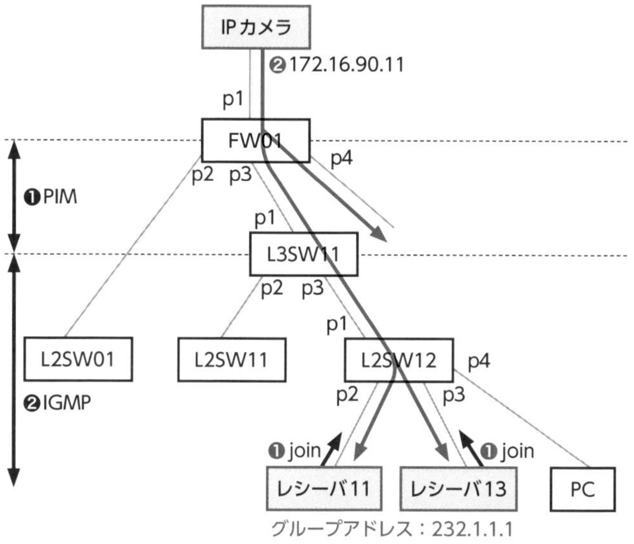

4 IGMP

IGMPの機能を紹介します。

(1) IGMPによるレシーバの管理

IGMP（Internet Group Management Protocol）は，Group（グループ）をManagement（管理）という言葉の通り，マルチキャストグループに所属するレシーバを管理するプロトコルです。

PCが，あるマルチキャストグループに参加（join）するときは，IGMP joinメッセージ（正しくはメンバーシップレポート）をルータに送信します（前の図の❶）。宛先は，IPマルチキャストアドレスです。逆に，PCが，参加しているマルチキャストグループから離脱（leave）するときは，IGMP leaveメッセージを送信します。

こうやって，マルチキャストを配信する先を管理することで，該当端末のみにマルチキャストのパケットを転送します。

(2) IGMPスヌーピング

IGMPスヌーピングとは，L2スイッチに実装される機能で，不要なPCにはマルチキャストフレームを送信しない仕組みです。

通常の通信（つまりユニキャスト）では，スイッチのMACアドレステーブルによって，どの端末にフレームを転送するかを管理しました。同様に，前の図のL2SW12では，どの端末にフレームを転送するかという情報を管理します。

6-3で解説するDHCPスヌーピングと同様に，スヌーピング（snooping）には「のぞき見する」という意味があります。IGMPスヌーピングは，IGMP joinやIGMP leaveメッセージなどをのぞき見します。こうすることで，マルチキャストグループにどの端末（レシーバ）が所属しているかを知り，所属している端末だけにマルチキャストフレームを送信します。

5 マルチキャストルーティングプロトコル

通常の通信（つまりユニキャスト）と同様に，セグメントを超える場合はレイヤ3の機器でルーティングが必要です。よって，前の図にあるように，FW01では，マルチキャストルーティングテーブルを持ち，どのインタフェースにパケットを転送するかの情報を持ちます。この時の**マルチキャストルーティングプロトコル**がPIMです。また，PIMにはいくつかの種類がありますが，代表的なのはPIM-SM（Protocol Independent Multicast-Sparse Mode）です。SM（Sparse Mode）の対となるDM（Dense Mode）もありますが，無駄な帯域を使いますし，あまり使われません。

今回の構成の場合，マルチキャストのルーティングだけでなく，通常のユニキャストのルーティングも必要ですよね？

もちろんです。マルチキャストを受け取らないPCが，サーバなどとの通信をするために，通常の（ユニキャスト）ルーティングが必要です。

6 SSMとIGMPv3

PIM-SMでは，どのソースからマルチキャストパケットを受けとるかの指定をすることできません。よって，IPマルチキャストアドレスが同じであれば，欲しくないソースからのマルチキャストパケットも受け取ってしまいます。これはネットワークのトラフィックとして無駄です。

そこで，この問題を解決するためのプロトコルがSSMです。SSM（Source Specific Multicast）のフルスペルを見てください。

送信元ホスト（Source）が特定（Specific）とありますね

はい，SSMでは，PIM-SMでは管理しなかったソース（Source）の特定（Specific）をします。

さて，このSSMを利用するには，レシーバ側ではIGMPv3が必須です。IGMPv2だと，IGMP join（＝メンバーシップレポート）において，送信元のIPアドレスを指定できませんでした。よって，受け取りたくないソースからのパケットも受け取ってしまいました。v3からIGMP joinでは，ソースを指定できるようになりました。

4-6 IPv6

1 IPv6とは

世界の人口は70億人を超え，一人が1台以上の通信機器を持つ時代になりました。その結果，約43億個の値をとるIPv4アドレスでは，数が足らなくなりました。そこで，**IPv6**アドレス（IPアドレスのバージョン6）の登場です。

IPv4と比べた特徴ですが，まず，IPv4が32ビットなのに対し，IPv6は128ビットに拡張されました。ですから，IPv4に比べて2^{96}倍という，ものすごい数のIPアドレスがあります。

IPv6はまだそれほど普及していませんが，多くの機器ではIPv6への対応が順次進んでいます。例えば，われわれが日頃使うPCでも，実はIPv6に対応しているのです。

2 IPv6のアドレス表記方法

IPv6は，128ビットの値を16ビットずつ「:」を使って八つに区切り，16進数で表します。例えば，fe80::f:acff:fea9:18のように表記されます。また，次のように，簡略化のルールがあります。

・0で始まる場合，0を省略する	（例）0012 → 12	
・すべて0は:0:で省略	（例）:0000: → :0:	
・連続する:0:は::に省略可能	（例）:0:0:0:0: → ::	※ただし一回だけ

◉ IPv6アドレスの圧縮表記のルール

例えば，次のように簡略化されます。

```
0012 : 0000 : 0000 : 0000 : ABCD:0000:0000:1200
 ↓              ↓                    ↓    ↓
 12             ::                  :0:  :0:
```

→ 省略形　12::ABCD:0:0:1200

◉ IPv6アドレスの圧縮表記例

3 IPヘッダの変換

IPv6アドレスは，十分に普及していません。ですから，IPv4とIPv6の二つ環境がしばらくの間，共存することになります。

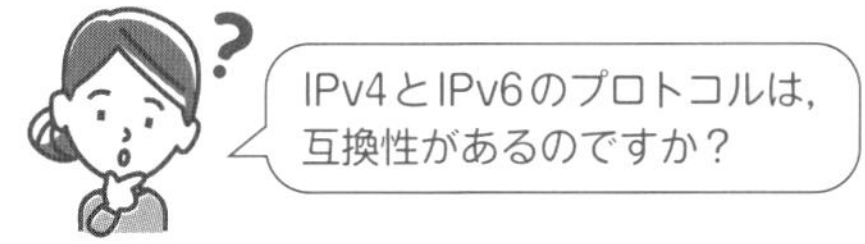

いえ，残念ながら互換性はありません。ですから，IPv4のアドレスの端末とIPv6アドレスの端末は相互に通信もできません。ただ，多くのPCやネットワーク機器は，IPv4とIPv6の両方に対応しています。なので，IPv4とIPv6のどちらのプロトコルでも通信を行うことができます。(覚えなくていい言葉ですが，この仕組みを「デュアルスタック」といいます。)

また，IPv6の端末とIPv4の端末間で通信を可能にするために，IPv4/IPv6トランスレーションという技術があります。トランスレーションは「変換」という意味で，IPv4ヘッダをIPv6ヘッダに変換（またはその逆）を行います。IPv4とIPv6を変換する装置はトランスレータといわれます。

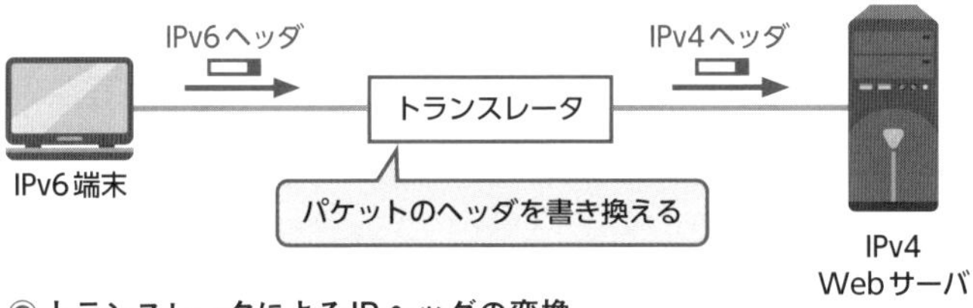

◉ トランスレータによるIPヘッダの変換

4 IPv6アドレスの種類

IPv4アドレスでは，グローバルIPアドレスとプライベートIPアドレスの2種類がありました。IPv6の場合，グローバルIPアドレスに該当するのがグローバルユニキャストアドレスで，プライベートIPアドレスに該当するのがユニークローカルユニキャストアドレスです。

IPv6では，それに加えて，リンクローカルユニキャストアドレスがあります。リンクローカルユニキャストアドレスは，ルータを介さずに直接接続できる相手との通信だけに使用できるアドレスです。このアドレスは，グローバルユニキャストアドレスやユニークローカルユニキャストアドレスとは別に，常に設定されます。例えば，WindowsのPCにてipconfigを実行すると，次のように，ユニークローカルユニキャストアドレスと，リンクローカルユニキャストアドレスの二つのIPが設定されていることが分かります。

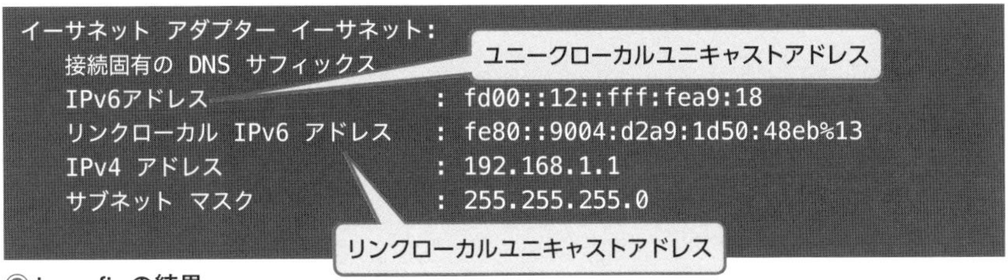

◉ ipconfigの結果

このリンクローカルユニキャストアドレスを使わないことも可能ですが，通信上の取り決めとして，設定することが定められています。

次の図で，これらのIPアドレスを整理します。

◉ IPv4とIPv6におけるIPアドレスの整理

アドレス	IPv4	IPv6
プライベートIPアドレス	プライベートIPアドレス 【IPアドレスの範囲】 ・クラスA：10.0.0.0/8 ・クラスB：172.16.0.0/12 ・クラスC：192.168.0.0/16	ユニークローカルユニキャストアドレス 【IPアドレスの範囲】 fd00::/8
グローバルIPアドレス	グローバルIPアドレス 【IPアドレスの範囲】 上記以外	グローバルユニキャストアドレス 【IPアドレスの範囲】 2000::/3 ※二進数では「001」で始まるアドレス
(リンクローカルアドレス)	APIPA (Automatic Privete IP Addres) による自動プライベートIPアドレス 【IPアドレスの範囲】 169.254.X.X	リンクローカルユニキャストアドレス 【IPアドレスの範囲】 fe80::/10

5 マルチキャスト

IPv6からはブロードキャストがなくなりましたが，マルチキャストはIPv4と同様の機能として残ります。

IPv4の場合のマルチキャストアドレスは224.0.0.0/4でしたが，IPv6のマルチキャストは，FF00::/8（つまり，FF00で始まるアドレス）です。

6 IPv4とIPv6の違い

ここでは，IPv4とIPv6の違いについて，これまでに解説したことも含めて整理します。

IPv4とIPv6の違いは，単にIPアドレスの長さが32ビットから128ビットになっただけではありません。例えば，IPv6では，DHCPがない環境でも，IPアドレスを端末に自動設定することが可能です。また，IPv6で標準ヘッダの他に拡張ヘッダが導入されています。この拡張ヘッダによって，パケットを暗号化したり送信元を認証したりするセキュリティ機能（IPsec）を実現できます。

◉ IPv4とIPv6の違い

項目	IPv4 （例）192.168.1.1	IPv6 （例）fe80::f:acff:fea9:18
ビット数（バイト数）	32ビット（4バイト）	128ビット（16バイト）
表記	10進数	16進数
IPパケットのヘッダサイズ	20バイト	40バイト
IPアドレスの自動設定	×	○
セキュリティ機能（IPsec）	×	○
DNSサーバにおいて，IPアドレス情報を登録するレコード	Aレコード	**AAAAレコード**
IPアドレスからMACアドレス解決機能するプロトコル	ARP	ICMPv6

第5章

TCPとUDP（4層）

5-1 TCPとUDP

1 トランスポート層のプロトコル

ネットワーク層の上位であるトランスポート層では，順序制御や再送制御などの，通信の品質を保つ役割を持ちます。トランスポート層で利用されるプロトコルは，TCPとUDPの二つです。

アプリケーション層で使うプロトコルごとに，トランスポート層で使うプロトコルが決められています。以下に，その対応の例を紹介します。

◉ TCPとUDPの比較

種類	特徴	アプリケーション層のプロトコル例
TCP	信頼性の高い通信を実現するプロトコル	HTTP, SMTP, POP3, SSH, FTP, Telnet, DNS (ゾーン転送)
UDP	高速性を優先したプロトコル	SNMP, NTP, DNS (問合せ), SNMP, DHCP, TFTP, ストリーム配信のプロトコル

この章では，TCPとUDPについて詳しく解説します。

2 TCP

まず，TCPについて詳しく見ていきましょう。

(1) TCPとは

TCPはTransmission Control Protocolという名前のとおり，伝送(Transmission)を“制御(Control)”するプロトコルです。例えばパケットの順番をきちんと並べたり，通信に矛盾が無いかを確かめたり，必要に応じて再送したりします。

(2) TCPと3ウェイハンドシェイク

TCPでは，通信の信頼性を高めるために，**3ウェイハンドシェイク**という方式でコネクション（通信の接続）を確立します。具体的には，SYN，SYN＋ACK，ACKの三つのパケットを順に送り，両者で同期をとって通信を開始します。

SYN はSYNchronize（同期する）から来ており，通信相手と通信を同期しながら確立するためのパケットです。**ACK** はACKnowledgement（了承する）から来ており，通信を受け取ったことを了承することを通知するパケットです。

以下は，PCからサーバに接続（例えば，Webサーバのページを閲覧）した場合に必ず行われる3ウェイハンドシェイクの流れです。

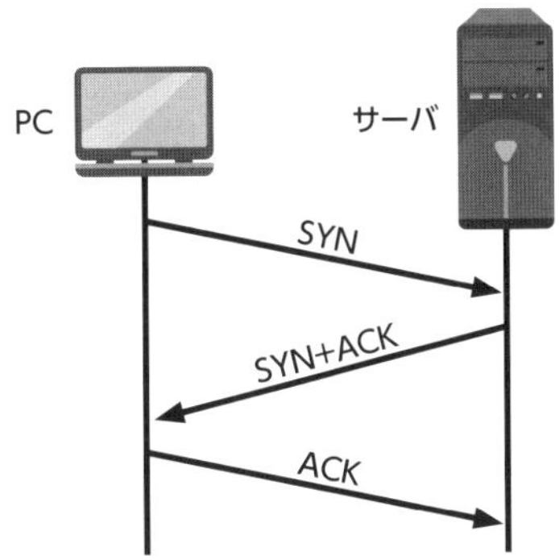

◉3ウェイハンドシェイクの流れ

TCPでは，このようにコネクションを確立してから通信を始めるので，コネクション型のプロトコルともいわれます。

はい，やっています。しかし，このやりとりによって，IPアドレスを偽装した通信や，コネクションを横取りした通信を排除することができます。例えば，送信元のIPアドレスが偽装されていれば，SYN＋ACKのパケットが相手に届かないので，通信が開始されません。

一方，TCPにはデメリットもあります。このような3ウェイハンドシェイクやこの後に記載する応答確認を行うため，UDPに比べて低速になってしまうのです。

(3) ACKとウィンドウサイズ

TCPでは，パケットを受け取った応答確認として，送信元にACKパケットを返信します。ACKは，データを受け取る都度送られます（次の図左側）。また，送信側はACKを受け取るまで，次のデータを送りません。しかし，毎回ACKが返ってくるのを待っていると，通信が遅延します。そこで，毎回ACKを返すのではなく，まとまったデータを受け取ってからACKを返すことで，通信の効率化を図ります（同右側）。

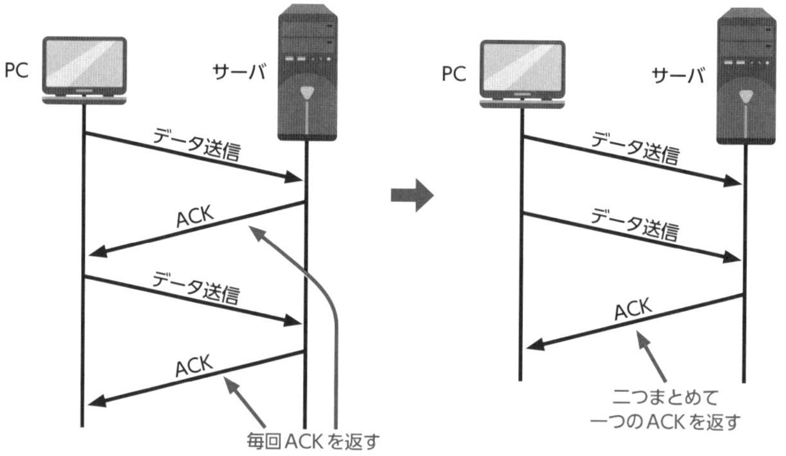

◉ ACK応答とウィンドウサイズ

しかし，無条件でデータをまとめられるわけではありません。受信側からの確認応答（ACK）を待たずに送信できるデータ量のことを**ウィンドウサイズ**といいます。このサイズ以下であれば，送信側はACKを受け取らなくても次のデータを送ることができます。

(4) シーケンス番号と確認応答番号

TCPヘッダには，**シーケンス番号**と**確認応答番号**の２種類の番号が入っています。この二つの番号により，パケットに矛盾が無いかや，不正なパケットではないかを確認します。

❶シーケンス番号

各端末（PCやサーバ）が，自分で管理しているパケットの通番です。送信側と受信側で異なる番号を使います。

※なお，シーケンス番号は0からではなく，ランダムな値から開始されることがあります。

❷確認応答番号

次に送信するシーケンス番号を，相手に伝えるためのものです。3ウェイハンドシェイクの場合，「受信したシーケンス番号＋1」が確認応答番号です。

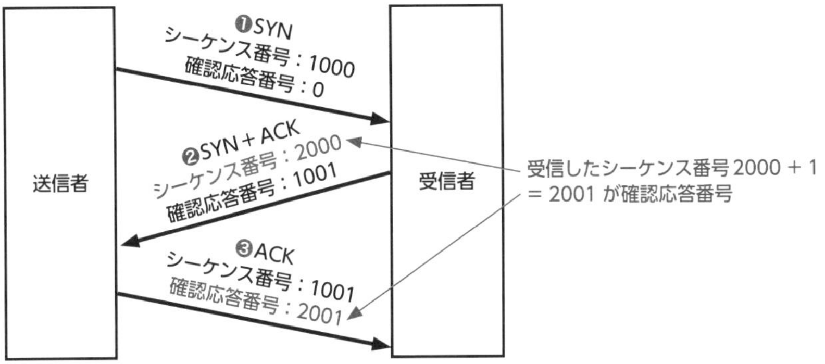

受信者は，「❸の確認応答番号」と「❷で送ったシーケンス番号＋1」が一致すれば，正しい3ウェイハンドシェイクとしてコネクションを接続します。

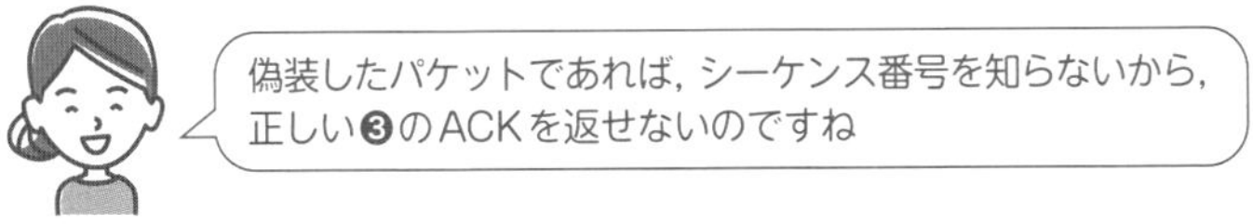

そうです。

3 UDP

UDP（User Datagram Protocol）は，TCPのデメリットを解消するために作られたプロトコルです。信頼性よりも高速性を優先していますから，3ウェイハンドシェイクをしませんし，再送や順序を並び替えたりもしません。高速な通信が可能ですから，動画，音声のストリーミングなどに適しています。

余談ですが，UDPは3ウェイハンドシェイクをしないので，送信元のIPアドレスに対してSYN＋ACKを返して応答を待つことをしません。そのため，UDPの場合は送信元IPアドレスを偽造して通信をすることができるのです。

情報セキュリティスペシャリストの過去問（平成26年春午後1問2）の採点講評にも，以下の記述がありました。「SMTPはTCP上で動作しているので，事実上，IPアドレスを詐称することはできないことを理解してほしい」

では，次のTCPとUDPのヘッダを見てください。確認すべきは，両者に共通する送信元ポート番号，宛先ポート番号くらいで，それ以外は覚える必要はありません。ですが，UDPヘッダがとてもシンプルであることが分かってもらえると思います。

◉ TCPヘッダとUDPヘッダ

	TCPヘッダ
1	送信元ポート番号
2	宛先ポート番号
3	シーケンス番号
4	確認応答番号
5	データオフセット
6	予約
7	フラグ
8	ウィンドウサイズ
9	チェックサム
10	緊急（Urgent）ポインタ
11	オプション
12	Padding

UDPヘッダ
送信元ポート番号
宛先ポート番号
セグメント長
チェックサム

第 6 章

アプリケーション（7層）

6-1 HTTP

1 HTTPとは

HTTP（HyperText Transfer Protocol）とは，Webサーバとの通信に利用されるプロトコルです。実際，皆さんがWebサイトを開くとき，ブラウザにhttps://で始まるURLを入力することと思います。httpsは，HTTP通信を暗号化するプロトコルHTTPSによる通信を指定しています（詳細は後述）。

完全な余談ですが，HTTP（HyperText）の意味ですが，通常のテキスト文書よりすごい（Super）だけでなく，とびぬけてすごいという意味のハイパー(Hyper)です。WebページはHTML（HyperText Markup Language）という言語で作成されます。リンクや画像や動画なども記載できるので，ハイパーな言語であるとも感じます。

2 HTTPのリクエストとレスポンス

(1) HTTPのリクエストとレスポンス

HTTPは，クライアント（のブラウザ）とWebサーバとの間の通信です。情報を取得したいなどの理由で，クライアントからWebサーバに対して行う通信をHTTPリクエストといいます。その結果を受けて，Webサーバからクライアントへ返す応答の通信をHTTPレスポンスといいます。

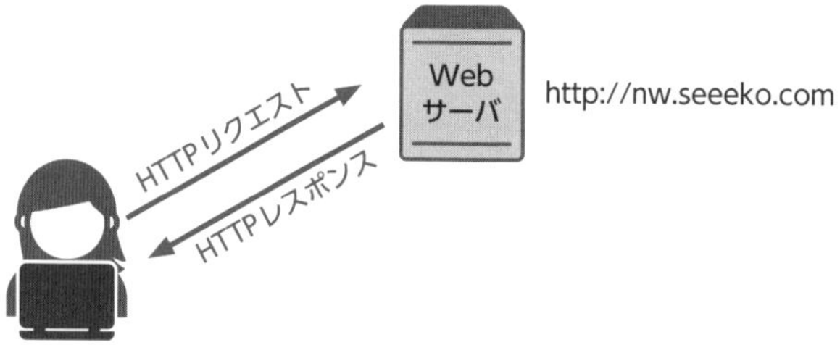

◉ HTTPのリクエストとレスポンス

情報セキュリティスペシャリスト試験の過去問（平成25年秋午後2問1）にリクエストとレスポンスの具体例があります。

❶HTTPリクエスト

HTTPリクエストは，GETなどのHTTPのメソッド（後述）を指定して情報を取得しに行きます。

```
GET /javarhino/ HTTP/1.1
Accept: image/gif, image/x-xbitmap, image/jpeg,
image/pjpeg, application/×-shockwave-flash., */*
Accept-Language: ja
Accept-Encoding: gzip, deflate
User-Agent: Mozilla/4.0 (compatible; MSIE 6.0;Windows NT 5.1; SVl)
Host: D.D.D.D
Connection: Keep-Alive
```

❷HTTPレスポンス

一方，HTTPレスポンスは，「200 OK」などの，HTTPのステータスコード（後述）からはじまります。

```
HTTP/1.1 200 OK
Content-Type: text/html
Connection: Keep-Alive
Server: Apache
Content-Length: 12e
<html><head></head><body><appletarchiveR"exploit.jar"
code="exploit.class" width="1" height="1"></applet></body></html>
```

(2) HTTPのメソッド

HTTPには，「GET」「POST」などのいくつかの手順があります。これをメソッドといいます。例えば，GETメソッドはWebサーバから，コンテンツを取得（GET）します。逆にWebサーバに送信するのがPUTなどと，役割によってメソッドを変えます。

HTTPSによる暗号化通信の場合は，プロキシサーバ（6-2で解説）を透過させるように依頼する**CONNECTメソッド**を使用します。

そうなんです。理由を順に説明します。

HTTPSの場合，PCのブラウザとWebサーバの間で通信を暗号化します。通信を中継するプロキシサーバは，HTTPSの通信を中継しようとしても暗号を解けないため，中継処理ができません。そこでPCのブラウザは，CONNECTメソッドを使うことで，プロキシサーバによる中継せずに，そのまま何もせずに通過させるように依頼します。

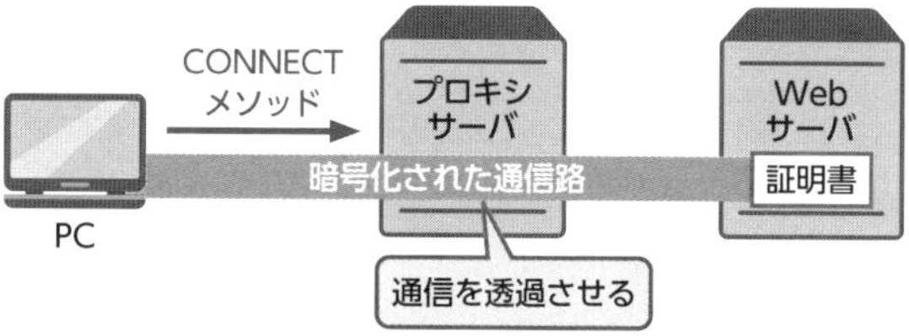

◉ CONNECTメソッド

(3) HTTPのステータスコード

HTTPのステータスコードは，HTTPサーバからの返信であるHTTPレスポンスに含まれる3桁の数字です。このレスポンスコードを見ると，処理結果が分かります。

以下は，RFCで規定されているHTTPのステータスコードの概要です。覚える必要はありませんが，200番台が正常，302がリダイレクト，400番と500番がエラーと，ざっくり理解しておきましょう。

◉ HTTPのステータスコード

コード	意味	例
100番台	処理中	
200番台	正常終了	200 OK（正常終了）
300番台	さらに追加の処理が要求される状態	302 Found　リダイレクト
400番台	クライアント側エラー	401 Unauthorized（認証に失敗） 404 Not Found（指定されたページがない）
500番台	サーバ側エラー	503 Service Unavailable（サービス利用不可） ※CGIのスクリプトがエラーになるなど

(4) リダイレクト

リダイレクトとは,「(方向を) 変える」という意味です。以下のHTTPヘッダを見てください。

```
HTTP/1.1 302 Found
(中略)
Location: http://www.example.com/
```

◉ リダイレクトする場合のHTTPヘッダ

HTTPステータスコードの「302 Found」はリダイレクトを意味します。そして, Locationヘッダで指定されたURLに (方向を変えて=リダイレクトして) アクセスします。この仕組みにより, Webサーバにアクセスすると, 自動的に別のサーバに転送します。WebサイトのURLが変更した場合や, ネットワークスペシャリスト試験で問われるような, SSOにおける認証サーバに自動転送する際などに利用されます。

(5) XFFヘッダ

XFF (X-Forwarded-For) は, HTTPのヘッダのフィールドの一つです。接続元 (クライアント) のIPアドレス情報を追記することができます。

例えば代表的なプロキシサーバであるsquidの場合, XFFを有効にするにはforwarded_for onと設定します。

多くは, 負荷分散装置 (LB) やプロキシサーバによってIPアドレスが変換される場合です。

例えば, ある企業において, PCからプロキシサーバを経由し, FWからインターネットにアクセスするとします。このとき, クライアントPCからの通信がプロキシサーバで終端され (次の図❶), 再度プロキシサーバのIPアドレスが送信元IPアドレスとして通信が行われます。

この結果, FWを経由する通信の送信元IPアドレスは全てプロキシサーバ (同❷) になってしまいます。これでは, 通信したクライアントPCのIPアドレスを

FWが知ることができません。

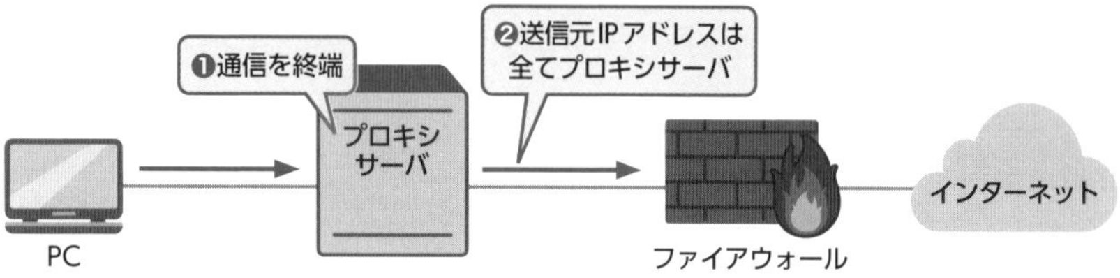

◉ **プロキシサーバを経由すると，PCのIPアドレスが分からない**

そこで，HTTPヘッダフィールドに，XFFとして，IPアドレスを変換する前のPCのIPアドレスをプロキシサーバに追記します。こうすれば，例えば，FWにて不正な通信のログが発見された場合に，XFFの情報を見ることで，不正が行われたPCのIPアドレスを知ることができます。

3 クッキー（Cookie）

Webサイトでは，クライアントとサーバ間で情報を保持するセッション管理を行っています。なぜなら，セッション管理を行っていれば，ページが変わっても，クライアントの情報を保持できるからです。

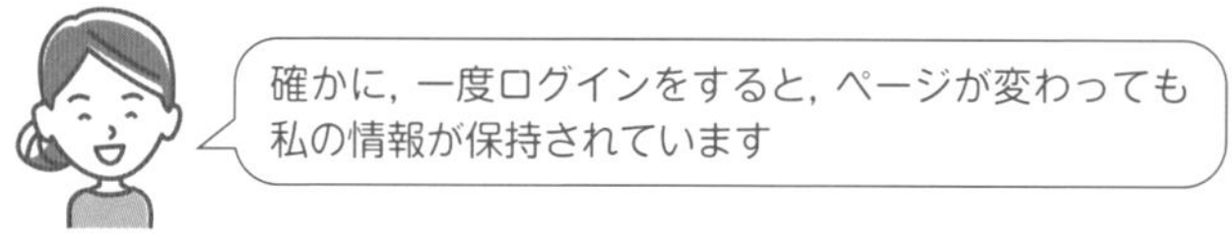

そうです。例えば，Webサイトから買い物をするときに，商品を選ぶページから決済をするページに画面が切り替わります。このとき，情報が引き継がれないと，改めて情報を入力する必要があります。それは困りますよね。

さて，このセッション管理ですが，一般的には**Cookie**が用いられます。具体的に見ていきましょう。

PCがサイトAで買い物をし，サイトBで決済をするとします。まず，PCがサイトAのWebサーバにアクセスします。Webサーバは，PCからのHTTPリクエストに対してHTTPレスポンスを返します。このHTTPレスポンスの**Set-Cookieヘッダフィールド**に，session_idがuid205045という情報をPCのブラウザに保持するように指示します（次の図❶）。Set-Cookieの例です。

```
Set-Cookie:domain=example.com;
session_id=uid205045;secure;path=/874045/
```

これを受け取ったPCは，Cookieを保持します。そして，Webサーバにアクセスするときには，HTTPリクエストの**Cookieヘッダフィールド**に，uid205045というsession_idを入れて送信します。こうすることで，Webサイトはセッションを維持することができます。 仮に違うサイトであるサイトB（決済サイト）に遷移した（同❷）としても，セッションを引き継ぐことが可能です（同❸）。

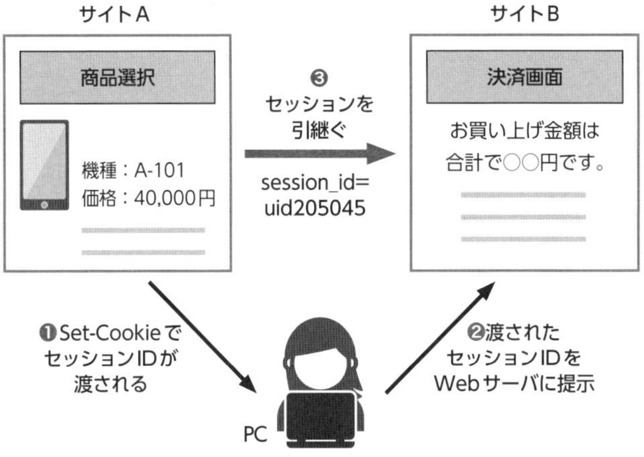

◉ クッキーによるセッション管理

先ほど紹介したCookieに関して，指定される属性を以下に整理します。

◉ Cookieの主な属性

属性	解説
name	Cookieの名前
expires	Cookieの有効期限。値を指定しない場合は，ブラウザを閉じた時点で有効期限が切れる。
domain	Cookieを送るドメイン名。クライアント端末が次回Webサーバに接続した際に，ここで指定したドメインと一致した場合にCookieを送る。 （例）domain=seeeko.com
path	ドメイン名に加えて，URLのパスを指定したい場合に指定する。（例）path=/cgi
secure	暗号化された通信（HTTPS）の場合にのみCookieを送る。domain，pathが一致しても，HTTP通信の場合はCookieを送らない。

4 HTTP/2

(1) HTTPプロトコルの基本的な処理

HTTPに関して，基本的な内容を再確認しましょう。

①3ウェイハンドシェイクが行われる

HTTPで通信をするには，3ウェイハンドシェイクを行った上でTCPコネクションを確立します。

②複数のTCPコネクションでWebサイトに接続

Webサイトは，一つのページであっても，index.htmlなどHTMLファイルに加え，画像ファイルやCSSファイルなど，いくつものファイルで構成されています。つまり，一つのページを閲覧するのに，PCのブラウザとWebサーバの間で，複数のTCPコネクションが確立されます。

(2) HTTP/1.1とその問題点

HTTPのバージョンですが，1997年に標準化されたHTTP/1.1が長らく利用されてきました。しかし，HTTP/1.1の仕組みは，特に通信の高速化の観点で問題点があります。

【問題点❶】 一つのTCPコネクションで同時に取得できるのは，一つのファイルのみ。つまり，複数のファイルを順番に取得するので，通信に時間がかかります。

【問題点❷】 HTTPヘッダが圧縮されない。

(3) HTTP/2

上記の問題点を改良したプロトコルが**HTTP/2**です。2015年に標準化され，今では，多くのサイトで利用されるようになりました。

例えば，IPAのサイトを見てみましょう。以下はGoogle Chromeのブラウザですが，F12を押してディベロッパーツールを表示させます。ネットワークタブ（次の図❶）を開き，表示する項目を右クリックで増やします（同❷のようにプロトコルにチェックを入れる）。すると，プロトコルの項目が表示されます。

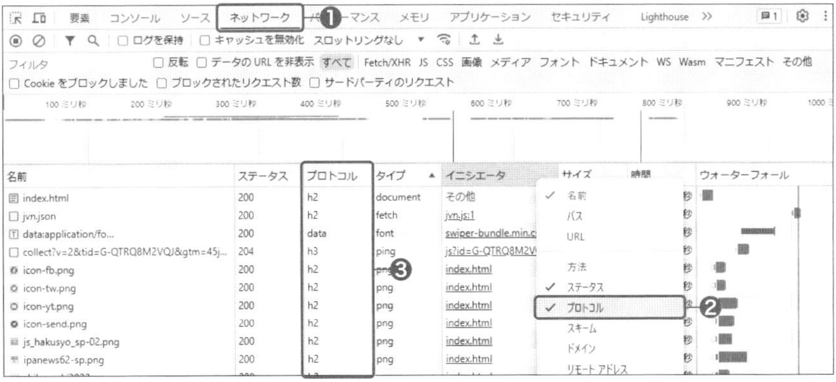

上記のプロトコルの列（同❸）を見ると，多くが「h2」になっていて，HTTP/2が利用されていることが分かります。中には「h3」（＝HTTP/3）という表示も確認できます。参考ですが，HTTP/3は2022年に標準化され，さらに高速化されたプロトコルです。

私たちのPCでは，何も設定しなくても，
自動でHTTP/2を使っているということですか？

そうです。皆さんが使っているブラウザは，よほど古いブラウザでなければ，ほぼHTTP/2に対応しています。設定は特に不要です。とはいえ，Webサーバ側では，HTTP/2有効化が必要です。

(4) HTTP/2の通信シーケンス

HTTP/2の通信シーケンスを過去問（令和5年午後1問1）の問題文から引用します。

まず，トランスポート層では，3ウェイハンドシェイクによってTCPコネクションを確立します（次の図❶）。次にTLSのネゴシエーションによってTLSセッションを開始します（同❷）。最後はアプリケーション層です。確立されたTLSセッション上で，HTTP/2によってWebコンテンツ（ファイル）を転送します（同❸）。

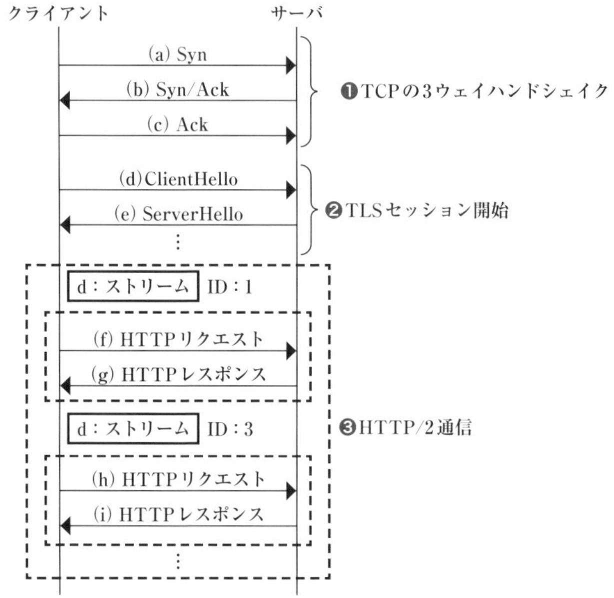

◉ HTTP/2の通信シーケンス

(5) HTTP/2による改良点

①ストリームによる通信の多重化

HTTP/2では，一つのTCPコネクション上で，**ストリーム**と呼ばれる仮想的な通信路を作ります。この通信路によって，複数のHTTPリクエストを同時に処理することができるようになりました。ストリームにはIDを付与し，複数のHTTPリクエストが同時にやり取りされても，クライアントとサーバでどのストリームなのかを識別できるようにします。このように，HTTP/1.1の問題点を解消しています。

②ヘッダ圧縮

HTTP/1.1までは，ヘッダ情報は非圧縮のテキスト形式でした。テキスト形式というのは，人間にとっては読みやすいのですが，セキュリティの脆弱性（例えばヘッダインジェクション）が紛れ込みやすいという弱点がありました。

そこで，HTTP/2では，HPACK(Header Compression for HTTP/2)と呼ばれるアルゴリズムにて，テキスト形式のHTTPのヘッダ情報を，バイナリ形式にするとともに，様々な技術で圧縮処理をします。

6-2 プロキシサーバ

1 プロキシサーバ

❶プロキシサーバとその目的

プロキシ (Proxy) サーバは，社内ネットワークからインターネット接続を行うときに，インターネットへのアクセスを中継する仕組みです。一度閲覧したサイトのコンテンツを記憶（キャッシュといいます）することによって，次からのアクセスを高速にします。また，最近では，ウイルスチェックなどの機能を備えたプロキシサーバや，ユーザ認証の機能を利用することも増えており，セキュリティを強化する目的でも利用されます。

なぜプロキシサーバでセキュリティチェックをするのですか？

セキュリティの脅威は，攻撃者がたくさん存在するインターネットにあります。プロキシサーバは，PCがインターネットに接続する際に，必ず通る場所だからです。

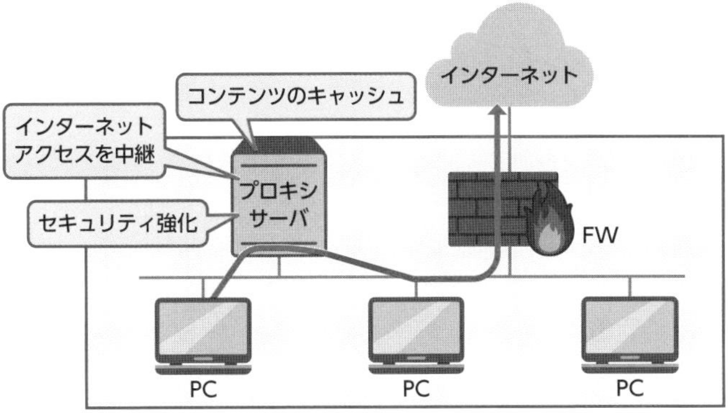

◉ プロキシサーバの機能

❷プロキシサーバの設定

プロキシサーバの設定を，みてみましょう。以下の画面はPC(Windows11)にプロキシサーバを指定する設定画面です。ここで，プロキシサーバのIPアドレス（またはFQDN）を設定します。また，ポート番号は，8080や3128番を使うことが一般的です。（もちろん，80番でもそれ以外のポートにしても構いません。）

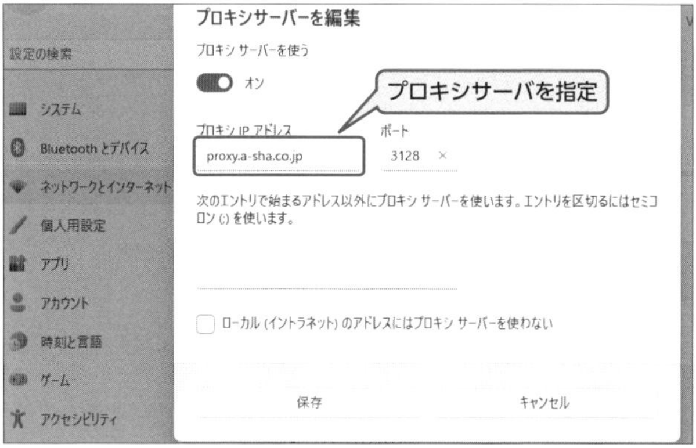

◉ プロキシサーバの設定例

❸プロキシ自動設定ファイル（PACファイル）

プロキシサーバを利用するには，上記のように，プロキシサーバのIPアドレスを直接設定する方法以外に，プロキシ自動設定ファイル（PACファイル）をWebサーバに登録する方法があります。

設定方法は，先と同じく「ネットワークとインターネット」の「プロキシ」から設定できます。

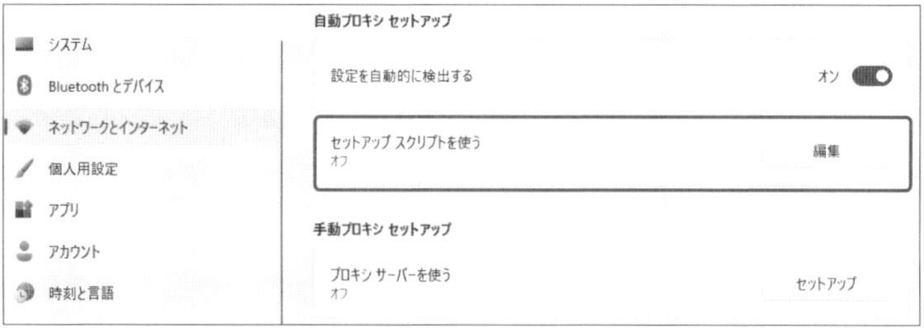

◉ PACファイルを使ったプロキシの設定

「編集」ボタンを押して，「スクリプトのアドレス」部分に，PACファイルを置いたURLを指定します。（例えば，http://www.example.com/proxy.pac）

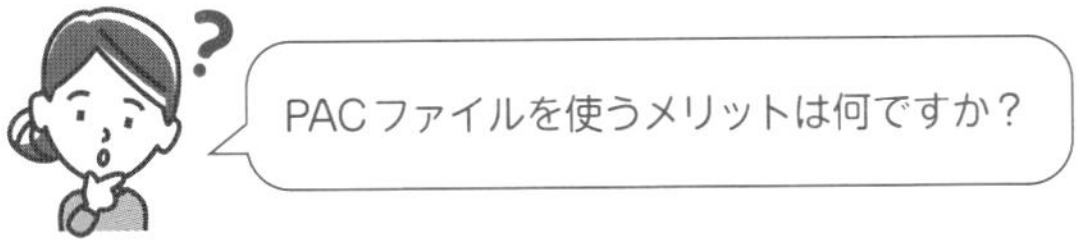

メリットは，プログラムを書いたり，複雑な設定ができることです。例えば，一つ目のプロキシサーバAがダウンしたら，もう一つのプロキシサーバBに接続させる，などの設定が可能です。または，送信元のIPアドレスによって，接続するプロキシサーバを変えることも可能です。

以下は，過去問（平成30年午後1問1）をベースにした，プロキシ自動設定ファイル（PACファイル）の具体例です。SaaSのドメインをsaas.example.comとし，この宛先へはプロキシサーバを経由させません。また，それ以外の宛先へはプロキシサーバ（IPアドレスを172.16.1.100）へ接続します。

```
function FindProxyForURL(url, host) {
    // saas.example.comのホストへはプロキシサーバを経由せずに直接接続
    if (shExpMatch(host," saas.example.com ")) {
        return "DIRECT";
    }
    // それ以外のURLは，以下のプロキシサーバ（172.16.1.100）を利用する
      return "PROXY 172.16.1.100:8080";
    }
```

◉ PACファイルの設定

2 プロキシサーバとセキュリティ

ここでは，プロキシサーバにおけるセキュリティを強化する方法について述べます。

❶プロキシサーバの認証

セキュリティ強化のために，プロキシサーバで認証を実施することがあります。

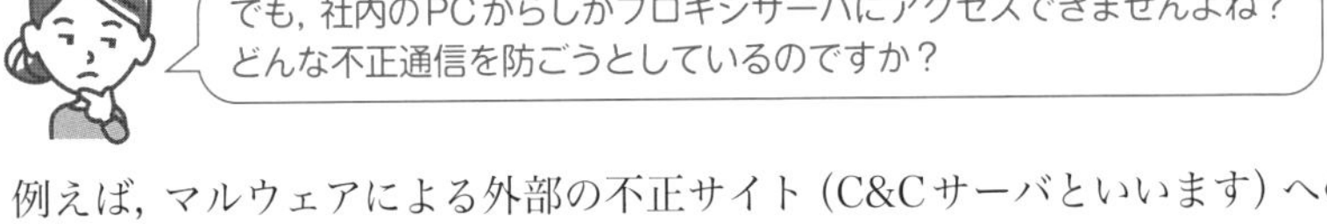

例えば，マルウェアによる外部の不正サイト（C&Cサーバといいます）への通信です。仮にマルウェアがPCに侵入したとしても，プロキシサーバのIDとパスワー

ドを知らなければ，外部の不正サイトへの通信ができません。マルウェアを経由して遠隔操作されるなどの被害を抑えることができます。

以下に，プロキシサーバで簡易な認証(Basic認証)を有効にした場合の様子を紹介します。インターネットにアクセスするためにブラウザを開くと，以下のような認証画面が表示されます。

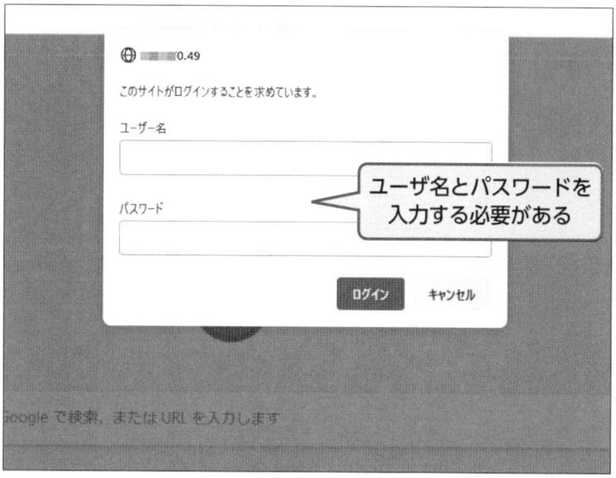

◉ プロキシサーバの認証画面

いえ，最初のWeb閲覧時だけです。それと，多くの企業では，WindowsのAD (Active Directory) サーバなど認証連携をしています。この場合，WindowsのPCにログインした認証情報がプロキシサーバに送られます。利用者がパスワードを入力する必要はありません。

❷プロキシサーバのログ

プロキシサーバでは，通信のログを取得することができます。これにより，いつ，どのIPアドレスの端末が，どのサイトにアクセスしたかの記録が残ります。マルウェア感染にて不正サイトへ通信した際などの解析にも役立ちます。

実際のログのイメージをつかんでもらうために，情報セキュリティスペシャリスト試験の過去問 (平成30年秋午後2問2) の問題文にあるログを引用します。

```
27:[08/Sep/2018:03:39:04+0900] "GET http://IPn/login/pro.php user1 HTTP/1.1" 200 563 "-" "▽▽"
28:[08/Sep/2018:03:39:04+0900] "POST http://IPn/admin/g.php user1 HTTP/1.1" 200 35618 "-" "▽▽"
```

↑日時　↑メソッド　↑アクセス先のURL　↑利用者ID

※注：過去問の内容に利用者IDを追加しています

◉ **サーバログの例**

ここにありますように，プロキシのログには，通信日時以外に，アクセス先URLや利用者ID（認証した場合）などが記載されます。

3 HTTPS通信の中継処理

ここでは，HTTPS通信を中継して暗号を解除（復号）し，再度暗号化する処理について解説します。

❶HTTPS通信におけるCONNECTメソッド

HTTPの場合はGETメソッドなどを使いますが，HTTPSによる暗号化通信の場合，**CONNECTメソッド**を使うことで，プロキシサーバを通過させるとお伝えしました（6-1を参照）。

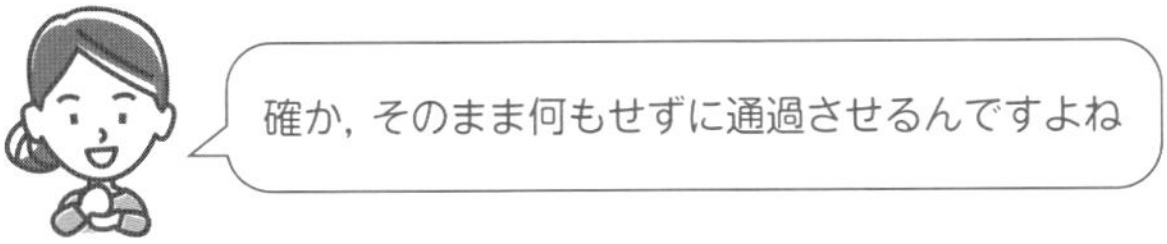

そうです。つまり，暗号化された通信をそのまま転送するのです。その結果，プロキシサーバによるウイルスチェックやURLフィルタリングなどのセキュリティチェックが行えません。なぜなら，HTTPSで暗号化されているので，URLも暗号化されていますし，マルウェアがダウンロードされたかも分からないからです。

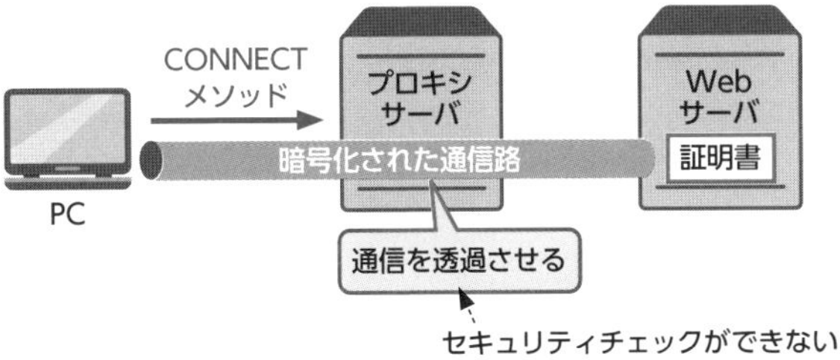

◉ **CONNECTメソッドで透過されるとセキュリティチェックができない**

ここで，この通信に関して何点かQ&Aを記載しますので，CONNECT通信の理解を深めてください。

Q1. プロキシサーバに対し，GETで送るのか，CONNECTメソッドにするかの判断をするのは誰か。

A1. ブラウザです。少なくとも利用者である人間は，メソッドなんて意識しませんよね。

Q2. CONNECTメソッドの場合，プロキシサーバはCONNECTパケットを透過させて，CONNECTメソッドのままWebサーバに転送するのか？

A2. Noです。CONNECTメソッドは，プロキシサーバまでしか送られません。

Q3. そもそもですが，なぜ，CONNECTメソッドを使うんでしたっけ？

A3. HTTPS通信であることをプロキシサーバに通知するためです。

Q4. では，通知が終わったらGETやPOSTで通信するのですか？

A4. まあ，そんな感じです。HTTPSですから，TLSによる暗号化処理が行われます。暗号化された通信の中で，GETやPOST通信が行われます。実際のパケットをお見せすると分かりやすいのですが，ここでは割愛します。

Q5. プロキシサーバは，HTTPS通信を透過するのであれば，PCはWebサーバと直接通信をしますか？

A5. いいえ。あくまでもPCの通信先はプロキシサーバです。パケットをキャプチャして確認すると分かりますが（皆さんも是非やってください），PCの宛先IPアドレスはプロキシサーバです。
なので，暗号化通信でもプロキシサーバは中継処理をしています。とはいえ，暗号鍵はWebサーバとPCしか持っていないので，プロキシサーバはパケットを転送するだけです。

❷プロキシサーバによる通信の復号と再暗号

HTTPSの暗号化通信であってもセキュリティ対策をするにはどうしたらいいでしょうか。それは，HTTPSの通信を復号処理することです。

具体的に説明します。復号機能を持つプロキシサーバでは，HTTPSの通信をプロキシサーバで一旦終端します（下図❶）。そして，通信を復号してセキュリティチェックをします（下図❷）。その後，再度暗号化してHTTPS通信をするのです（下図❸）。

ただし，PCとプロキシサーバの間でもHTTPS通信をしますから，暗号化通信のために必要なサーバ証明書がプロキシサーバに必要です（下図❹）。

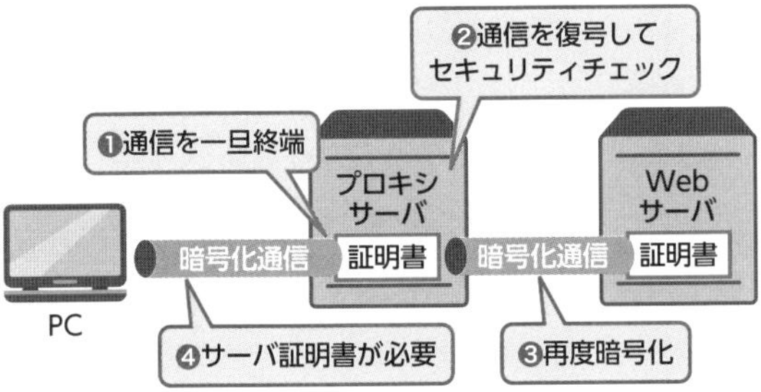

◉ 復号機能を持つプロキシサーバの動作

❸通信の復号と再暗号における証明書エラー

SSLの復号ですが，このままだと問題が発生します。PCのブラウザ上で以下のような「保護されていない通信」というエラーメッセージが出るのです。

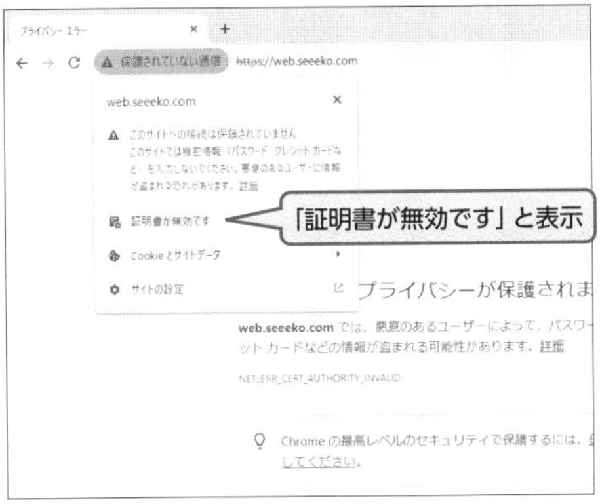

◉ ブラウザでの証明書エラー

この点に関して，Q&Aを入れながら詳しく解説します。

Q1. プロキシサーバ上のサーバ証明書（上記のエラーとなった証明書）は，誰が作るの？

A1. プロキシサーバです。

Q2. プロキシサーバが作成した証明書を署名するのは誰？

A2. プロキシサーバです。公的な認証局に申請している時間もありませんし，そもそも（ある意味）偽の証明書ですから，公的な認証局は署名してくれません。自分で署名するしかないのです。

プロキシサーバで作成されたこの証明書には，公的な署名がありません。よって，PCは「証明書が信頼できない」というエラーメッセージを出すのです。そこで，このサーバ証明書を信頼してあげる必要があります。そのために，PCにはプロキシサーバのルート証明書を入れます。

※このあたりは，7-7の「ディジタル証明書」の解説も合わせて確認してください。

4 リバースプロキシ

リバースプロキシとは，従来とはReverse（逆）方向のプロキシサーバです。従来のプロキシサーバは，内部から外部への通信をプロキシ（代理）します。一方，リバースプロキシは，外部から内部への通信をプロキシ（代理）します。

リバースプロキシによる通信の代表例が，SSL-VPN装置を使ったリモートアクセスです（詳しくは8-4で解説）。社員が外出先からリバースプロキシサーバにアクセスし（次の図❶），社内のシステムに通信します（同❷）。

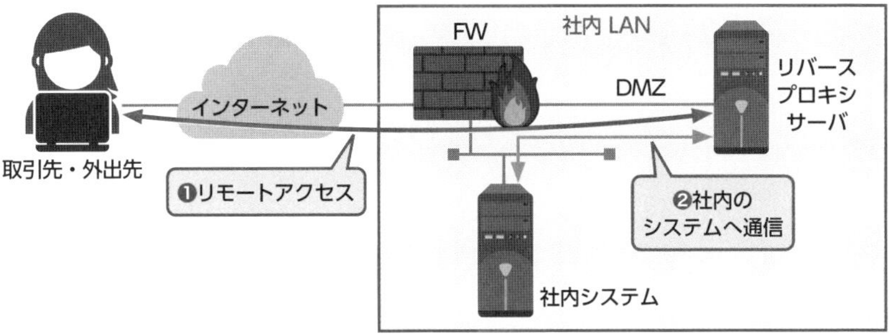

◉ リバースプロキシサーバの通信の流れ

また，Webサーバの改ざんを防ぐ目的で，リバースプロキシサーバをWebサーバの前段に設置することもあります。上の図において，社内システムを公開Webサーバと置き換えてください。外部からは公開Webサーバに直接アクセスすることができませんので，公開Webサーバが改ざんされるのを防ぐのです。まあ，プロキシサーバは代理人ですから，外部からの攻撃を「身代わり」になって守ってくれるのです。

過去問（平成30年午後1問1）では，リバースプロキシを設置することで，キャッシュによる応答速度の向上，及び複数のサーバでの負荷分散をすることもできると紹介しています。

6-3 DHCP

1 DHCPとは

DHCP（Dynamic Host Configuration Protocol）とは，IPアドレスやデフォルトゲートウェイ，DNSなどのネットワーク情報をDHCPサーバから自動的に取得するプロトコルです。また，DHCPサーバでは，PCに払い出すIPアドレスやDNSサーバの情報を管理しています。

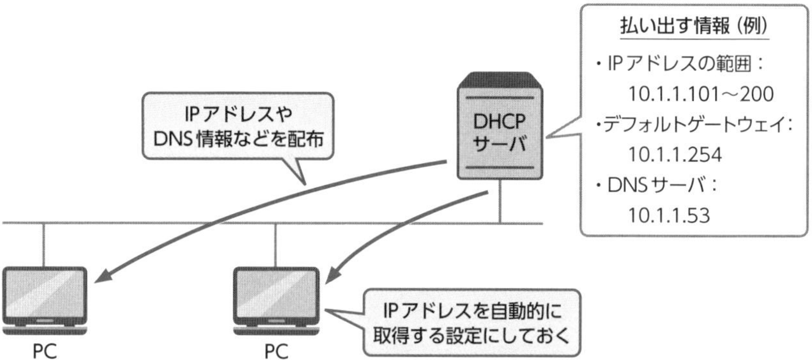

◉ DHCPによる自動取得

DHCPを使えば，固定でIPアドレスを割り当てるのに比べ，簡単にPCのネットワーク設定が行えます。PCにて「IPアドレスの割り当て」を「自動取得」にしておけば，PCでのIPアドレス設定が不要ともいえるでしょう。また，払い出したIPアドレスや端末をDHCPサーバにて一元管理できるという利点もあります。

固定でIPアドレスを設定する場合を考えてください。誰がどのIPアドレスを使っているかを把握しておかないと，IPアドレスの重複が起こって通信ができなくなるリスクがあります。DHCPを利用すれば，そういった管理の手間が軽減できます。

2 DHCPメッセージのやり取り手順

PCがDHCPサーバからネットワーク情報を取得する際，以下の四つのメッセージをやり取りします。このような手順を踏むことで，複数のPCが同じIPアドレスを取得しないようにしています。

◉ DHCPの四つのメッセージ

手順	メッセージ	動作
❶	DHCPディスカバ（DISCOVER）	PCがネットワーク上のDHCPサーバを探し，IPアドレスを要求する。
❷	DHCPオファー（OFFER）	DHCPサーバは，提供できるIPアドレスなどのネットワーク設定情報をDHCPクライアントに通知する。
❸	DHCPリクエスト（REQUEST）	PCが通知されたIPアドレスを了承することを伝える。
❹	DHCPアック（ACK）	DHCPサーバは，PCにIPアドレスを使っていいことを最終通知する。

図にすると以下のようになります。

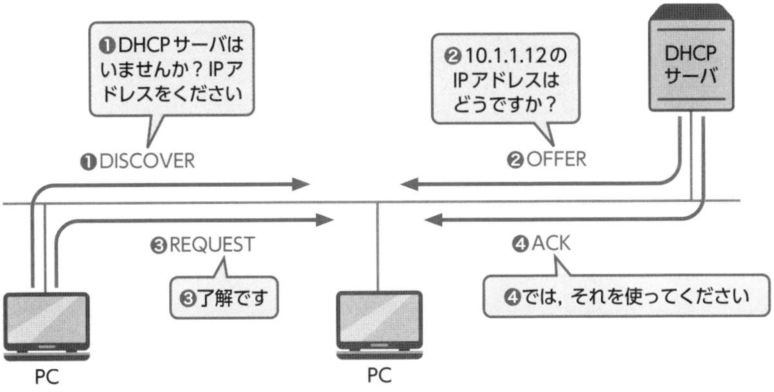

◉ DHCPメッセージのやり取り手順

3 DHCP リレーエージェント

DHCP リレーエージェントとは，PCからのDHCP要求をルータなどが中継する仕組みです。DHCPの要求は，ブロードキャスト通信で行われますから，同一セグメントにしか届きません。企業には複数のセグメントがあるでしょうが，セグメントごとにDHCPサーバを用意するのは大変です。

確かに，社内に10個のセグメントがあれば，
10台のDHCPサーバが必要ですね

そうです。そこで，DHCPリレーエージェントにて，DHCPのブロードキャストパケットを違うセグメントに伝達できるようにします。

以下の図を見てください。セグメント1とセグメント2にはDHCPサーバがありません。PCがDHCPの要求をすると（図❶），DHCPリレーエージェントが有効になったL3SWがそのパケットをDHCPサーバに中継するのです（同❷）。DHCPサーバからIPアドレスなどのネットワーク情報を受け取ったL3SWは，その情報をPCに返します。

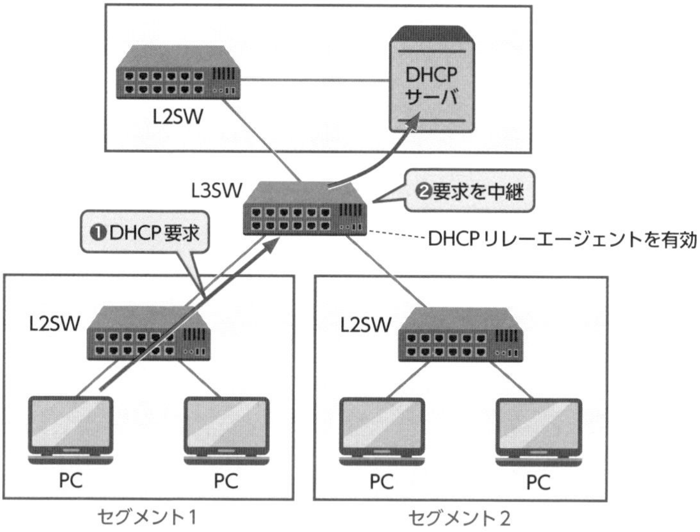

◉ DHCPリレーエージェント

こうすれば，複数のセグメントがあっても，一つのDHCPサーバでIPアドレスの払い出しを行うことができます。

4 DHCPスヌーピング

スイッチングハブの機能の一つに，**DHCPスヌーピング**があります。これは，DHCPのパケットをスヌーピング（のぞき見）し，不正な通信をブロックする機能です。具体的に禁止する不正な接続は以下です。

❶不正なDHCPサーバを勝手に設置して，端末にIPアドレスを払い出すこと

登録されたDHCPサーバ以外の，不正なDHCPサーバからのフレームを破棄します。

❷PCに固定でIPアドレスを割り当てること

正規のDHCPからIPアドレスを払い出されたPCのMACアドレスを記憶し，そのフレームだけを通過させます。こうすることで，固定IPアドレスを割り当てたPCの通信を拒否します。

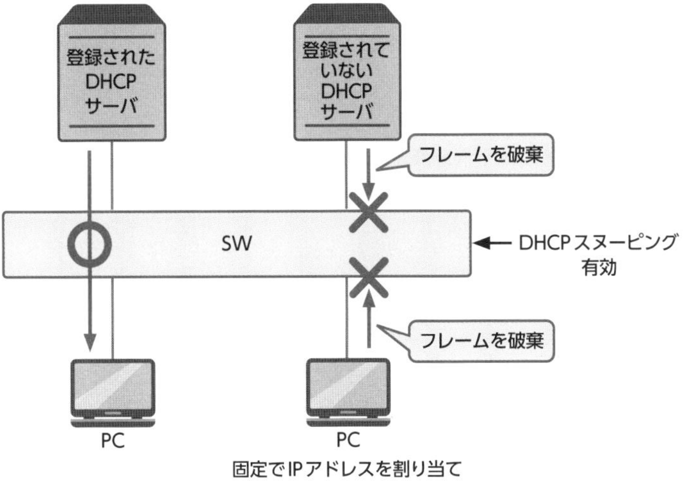

◉ DHCPスヌーピングの動作

6-4 FTP

1 FTPとは

FTP (File Transfer Protocol) とは，言葉の通り，ファイル (File) を転送 (Transfer) するプロトコル (Protocol) です。その方法は，FFFTPなどのFTPクライアントに入れたソフトから，FTPサーバに対してファイルをアップロードしたりダウンロードしたりします。

FTPでは，二つのコネクションを用いてデータ転送を行います。これら二つのコネクションはセッションを確立する制御用 (21番ポート) と，データ転送用 (20番ポート) に分かれています。

2 FTPのモード

FTPのモードには，アクティブモードとパッシブモードの二つがあります。

(1) アクティブモード

アクティブモードは，古くからあるモードです。FTPの通信では，制御用コネクション (21番ポート) の確立はFTPクライアントからFTPサーバに対して行います (図❶)。それを受け取ったFTPサーバは，FTPクライアントに対してデータ転送用コネクション (20番ポート) の確立を行います (図❷)。

しかし，このモードでは問題が発生する場合があります。例えば，ファイアウォールでデータ転送用コネクション (20番ポート) がブロックされます。ただし，最近のファイアウォールでは，この処理を自動で行い，問題が起こらないようになっています。

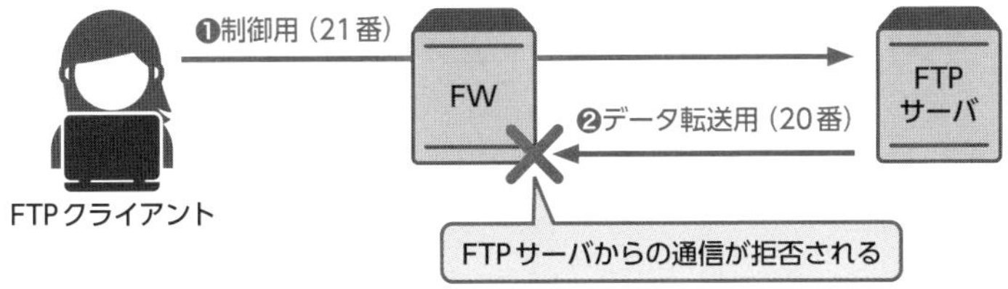

◉ データ転送用の通信がFWで拒否される

(2) パッシブモード

アクティブモードの上記の問題点を解消するために作られたのがパッシブモードです。パッシブモードでは，データ転送用コネクション（ポート番号は任意）もクライアントから送ります。内部からの通信なので，ファイアウォールで拒否されにくくなります。

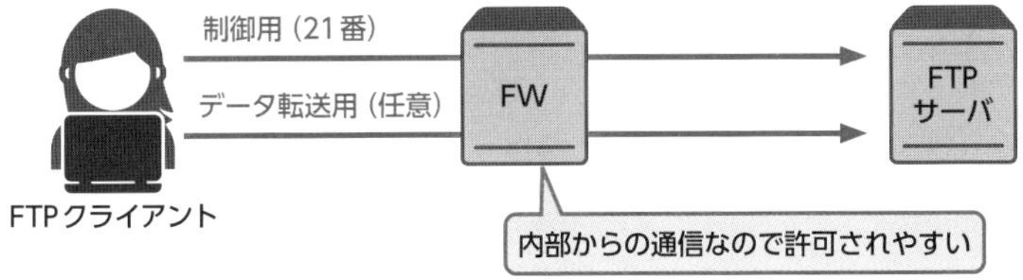

◉ FTPのパッシブモード

3 TFTP

TFTP（Trivial FTP）は，Trivial（ささいな）FTPという言葉の通り，簡易型のファイル転送用プロトコルです。FTPとの違いは以下の二つです。

1. ユーザ認証をしない
2. TCPではなくUDPを利用する

6-5 DNS

1 DNSとは

IPアドレスは，インターネットの世界における「住所」に例えられます。しかし，203.0.113.123などとIPアドレスをいわれても，どこの国のサーバかさえも分かりません。そこで，ホームページのURLに記載する場合は，人間が視覚的に分かりやすいドメイン名を使います。ドメイン名とIPアドレスの対応を管理するのが，**DNS** (Domain Name System)です。

例えば，DNSでは203.0.113.123のIPアドレスと，www.seeeko.comというWebサーバのドメイン（正しくはFQDN）を対応付けます（下図❶）。DNSサーバでは，クライアントからの「www.seeeko.comのIPアドレスは何ですか？」という問い（下図❷）に，「203.0.113.123です」と答えます（下図❸）。

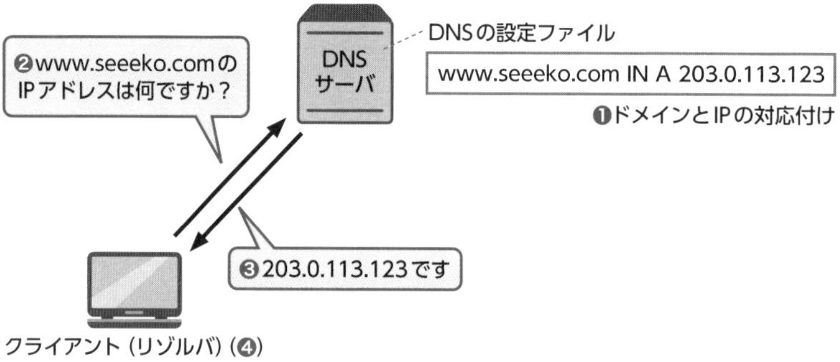

◉ DNSサーバの動作

また，ネームサーバに問合せを行うクライアントPCのソフトを，リゾルバと呼びます（図❹）。Windowsなどの OSには，標準でリゾルバの機能が備わっています。

2 ドメイン名とは

次の図で，URLやFQDN，ホスト名，ドメイン名などの言葉を整理します。

◉ ドメイン名の構造

❶ホスト名

ホスト名は，コンピュータにつけられた名前です。例えば，Webサーバにはwww，DNSサーバにはns，メールサーバにはmxなどの名前を付けます。

Webサーバは必ずwwwにする必要はありません。例えば，nwという名前を付けて，http://nw.seeeko.comというURLにもできます。

❷ドメイン名

冒頭にも説明しましたが，**ドメイン名**とは，会社や個人が自分たちのメールアドレスやWebサイトに使うための名前です。みなさんもよくご存知のyahoo.co.jp，google.comなどがドメイン名です。

❸FQDN

FQDN（完全修飾ドメイン名）は，ホスト名を含めたドメイン名のことです。一つのドメインに対して，関連するサーバはいくつもあります。例えば，メールサーバやWebサーバ，DNSサーバなどです。ドメイン名にホスト名が加わることで，サーバを一つに特定できます。

❹URL

URL（Uniform Resource Locator）は，Webページの場所を示します。URI（Uniform Resource Identifier）という言葉もあります。厳密には違いますが，同じものと考えてよいでしょう。

補足解説 国際化ドメイン名（IDN）

国際化ドメイン名(IDN:Internationalized Domain Name)とは，従来のアルファベットや数字によるドメイン以外の，日本語などの各国の言葉を使ったドメインのことです。例えば，「ドメイン名例.JP」です。

では，このような日本語のドメイン名ですが，DNSサーバには日本語で登録されるのでしょうか？

正解は，日本語ではありません。一定のルールによって，アルファベットに置き換えられます。

例えば，「ドメイン名例.JP」なら「xn--eckwd4c7cu47r2wf.jp」です。我々がブラウザに「ドメイン名例.JP」と入力すると，ブラウザが自動で「http://xn--eckwd4c7cu47r2wf.jp/」に読み替えます。ですから，DNSサーバには「xn--eckwd4c7cu47r2wf.jp」というドメインが登録されます。

また，半角カタカナは全角に変換されますので，ドメイン名例.JPとﾄﾞﾒｲﾝ名例.JP（カタカナ部分が半角）はどちらも「xn--eckwd4c7cu47r2wf.jp」になります。

3 ツリー構造

DNSは，多数のDNSサーバで構成される分散型データベースで，ルートDNSサーバと呼ばれるサーバを頂点としたツリー構造になっています。DNSのツリー構造の最上位に位置するルートDNSサーバの配下には，ドメイン名（例:jpドメイン，co.jpドメインなど）に対応したDNSサーバがあります。

次の図を見ながら，具体的な問合せの流れを見ていきましょう。

例えば，http://www.example.comというサーバにアクセスしたいとします。このとき，まずはルートDNSサーバ（次の図❶）に，「comドメイン」のサーバのIPアドレスを問合せます。次に，そのIPアドレスをもとに「comドメイン」のDNSサーバ（同❷）に，「example.comドメイン」のDNSサーバのIPアドレスを問合せます。さらに，「example.comドメイン」のDNSサーバ（同❸）に，wwwのサーバのIPアドレスを問合せます。

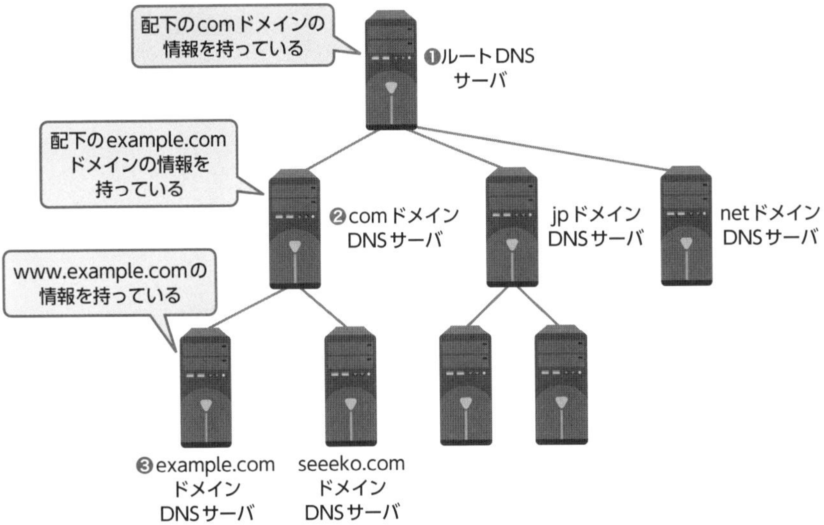

◉ DNSのツリー構造

しかし，実際にはDNS情報がキャッシュされていることが多いので，多くの場合，ルートDNSサーバまで問合せません。

4 マスタDNSサーバとスレーブDNSサーバ

DNSサーバは，可用性を高めるために，2台以上設置する必要があります。VRRP等の他の冗長化の仕組みでは，ActiveとStandbyがハッキリしているものがあります。ですが，DNSに関しては，複数台のDNSサーバはどちらもActiveです。そして，ゾーン情報のマスタを保有しているサーバをマスタDNSサーバ，その複製を保有しているサーバをスレーブDNSサーバと呼びます。プライマリDNSサーバ，セカンダリDNSサーバとも呼びますが，試験対策としては「マスタ」「スレーブ」で覚えましょう。

また，マスタDNSサーバのゾーン情報をスレーブDNSサーバにコピーすることを**ゾーン転送**と呼びます。

ゾーン転送の流れですが，スレーブDNSサーバからマスタDNSサーバへ，ゾーン転送を要求します（次の図❶）。ゾーン情報が更新されていた場合に，ゾーン転送を行います（同❷）。

スレーブDNSサーバが，マスタDNSサーバにゾーン情報が更新されているかを確認する間隔は，このあとの記載する「DNSのゾーンファイル」の「refresh」の値で設定されます。

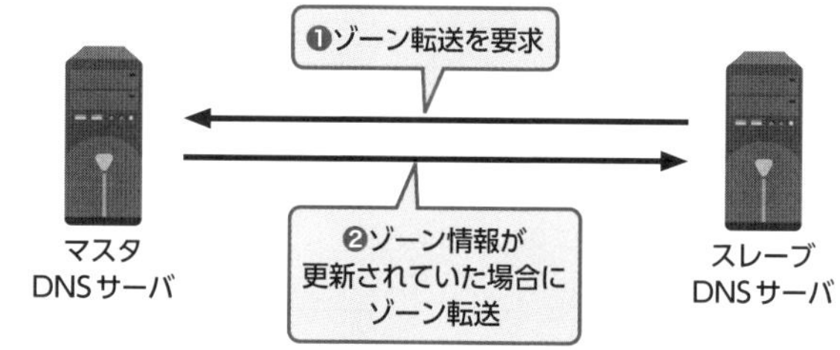

◉ ゾーン転送

その通りです。そこで，DNSのソフトであるBIND8からDNS NOTIFYが実装されました。マスタDNSは，ゾーン情報を更新すると，スレーブDNSサーバに更新通知（NOTIFYメッセージ）を送信します。これを契機としてゾーン転送が行われます。

ただし，マスタDNSは更新通知（NOTIFYメッセージ）を送るだけです。ゾーン転送は，これまでと同様にスレーブDNSサーバから行われます。

5 リゾルバ

(1) リゾルバとは

リゾルブ（resolve）は「解決する」という意味です。リゾルバ（resolver）は，DNSの名前解決処理をしてくれるもの（ソフトウェア）です。一般的には，クライアントPCの名前解決処理をするプログラムを指します。OSの機能に組み込まれているので，利用者は意識することがありません。また，nslookupやLinuxのdigコマンドなどもリゾルバです。DNSサーバも，名前解決をするのでもちろんリゾルバです。

(2) フルリゾルバ

後述するキャッシュDNSサーバが，フルリゾルバの一例です。例えば，クライアントPCなどからの「www.seeeko.comのIPアドレスを教えて？」という要求に対し，自分で調べて（＝後述する「反復問合せ」をして）回答をします。全てのドメインの名前解決を行うことができることから「フル（＝全て）」と名がついています。

参考までに，フルリゾルバの対比としてスタブリゾルバがあります（覚えなくていいです）。スタブリゾルバの例は，クライアントPCの名前解決のソフトです。スタブリゾルバは，自分では名前解決ができません。そこで，フルリゾルバへの問合せをして，その結果をPCのアプリケーションに返します。

6 権威DNSサーバとキャッシュDNSサーバ

DNSサーバの中で，ドメイン情報を持つDNSサーバを，**権威DNSサーバ**（またはコンテンツDNSサーバ）といいます。また，ドメイン情報は持たず，PCからの問合せに対して権威DNSサーバに情報を問合せて回答するのが**キャッシュDNSサーバ**です。過去の問合せ履歴を「キャッシュ」として保存することから，このように呼ばれます。

(1) 権威DNSサーバ

権威DNSサーバは，以下のように自社のドメインとIPアドレスの情報を持ちます。

```
www.example.com.   IN  A  1.x.1.1
ns1.example.com.   IN  A  1.x.1.2
mx1.example.com.   IN  A  1.x.1.3
```

◉ example.comのドメイン情報の例

権威DNSサーバは，世界中からのDNS情報の問合せに答える必要があります。企業が自社で権威DNSサーバを構築する場合は，基本的にDMZに配置します。もちろん，クラウドのDNSサービスを利用することもあります。

(2) キャッシュDNSサーバ

PCからのDNSの問合せに回答するDNSサーバです。以下のように，PCのIPアドレスを設定するときに，DNSサーバを指定します。ここで指定するのがキャッシュDNSサーバです。

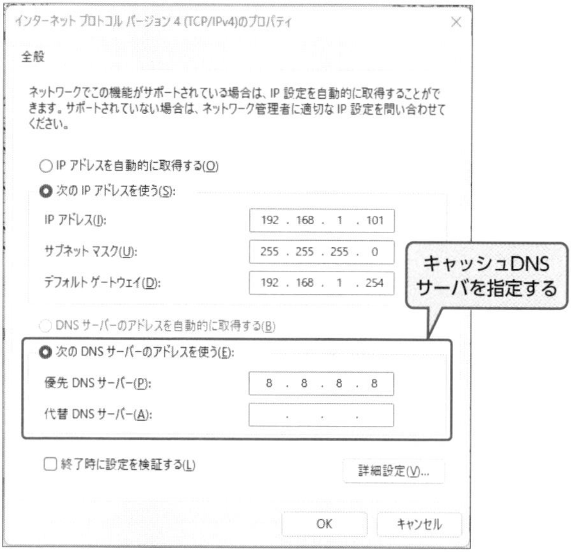

◉ WindowsのDNSサーバの設定画面

個人が自宅からインターネットに接続する場合は，プロバイダのDNSサーバを指定することが一般的です。つまり，プロバイダのDNSサーバはキャッシュDNSサーバです。また，企業の場合は社内のキャッシュDNSサーバを指定するでしょう。

(3) キャッシュDNSサーバの目的

キャッシュサーバの主な目的は以下です。

①DNSの問合せの高速化

キャッシュを用いて，2回目以降の問合せに対する回答を高速化させます。

②DNS問合せトラフィックの減少

キャッシュを持つので，毎回権威DNSサーバに問合せる必要がなくなります。

③セキュリティの強化

権威DNSサーバと分けることで，DNSキャッシュポイズニングなどの攻撃を受けにくくします。このあとの(4)にて詳しく解説します。

(4) 権威DNSサーバとキャッシュDNSサーバの分離

このあとに詳しく解説しますが，DNSに関する攻撃として，DNSキャッシュポイズニングやDNSリフレクタ攻撃があります。

この攻撃を受けてしまう最大の原因は，DNSの再帰問合せを（外部から）受け付けることです。よって，権威DNSサーバのフルリゾルバ（＝キャッシュ）機能は無効にすべきです。しかし，そうすると，社内のPCが名前解決をするために問合せるキャッシュDNSサーバ（＝フルリゾルバサーバ）がありません。そこで，キャッシュDNSサーバを社内に設置し，社内のPCからのDNSの問合せのみを受け付けるようにします。

7 「再帰問合せ」と「反復問合せ」

DNSの名前解決方法には，「再帰問合せ」と「反復問合せ」の２種類があります。

①再帰問合せ

代表的な再帰問合せは，クライアントの（スタブ）リゾルバから，フルリゾルバであるキャッシュDNSサーバに問合せです。

②反復問合せ（非再帰的な問合せ））

代表的な反復問合せは，フルリゾルバから権威DNSサーバへの問合せです。例えば，y-sya.example.co.jpというドメインの名前解決をする場合，ルートネームサーバ，.jpドメインのサーバ，co.jpドメインのサーバに順に何度も反復的な問合せをし，example.co.jpのDNSサーバからy-sya.example.co.jpのIPアドレスをもらいます。だから「反復問合せ」といわれます。

ここまでに解説した（スタブ）リゾルバやフルリゾルバ，権威DNSサーバとキャッシュDNSサーバ，「再帰問合せ」と「反復問合せ」を次の図に整理します。

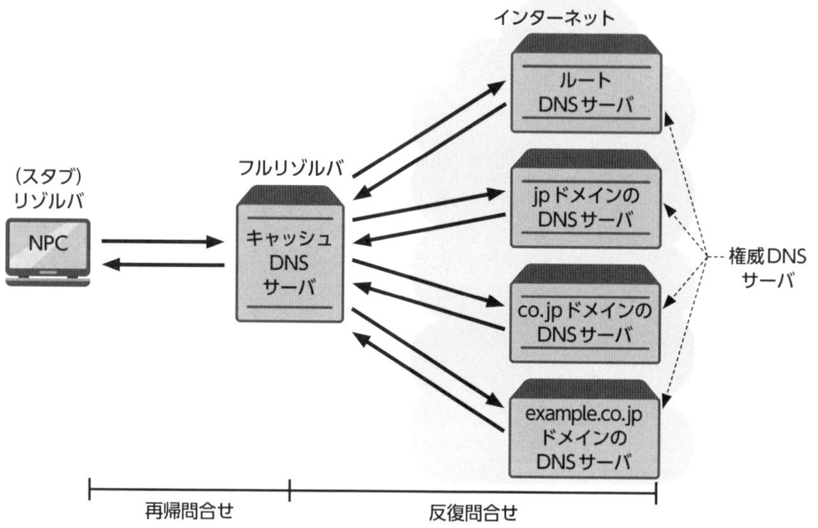

8 フォワーダ

キャッシュDNSサーバの場合，自ら反復問合せをして，名前解決をしました。「自ら」解決せずに，「他」のキャッシュDNSサーバに名前解決を任せることもできます。このように，別のDNSサーバに転送する機能やDNSサーバを**フォワーダ**といいます（実は，転送元のDNSサーバと転送先のDNSサーバ，どちらがフォワーダかというと，どちらを指す場合もあります。ややこしいですね）。

例えば，社内DNSサーバにて，フォワーダとしてプロバイダのDNSサーバを設定します。こうすれば，プロバイダのDNSサーバが名前解決をしてくれます。これにより，社内DNSサーバの負荷が軽減できます。

9 DNSのレコードとゾーンファイル

DNSサーバでは，ドメインのホストに対するIPアドレスの情報以外に，そのドメインのメールサーバや，ネームサーバ（DNSサーバ）の情報など，いくつかの情報を管理します。

DNSのレコードを解説します。

❶Aレコード

A (Address) レコードは，名前に対応するIPアドレス (Address) を指定するレコードです。例えば，www.seeeko.comというWebサーバのIPアドレスが203.0.113.123である場合，seeeko.comドメインのDNSサーバにて次のように設定します。

```
                                ↓IPアドレス
www.seeeko.com.   IN   A      203.0.113.123
  ↑ドメイン (FQDN)       ↑Aレコードの意
```

ここで，203.0.113.123というのは，このレコードにおけるリソースのデータ部分で，RDATA (Resource DATA) といわれます。

または，省略形で次のようにホスト名のみを記載します。ドメインがseeeko.comであることは分かっているからです。

```
www                IN   A   203.0.113.123
  ↑ホスト名
```

また，上記はIPv4アドレスの場合ですが，IPv6の場合は**AAAAレコード**を用いますので，次のようになります。

```
                                  ↓IPv6アドレス
www.seeeko.com.   IN   AAAA   2001:db8::ff00:42:8329
                          ↑AAAAレコードの意
```

❷MXレコード

MX (Mail eXchanger) レコードは，そのドメインのメールサーバを指定するレコードです。例えば，user1@seeeko.comというメールアドレスにメールを送る場合，seeeko.com のメールサーバがどれなのかをDNSサーバに問合せます。seeeko.comドメインのメールサーバがmx1.seeeko.comとmx2.seeeko.comの二つがある場合，DNSサーバでの記載例は次の通りです。

```
                         ↓MXレコードの意  ↓メールサーバのFQDN
seeeko.com.         IN   MX   10   mx1.seeeko.com.
seeeko.com.         IN   MX   20   mx2.seeeko.com.
  ↑ドメイン名                 ↑優先度
```

ここで，10や20の数字はサーバの優先度を表します。小さい方（この場合は

10のmx1.seeeko.com）のサーバが優先して使用されるメールサーバです。

❸NSレコード

NS（Name Server）レコードは，自分のドメインや下位ドメインに関するDNSサーバのホスト名を指定するレコードです。例えば，seeeko.comドメインのDNSサーバがns1.seeeko.com.である場合，DNSサーバでの次のように記載します。

```
seeeko.com.        IN   NS    ns1.seeeko.com.
                        ↑NSレコードの意
```

❹CNAMEレコード

CNAME（Canonical NAME）レコードは，別名を付けるレコードです。作家がペンネームを持つようなイメージで，例えば，wwwというホストにwebという別名を付けた場合の設定は次の通り以下です。

```
                        ↓CNAMEの意
web.seeeko.com.    IN   CNAME   www.seeeko.com.
 ↑別名                           ↑本来のFQDN
```

別名をどちらに記載するのかを覚えておきましょう。

補足解説 DNSのゾーンファイル

ここで紹介したDNSのレコードは，DNSサーバの設定ファイルに記載されます。具体的には，ゾーンファイルと呼ばれるファイルです（サンプルは以下）。細かい内容を覚える必要はありません。ただ，過去問（平成29年午後2問1）で登場していますので，雰囲気だけはつかんでおきましょう。

```
$ORIGIN  example.com.  ←❶
$TTL 86400  ←❷
@      IN SOA ns1.example.com. hostmaster.example.com.(
       2019090101 ; serial番号  ←❸
       43200 ; refresh  ←❹
       1800 ; retry
       604800 ; expire
```

```
        10800 ); negative cache

        IN NS ns1.example.com
        IN NS ns2.example.com
        IN MX 10 mx1.example.com
        IN MX 20 mx2.example.com
ns1     IN A 203.0.113.53
ns2     IN A 203.0.113.54
mx1     IN A 203.0.113.25
mx2     IN A 203.0.113.26
www     IN A 203.0.113.80
```

◉ **DNSのゾーンファイル**

少し補足します。(試験で問われたのは❹のみ。)

❶は，これを記載しておくと，example.com.の部分を@に置き換えた簡略化表現が使えます。ただ，記載しない場合は，ドメイン名が自動で指定されます。よって，必須の記載ではありません。

❷は，DNS情報の生存時間です。例えば，wwwのAレコードのIPアドレスが203.0.113.1という回答をPCが受け取っていたとします。TTLが24時間（=86400秒）だった場合，PC側でキャッシュとして24時間保持します。24時間が経過すると，有効期限が切れているので，再度DNSサーバに問い合わせます。

❹は，PCではなく，セカンダリDNSサーバが，プライマリDNSサーバに情報を取得する間隔です。この場合だと，12時間（=43200秒）間隔で，情報を再取得に行きます。このとき，❸のserial番号の値が増えていると，ゾーン情報に変更があったとして，ゾーン転送が行われます。

10 DNSラウンドロビン

DNSラウンドロビンとは，DNSの仕組みを利用して，サーバの負荷分散をする仕組みです。設定としては，サーバのホスト名に，複数のWebサーバのIPアドレスを対応させます。

例えば，WWWサーバを，10.1.1.1と10.1.1.2のIPアドレスを持つサーバに対応させる場合の設定は以下です。

```
www     IN    A   10.1.1.1
www     IN    A   10.1.1.2
```

◉ **二つのサーバをDNSラウンドロビン**

この設定をすると，DNSサーバはPCからの問合せに対し，毎回，値を変えて回答をします。例えば，以下の図ですと，PC1とPC2がDNSサーバに，wwwサーバのIPアドレスを問合せています。DNSサーバは，2台のPCに違うIPアドレスを回答しています。その結果，PCから通信するwwwサーバが，2台で負荷分散されます。

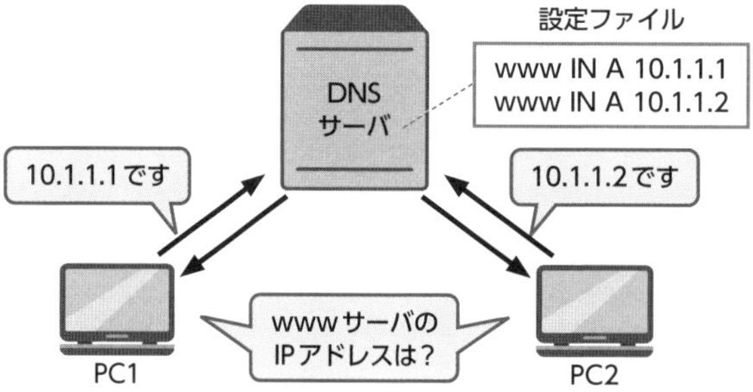

◉ **DNSラウンドロビンの動作**

DNSラウンドロビンは，負荷分散装置を導入せずに負荷分散ができるので便利な機能です。しかし，振り分け先のサーバのスペックや負荷状況を判断できないので，万能な仕組みではありません。

11 DNSキャッシュポイズニング

(1) DNSキャッシュポイズニングとは

DNSキャッシュポイズニング攻撃は，ポイズン（毒）の名前の通り，DNSサーバに毒として偽の情報を送り込む攻撃手法です。嘘のDNS情報を入れることで，正規のサイトにアクセスしているつもりが，違うサイトにアクセスさせます。これにより，ウイルスに感染させたり，個人情報を盗んだりします。

偽のDNS情報をキャッシュさせることなんて，本当にできるのですか？
PCがDNSサーバに問い合わせをして，正規のDNSの回答までは
1秒もかからないと思います

コンマ何秒のタイミングで，偽装した回答を返せないと思うのですね。確かにその通りです。では，どうやってDNSキャッシュポイズニングを実現しているのでしょうか。(2) で解説します。

(2) 攻撃の実現方法

DNSキャッシュポイズニングの攻撃者は，コンテンツサーバから正しい応答が返ってくる前に，大量の偽の応答パケットを標的のフルリゾルバサーバ宛てに送信します。

具体的な方法を，次の図と (i) ～(iv) の手順で説明します。ここでは，www.example.jpの偽のIPアドレスをキャッシュさせるとします。

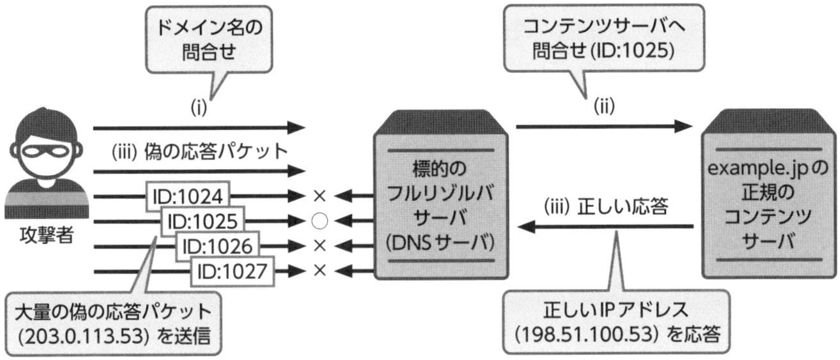

◉ DNSキャッシュポイズニング

(i) 攻撃者は，標的のフルリゾルバサーバに対して，www.example.jpの名前解決を要求します。

(ii) 標的のフルリゾルバサーバは，example.jpのコンテンツサーバに名前解決要求を送信します。DNSの問合せID（過去問では「識別子」と表現）は1025とします。

(iii)・example.jpの正規のコンテンツサーバは，正しいIPアドレス（198.51.100.53）を応答として返します。応答には，問合せIDに1025が入ります。

・攻撃者は，標的のフルリゾルバサーバに対して，問合せIDを変えながら偽の応答パケット送信します。

(iv) 標的のフルリゾルバサーバが，偽の応答パケットを正しい応答パケットと認識すると，偽のIPアドレスをキャッシュします。

でも，正規のDNSサーバからの応答も正しい問合せIDのパケットが届くと思います。その情報はどうなるのですか？

先に届いた情報を正しいと判断します。

(3) DNSキャッシュポイズニングの対策

対策には，①送信元ポート番号のランダム化と，②DNSサーバの構成変更，③DNSSECがあります。

順に説明します。

①送信元ポート番号のランダム化

DNS通信において，送信元ポート番号が固定（つまり一つ）だとすると，偽装するパケットのあて先ポート番号は一つで済みます。ですので，偽装パケットはIDの数である65536個を作成すれば攻撃が成立します。ところがポート番号をランダム（例えば10,000個）にすると，偽装パケットはポート番号を変えながら，合計10,000×65,536個送らないといけません。処理が大変ですし，正規の応答より早く送信ができない可能性もあります。

②DNSサーバの構成変更

6-5で解説したように，キャッシュDNSサーバを社内に設置し，社内のPCからのDNSの問合せのみを受け付けるようにします。外部から社内のキャッシュDNSサーバに攻撃が届かないので，キャッシュが汚染されることはありません。

③DNSSEC

DNSSEC (DNS Security Extensions) では，ディジタル署名を用いることで，DNSキャッシュサーバからの応答が正しいもの，つまり，改ざんされていない情報であることを確認します。

6-6 電子メール

1 電子メール

電子メールを送るには，PCのメールソフト（例：OutlookやThunderbird）を使って，メールサーバに送信します（次の図①）。メールサーバはそれを相手のメールサーバに転送します（同②）。

一方，メールの受信に関しては，外部から送られてきたメール（同❶）はメールサーバに保存されます（同❷）。PCは，メールサーバにメールに取りに行くことで（同❸），メールを受信します。

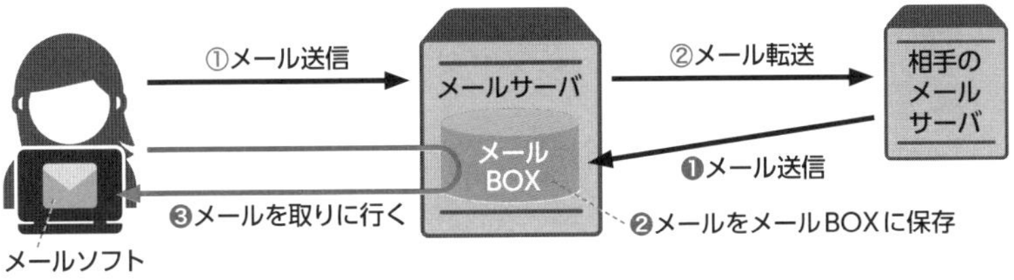

◉ メールの送受信

2 メールのシステム構成

メールサーバは通常，DMZに設置される外部メールサーバ（中継メールサーバ）と内部セグメントに設置される内部メールサーバで構成されます。

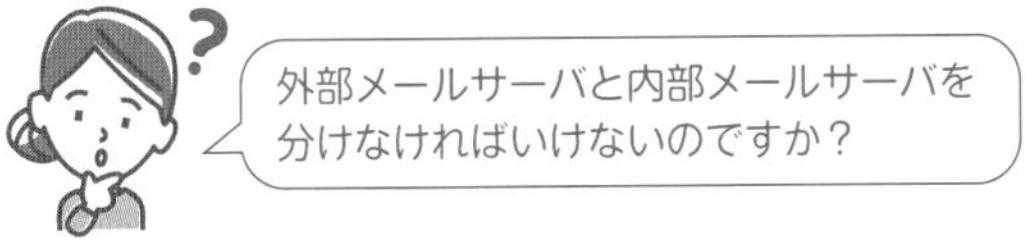

分けないとメールの送受信ができないわけではありません。しかし，セキュリティを確保するため分けることが望まれます。というのも，外部からメールを受信するためには，メールサーバはDMZに公開する必要があります。しかし，メールサーバには機密性が高いメールデータもあります。内部メールサーバを構築して，内

部メールサーバにメールデータを蓄積する方が望ましいのです。

次の図で，メールサーバの構成例を紹介します。社外からのメールが社内のPCに届く流れとともに確認をしてください。

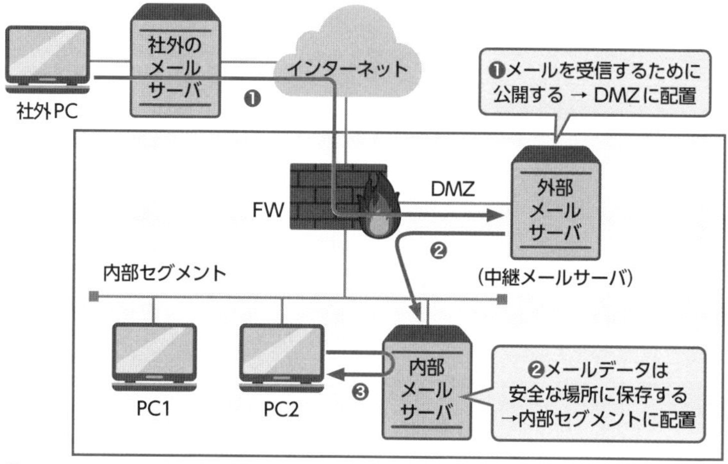

◉ メールシステムの構成

社外からのメールがPCに届く流れを解説します。社外からのメールは，DMZにある外部メールサーバに届きます（図❶）。外部メールサーバは，そのメールを内部メールサーバに転送します（同❷）。PCは，内部メールサーバにメールを取りに行きます（同❸）。

基本的にそうなります。ただ，外部メールサーバを経由することは必須ではありません。内部メールサーバから通信相手のメールサーバに，直接送信する場合もあります。

3 送信プロトコル

代表的なメールの送信プロトコルを，紹介します。

❶SMTP (Simple Mail Transfer Protocol)【ポート番号：25】

SMTPは，メール（Mail）を転送（Transfer）するためのプロトコル（Protocol）です。広く普及しているプロトコルですが，SMTPには認証機能がありません。この点を改良したプロトコルが，以下のPOP before SMTPとSMTP AUTHです。

❷POP before SMTP【ポート番号：25】

POP before SMTPは，直訳の通りSMTP通信の前（before）にPOPの通信をします。まず，認証が必要なPOP3による通信を行わせます。そして，その通信が成功した送信元IPアドレスからのSMTPの通信を，一定時間（例えば5分）許可します。なので，特別なポート番号を使うのではなく，25番ポートをそのまま使います。

ただ，今では次に述べるSMTP-AUTHが中心で，POP before SMTPはほとんど使われていません。

❸SMTP AUTH【ポート番号：587】

SMTP AUTHは，SMTP通信において，ユーザ名とパスワード認証（Authentication）を行います。SMTP AUTHは，このあとの迷惑メール対策で解説するOP25Bでも利用される技術です。

❹SMTP over TLS (SMTPS)【ポート番号：465】

SMTP over TLSは，非暗号のSMTPの通信を，TLS（古くはSSL）を用いて暗号化するものです。補足解説に記載していますが，SMTPをTLSによって暗号化する仕組みには，後述するSTARTTLSもあります。

4 受信プロトコル

代表的なメールの受信プロトコルには，以下があります。

❶POP3【ポート番号：110】

POP3（Post Office Protocol version 3）は，電子メールを受信するプロトコルです。メールサーバのメールボックスから電子メールを取り出します。

❷IMAP4【ポート番号：143】

IMAP4 (Internet Message Access Protocol version4) は，POP3を改良したプロトコルです。IMAPは，PCにメールをサーバからダウンロードするのではなくサーバ上で管理します（PCにメールを取り込むことも可能です）。POPの場合は，PCにメールを取り込んで管理します。よって，自宅PCにメールを取り込んだあとに，違うPCやスマホなどでメールを見ることができません。

そうなんです。一方，IMAPはサーバ上でメールを管理するので，自宅のPCでメールを取り込んでもメールはメールBOXに残ります。ですから，すでにPCに取り込んだメールでも，別のPCでメールを見ることができます。

この点は，クラウドでメールを管理するGmailなどのWebメールに似ています。

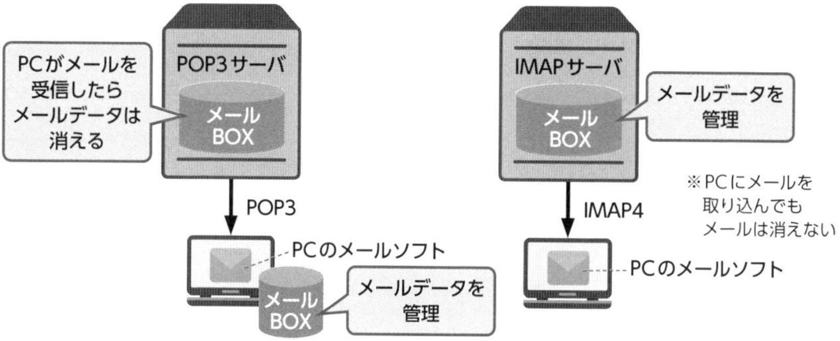

◉ POP3とIMAPの概要

❸POP3S【ポート番号：995】

POP3の通信も，SMTPと同様に暗号化されていません。そこで，**POP3S** (POP3 over TLS)によって，POP通信をTLS（古くはSSL）で暗号化します。

APOP (Authenticated POP) は，メールサーバとの通信時にパスワードのみを暗号化します。メールの通信が暗号化されるわけではありません。

参考ですが，IMAPもPOP3と同様に，メール本文だけでなくパスワードも暗号化されていませんでした。IMAPをTLSで暗号化するプロトコルとして，IMAPS（ポート番号993）もあります。

補足解説

STARTTLS

STARTTLSは，SMTPやPOP3などで利用できる暗号化技術です。すでに紹介しましたが，SMTP通信の暗号化であれば，SMTP over TLSがあります。

STARTTLSもSMTP over TLSも，どちらもTLS（SSL）による暗号化です。STARTTLSの特徴は，SMTP over SSL（465）やPOP3 over SSL（995）と違って，ポート番号に従来のSMTP（25）やPOP3（110）をそのまま利用できることです。

そして，通信相手と暗号化通信ができると確認した上で，ポート番号を変えずに暗号化通信を行います。仮に，相手がSTARTTLSに対応していなければ，通常のSMTPやPOP3で通信を行います。

5 SMTPコマンドによるメール送信の流れ

メールを送信するSMTPプロトコルについて解説します。

SMTPのセッションの開始を表すコマンドは，HELO（Helloの意）または**EHLO**（Extended Helloの意）です。EHLOは「Extended（拡張された）」という言葉がある通り，拡張機能を確認するために使われます。例えば，SMTP-AUTHや，STARTTLSなどは，通信相手のサーバもこれに対応していなければ，利用できません。そこで，送信側メールサーバがEHLOを送り，その応答にSTARTTLSの文字が含まれているかを確認します。STARTTLSが含まれていれば，STARTTLSに対応していることが分かります。

では，EHLO以外も見ていきましょう。SMTPプロトコルでは，メール本文を送信する前に，次の図のように**MAIL FROM**コマンドにて送信元のメールアドレスを通知し，RCPT TOコマンドにて宛先メールアドレスを通知します。

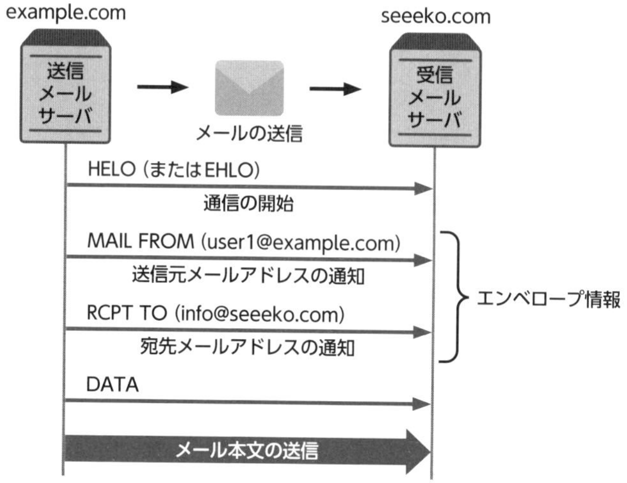

◉ SMTPコマンドによるメール送信の流れ

このとき，MAIL FROMとRCPT TOに入れられた送信元メールアドレスと宛先メールアドレスの情報は，エンベロープ情報と呼ばれます。

```
MAIL FROM:user1@example.com (送信元メールアドレス)
RCPT TO:info@seeeko.com (宛先メールアドレス)
```

◉ エンベロープ情報

エンベロープ情報は，メールのヘッダ（SubjectやFromなどの情報）にあるFROM（送信元メールアドレス），TO（宛先メールアドレス）とは異なるので注意が必要です。

実際の手紙で考えましょう。皆さんは手紙に「○○さんへ」と宛先を書いたり，自分の名前を書くことでしょう。そしてさらに，封筒に宛名と差出人を書きます。エンベロープ(envelope)は，「封筒」という意味です。封筒に書いたものがMAIL FROMやRCPT TOによるエンベロープ情報です。そして，手紙そのものに書いた宛先などがメールヘッダです。

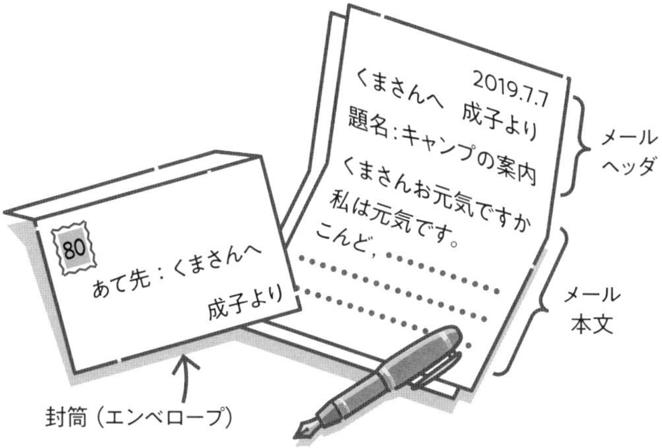

◉ **エンベロープ情報とメールヘッダのイメージ**

エンベロープ情報とメールヘッダを整理すると，以下になります。

◉ **エンベロープ情報とメールヘッダ**

エンベロープ（封筒）	MAIL FROM：送信元メールアドレス RCPT TO：宛先メールアドレス
メールヘッダ	DATE:時刻 FROM：**表示名<送信元メールアドレス>** TO:表示名<宛先メールアドレス> Subject：題名 ・・・・・
メール本文	くまさんお元気ですか

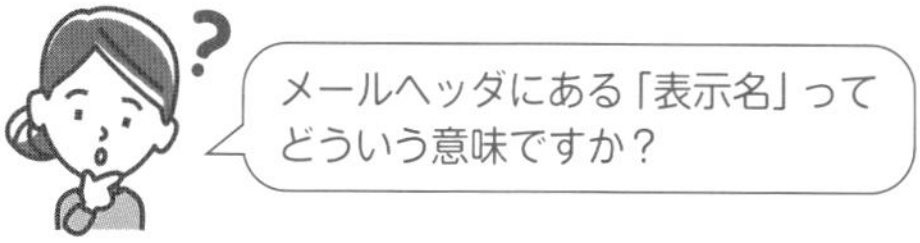

皆さんのクライアントPCにて，メールアカウントの設定をするときに，メールアドレス（例：FT002153@example.co.jp）以外に，本名の「剣持成子」などを設定することと思います。これが表示名です。メールソフトでは，メールアドレスではなく，「表示名」が表示されることが一般的です。

6 メールの踏み台対策

企業のメールサーバが，SPAMメールの踏み台にされることがあります。攻撃者は，送信元を分からなくするために，踏み台となるメールサーバを中継させます。ですが，そもそもメールサーバは，他社から他社へのメールを転送する必要はありません。にもかかわらず，誤ってそれを可能にしてしまっている場合があります。誰もが（オープン）メールを中継（リレー）できるという意味で，この状態をオープンリレーといいます。

(1) 踏み台の仕組み

攻撃者によってA社のメールサーバが踏み台にされる様子を以下の図で解説します。

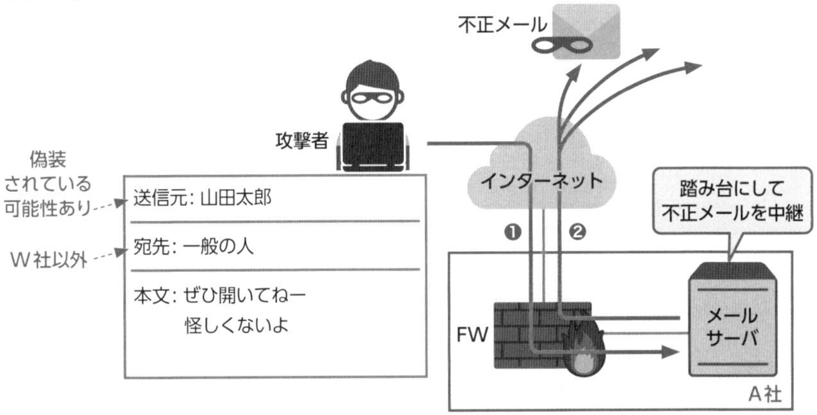

◉ 踏み台にされたメールサーバ

❶攻撃者は，A社のメールサーバ宛てに，A社以外を宛先としたメールを送ります。（送信元メールアドレスは，偽装が簡単なので，偽装されている可能性があります。）
❷メールを受け取ったメールサーバは，正しい宛先にメールを転送します。

こうして，攻撃者が送信したメールが，善意のサーバを踏み台にして，相手届きます。

さて，このような送信元偽装の通信ですが，FWで拒否することはできません。

インターネットからメール中継サーバへのTCP/25のアクセスも，メール中継サーバからインターネットへのTCP/25のアクセスも，W社メールを利用するのに必要なルールだからです。

(2) 踏み台対策

この対策は，メールサーバで行います。具体的には，A社のメールアドレス宛て以外のメールを中継処理しないようにします。

次の表は，セキュリティスペシャリスト試験の過去問（平成25年春午後2問2）に載っていたオープンリレー対策の設定内容です。

表3　外部メールサーバのオープンリレー対策設定

項番	転送元又は送信元	受信者ドメイン名	設定
1	インターネット	A社のドメイン名	許可
2	内部メールサーバ	社外のドメイン名	許可
3	全て	全て	拒否

注記　項番が小さいものから順に，最初に一致したルールが適用される。

それぞれの項番を簡単に解説します。

・項番1：外部（インターネット）からA社のメールアドレス宛に届くメールを許可します。

・項番2：社内から外部のメールアドレス（つまり，A社以外）に送るメールを許可します。

・項番3：それ以外（つまり，外部から外部のメールアドレス宛）のメールを拒否します。この設定によって，第三者による不正なメールの中継を防ぎます。

6-7 VoIP

1 アナログ方式の電話とデジタル方式の電話

古くからある家庭の電話は固定電話といわれ，今でも多くの方が使っています。

◉ 固定電話のイメージ

この固定電話ですが，細い銅線でつながれたアナログ方式の電話です。最近では，携帯電話や，NTTの「ひかり電話」などのデジタル方式の電話が増えています。

2 VoIPとは

VoIP(Voice over Internet Protocol)とは，言葉の通り，音声（Voice）をパケット化してIP上（over Internet Protocol）で通信する技術です。VoIP化するときに利用されるのが，**VoIPゲートウェイ**です。

単純なVoIP化の例を紹介します。従来，固定電話の電話機は，アナログ電話線を伝って，NTTなどの電話会社につながっています。

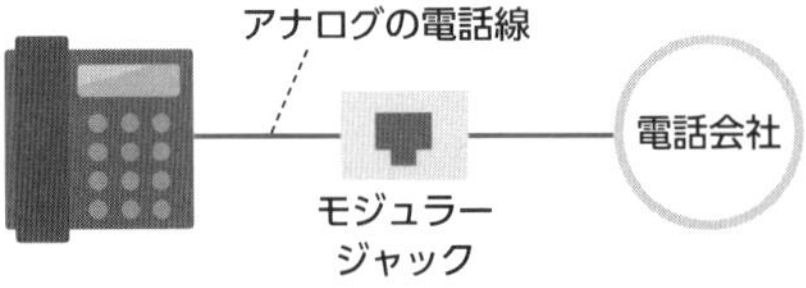

◉ アナログ電話の場合

これをVoIP化するには，VoIPゲートウェイを接続し，アナログの音声をデジタルの音声に変換します（**符号化**といいます）。このとき，ケーブルは，アナログ電話線からLANケーブルに変わります。そして，ルータなどを経由してWAN回線を通じて音声データを運びます。当然ながら，接続先ではVoIPに対応した装置で電話を受ける必要があります。

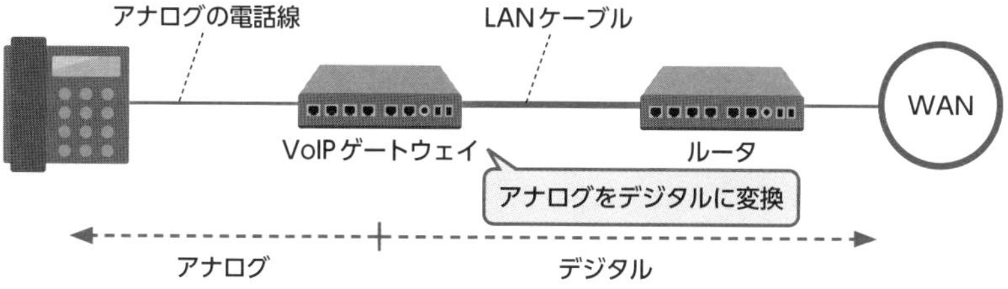

◉ アナログ電話のVoIP化

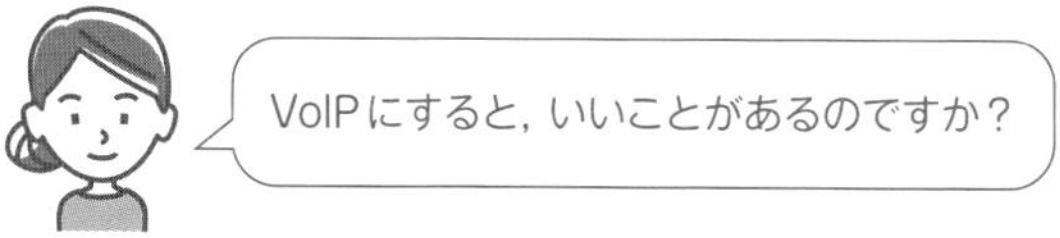

はい。VoIPを進めることで，電話とLAN配線の二重配線が不要になったり，拠点間の音声通話を無料にすることができます。

3 音声データと呼制御データ

電話の通信には，「もしもし」「こんにちは」などの話す音声データ以外に，電話をかけたり相手を呼び出したり切断したりなどの呼制御といわれるデータがあります。

順に解説します。

(1) 呼制御データ

通話をするには，まずは相手と接続しなければなりません。普通は，受話器を上げて，電話番号を押します。すると，「プルルル」または「プー・プー・プー(話中)」などの音が聞こえ，相手が出ると電話がつながります。また，電話を切ると，相手にも切断を知らせます。こういった一連の処理をするのが**呼制御**です。従来のアナログ電話の場合は，PBXがこの処理を行います。

VoIPにおいて，呼制御を行う代表的なプロトコルを**SIP**といいます。そして，呼制御を行う装置をSIPサーバといいます。(SIPに関しては，このあと詳しく解説します。)

(2) 音声データ

実際の通話をする音声データです。このときに利用されるプロトコルは**RTP**です。(RTPに関しても，この後詳しく解説します。)

補足解説 **R値**

IP電話の音声品質を表す指標のうち，ノイズ，エコー，遅延などから算出されるものを**R値**（Rating factor）といいます。

また，聞き手側（Opinion）が感じる動画や音声の品質のことで，「非常によい」「よい」などの5段階のスコア（Score）の平均値（Mean）をMOS（Mean Opinion Score）値といいます。

4 SIPの機能と音声通話の流れ

呼制御プロトコルのSIP(Session Initiation Protocol)の機能について説明します。ここでは，次の図の音声通話の流れに沿って解説することで，VoIPの機能を紹介します。すでに述べたように，音声通話は，呼制御データと音声データの2段階です。

(0) 事前準備（SIPを利用）

音声通話をする事前準備として，SIPサーバには，管理者があらかじめユーザ名とそれに対応する内線番号を登録しておきます。

次に，SIP UA (IP電話機や，通話アプリが入ったPCやスマホ) が，自分のIPアドレスを**REGISTER**メソッドを使って登録します。それは，IPの通信では，IPアドレス) が変わることが多いからです。

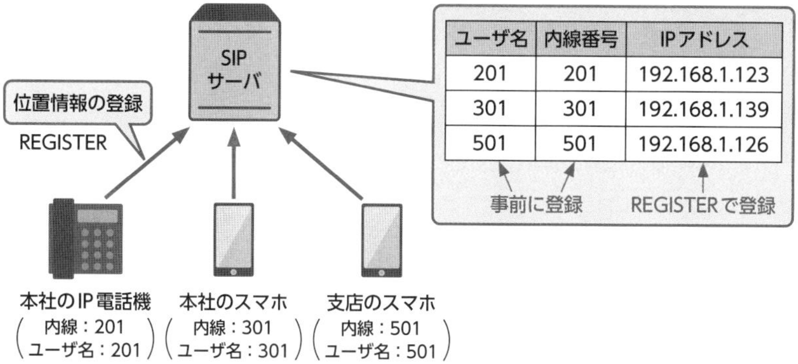

(1) 呼制御データ（SIPを利用）

では，実際の通話の流れを解説します。内線201のIP電話機（UA：User Agent）から内線501のスマホに，SIPサーバを経由して電話をかける場合を考えます。まず，IP電話機は，SIPサーバに対して「内線501の電話機と通信したい」という通話要求（**INVITE**メッセージ）を送ります（図❶）。SIPサーバでは，電話情報のデータベースから，該当するIPアドレスを検索します（図❷）。検索した結果を踏まえ，SIPサーバは，通話要求を内線501のスマホに転送します（図❸）。スマホは，SIPサーバ経由で応答を返します（図❹）。

(2) 音声データ（RTPを利用）

呼制御によって通話相手との接続が終わると，2台の電話機がSIPサーバを介さずに直接通信をします（図❺）。

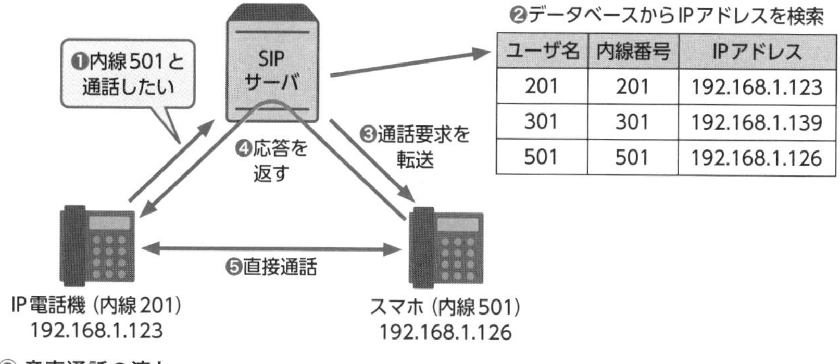

◉ 音声通話の流れ

このように，SIPサーバは，電話番号データベースの管理や，電話機間のメッセージの仲介を行います。

5 SIPメッセージ

過去問（平成26年午後2問2）には，SIPのメッセージの例としてINVITEリクエストが記載されています。

```
INVITE sip:050yyyy1234@example.ne.jp;user=phone SIP/2.0
Via: SIP/2.0/UDP（発信元のIPアドレス）:5060;branch=（省略）
Max-Forwards: 70
From: <sip:050yyyy5678@example.ne.jp>;tag=（省略）
To: <sip:050yyyy1234@example.ne.jp;user=phone>
Call-ID:（省略）
CSeq:（省略）INVITE
Contact: <sip:050yyyy5678@（発信元のIPアドレス）>
Content-Type: application/sdp
Content-Length:（省略）

V=0
0=（省略）（省略）IN IP4（発信元のIPアドレス）
S=-
C=IN IP4（発信元のIPアドレス）
t=0 0
m=audio 5090 RTP/AVP 0
a=rtpmap:0 PCMU/8000
```


◉ INVITEリクエストの内容例

SIPヘッダの中にある「From: <sip:050yyyy5678@example.ne.jp>」と「To: <ip:050yyyy1234@example.ne.jp>」の記述を見てください。通信相手をメールアドレスのような表記で記載しています。一方，かつて使われたH.323という音声のプロトコルは，「バイナリ形式」で記述されていました。

バイナリ形式って，確か16進数で「AD 15 20 3C 84 04 2A 3F…」などの表記ですよね

そうです。これでは人間には解読できません。一方のSIPでは，上図のように「テキスト形式」で記述されます。人間にも分かりやすい表記になっています。

また，SIPボディ部には「SDP」と記載があります。**SDP**（セッション記述プロトコル：Session Description Protocol）は，SIPメッセージを記載する記述ルールのことです。ボディ部には，SDPのルールに従って使用するプロトコル（RDP）やポート番号（5090）などを記述します。

6 音声通話のシーケンス

4節で解説した音声通話の流れを，通信シーケンスで表します。前半部分が「プルルル・・・」と相手を呼び出したりする呼制御データで，後半部分が，「もしもし」「元気？」などと会話をする音声データです。

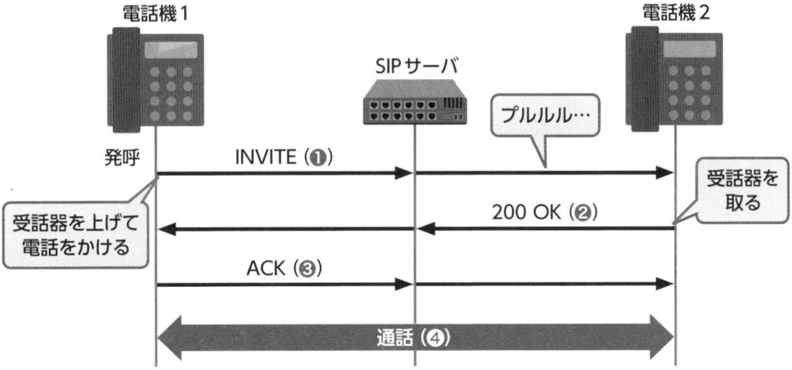

◉ 音声通話のシーケンス

これらのメッセージを少し補足します。

※❶〜❸は呼制御（SIP）のシーケンス。

❶INVITE

受話器を上げて電話をかけると，通話の開始を意味するINVITEメッセージ（INVITEは招待するの意）がSIPサーバを経由して通信相手に送られます。このとき，通信相手は電話の着信音が鳴り，発呼側は「プルルル―」という音が流れます。

❷200 OK

通話の相手が，受話器を取ると，SIPサーバを経由して相手に送られます。余談ですが，話中の場合は「486 Busy Here」が返されます。

❸ACK

3ウェイハンドシェイクの確認応答と同じと考えてください。発呼側から通話相手にACKが送られ，通話のセッションが確立されました。

❹音声通話

その後，RTPを使って実際の音声通話が実施されます。

補足解説　B2BUA

B2BUA（Back to Back User Agent）は，異なるSIPネットワーク間の境界に配置され，両者の仲介役を担うものです。具体的な装置としては，VoIPゲートウェイが該当します。

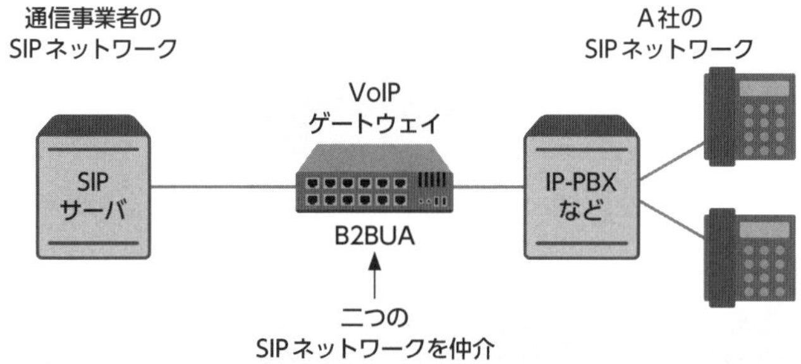

◉ B2BUAが仲介

例えば，上図では，左側が通信事業者の公衆IP電話のSIPネットワークで，右側がA社のSIPネットワークです。A社では，左側の通信事業者から050の電話番号が割り当てられ，IP網による音声通話が可能になっています。

B2BUAは，二つのSIPネットワークの中間に配置され，異なる二つのSIPネットワークを仲介します。動作としては，どちらのSIPネットワークからもUA（User Agent，電話機と考えてください）として振る舞います。

SIPは標準化されているプロトコルですから，
B2BUAがなくても相互通信が可能なのでは？

確かにSIPはRFCで標準化されています。しかし，SIPは特定のメーカなどに依存しないオープンな仕組みです。RFCでは細かいところまで決められておらず，メーカごとに実装の違いがあります。ですから，複数のSIPネットワークの差異を吸収するために，B2BUAの仕組みが必要になります。

7 RTP

呼制御のプロトコルはSIPですが，音声データで使われるプロトコルは**RTP**です。RTPはアプリケーション層（7層）のプロトコルで，トランスポート層（4層）にはTCPではなくてUDPを使います。

UDPの方が通信を高速化することができるからです。しかし，UDPではシーケンス管理（順序管理）をしません。ですから，[こんにちは]と送ったデータが[んこにはち]のように，順番が変わってしまう可能性があります。そうならないように，UDPでも番号管理をする必要があり，RTP（Real time Transport Protocol）を使います。RTPは，フルスペルを見てもらうと分かりますが，UDPでリアルタイム通信を実現するプロトコルという意味です。

UDPとRTPのフレームフォーマットは次です。RTPもUDPの一部ですから，基本は同じです。違いは，RTPヘッダが含まれている点です。このRTPヘッダには，順番を管理するシーケンス番号と，時刻情報を記載したタイムスタンプなどが含まれます。

◉ UDPのパケット構造

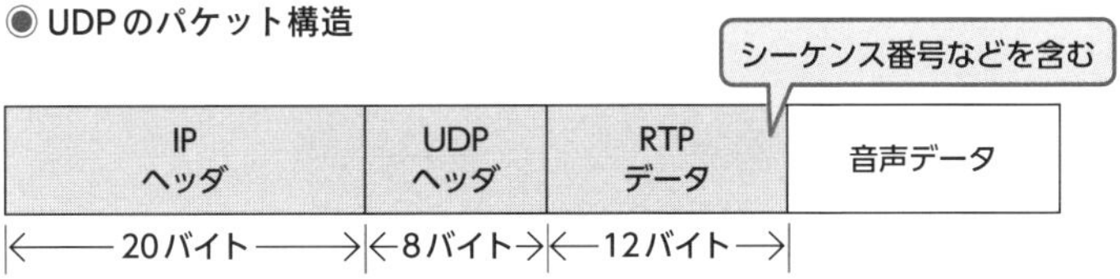

◉ RTPのパケット構造

補足解説

呼量

1回の通話を「呼」といいます。また，単位時間当たりの呼の量のことを呼量といい，単位にアーランを用います。そして，電話をつないでいる時間（通話時間と考えてもいいでしょう）のことを回線保留時間といいます。

次のケースで考えます。

180台の電話機のトラフィックを調べたところ，電話機1台当たりの呼の発生頻度（発着呼の合計）は3分に1回，平均回線保留時間は80秒であった

3分に1回の呼があるということは，1時間当たりの20回の呼が発生します。1回の呼で80秒の通話をしているわけですから，1時間で20回×80秒×180台＝288,000秒の呼が発生します。この単位を時間に変換すると288,000÷60（秒）÷60（分）＝80。つまりこのケースの呼量は80アーランです。

6-8 その他のプロトコル

1 RADIUS

(1) RADIUSとは

RADIUS (Remote Authentication Dial In User Service) とは，認証サーバに認証情報を問合せるプロトコルです。かつてはアナログ回線やISDN回線を使ったダイヤルアップの認証に使われていたため，Dial Inという名称がついています。しかし，RADIUSは，ダイヤルアップに限定されるものではありません。無線LANの認証やSSL-VPNによるリモートアクセスの認証など，ネットワークを介した認証に幅広く利用されています。

(2) RADIUS認証の構成例

SSL-VPN装置の認証にRADIUS認証を使う場合の構成を紹介します。利用者がSSL-VPN装置にアクセスしてユーザ情報を入力すると（下図❶），SSL-VPN装置は，**RADIUSサーバ**に**RADIUSプロトコル**で問合せます（下図❷）。RADIUSサーバにはユーザIDとパスワードが保存されているので，認証情報が正しいかを確認し，結果を返します。認証情報が正しければ，利用者はSSL-VPN装置にアクセスすることができます。

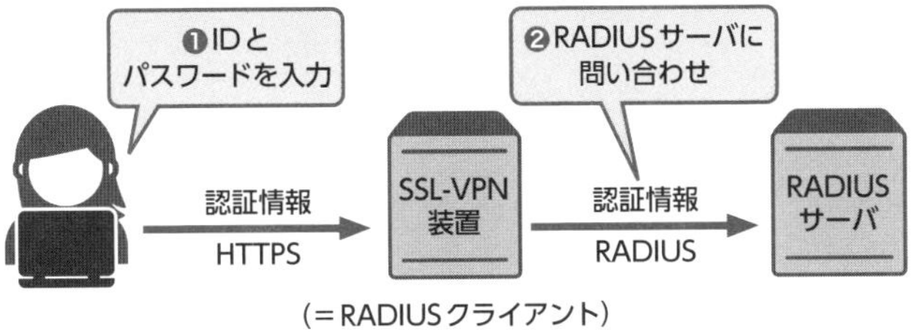

◉ RADIUSの構成例

このとき，RADIUSサーバにIDやパスワード情報を送信する装置を，RADIUSクライアントといいます。今回の場合は，SSL-VPN装置がRADIUSクライアントです。

2 LDAP

LDAP (Lightweight Directory Access Protocol) とは，Radiusと同様に認証サーバに認証情報を問合せるプロトコルです。RADIUSとは互換性がなく，仕組みも生い立ちも違いますが，ユーザ認証を実現できるという点では，共通しています。

外部からのリモートアクセスや無線LANの認証などのユーザ認証ではRADIUSが利用されます。一方，LDAPサーバは，ディレクトリサービスで利用されます。ディレクトリサービスですから，階層構造で管理される社員の情報および部署やアクセス権など，多くの情報を管理できます。それらの複雑な社員の属性情報を管理する場合に，LDAPサーバおよびLDAPのプロトコルが利用されます。

以下，企業の現場で使われる認証サーバの違いを，問合せる機器やプロトコルを含めて簡単に図にしました。WindowsのActiveDirectory (AD) は，製品名なので，試験に出ることはないでしょう。

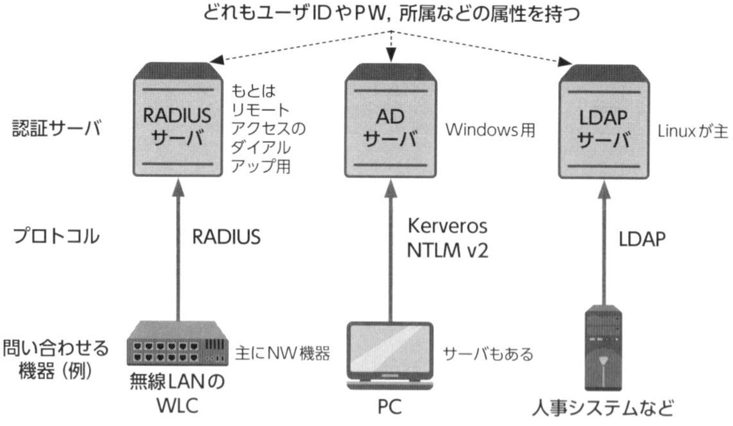

3 NTP

(1) NTPとは

NTP(Network Time Protocol)は，ネットワーク(Network)上の機器の時刻(Time)を正確に維持するためのプロトコル (Protocol)です。

また，TCP/IPのプロトコルを使って，端末 (NTPクライアント) に時刻を配信するサーバをNTPサーバといいます。

NTPは，stratumと呼ばれる階層構造をもち，最上位の機器が，原子時計や標準電波，GPS用人工衛星などの正確な時刻源から時刻を取得し，下位の機器に提供します。遅延時間にばらつきがあると，時刻の精度に影響するので，時刻を同期させる機器はネットワーク的に近い方がよいといえます。ここで，「ネットワーク的に近い」とは，「経由するネットワーク機器が少ない状態」や「伝送遅延時間が小さい状態」のことです。この内容は，過去問 (平成19年午後1問3) を活用しています。

余談ですが，東京都小金井市にある国立研究開発法人情報通信研究機構 (NICT) では，日本標準時を決定・維持しているとともに，NTPサーバ (ntp.nict.jp) にて標準時を配信しています。

◉ NICTの外観

(2) GMTとUTC

NTPで使用される標準時は，**UTC** (Coordinated universal time) です。皆さんにとって，標準時といえばグリニッジ標準時のGMTがなじみ深いかもしれません。

参考ですが，GMT (Greenwich Mean Time) は，グリニッジ標準時ですので，経度0であるイギリスのグリニッジ天文台の時刻を指します。

UTCは協定世界時といわれ，GMTの世界標準版です。GMTとはコンマ何秒のズレしかなく，ほぼ同じ時刻を指します。同じものとして考えてもいいでしょう。

(3) NTPの必要性

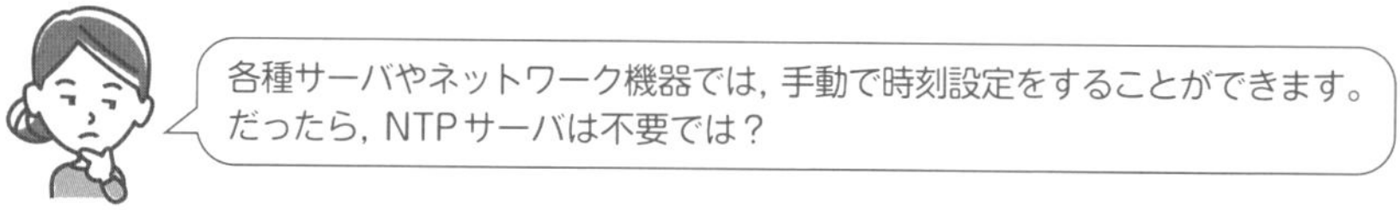

もちろんNTPサーバが無くても正確な時刻を刻むことは可能です。しかし，手動設定の場合，機器を再起動すると時刻設定が初期化されたり，時間の経過とともに時刻がずれることがあります。時刻がずれると，ファイルやデータベースを共有した場合に不具合が発生したり，複数の機器のログを分析するときの突合が大変になります。

そこで，サーバやネットワーク機器が共通のNTPサーバを指定し，NTPサーバから時刻を取得します。こうすることで，各機器が正確な時刻を維持することができます。

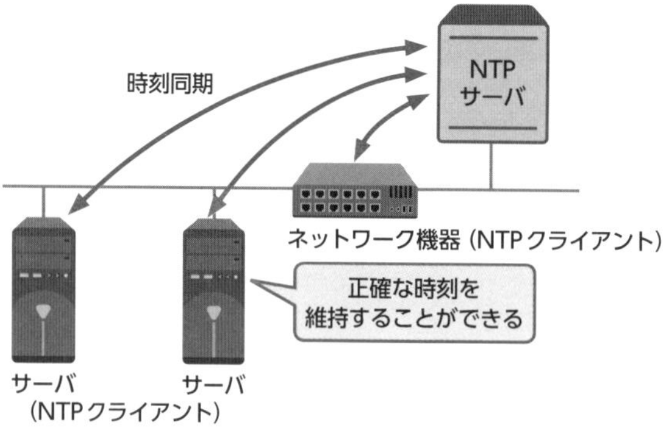

◉ NTPの動作

第7章

情報セキュリティ

7-1 情報セキュリティとは

1 情報資産とは

情報資産とは，顧客情報，技術情報など，企業において価値がある情報のことです。これらが第三者に漏えいすると，お客様に迷惑をかけたり，ライバル企業にノウハウが流出したりしてしまいます。そうならないように，情報資産のセキュリティを保つ必要があります。

2 リスクとは

まず，脆弱性（ぜいじゃくせい）とはセキュリティの脅威につながるソフトウェアのバグや欠陥のことです。

次にリスクとは，脅威が脆弱性を利用して，情報資産に損害を与える可能性のことです。整理すると，リスクは次の式で表されます。

リスク ＝ 情報資産（の価値）× 脆弱性 × 脅威

3 情報セキュリティの３大要素

情報セキュリティとは，情報の機密性，完全性，可用性を確保することです。この3つを情報セキュリティの3大要素といいます。言葉の意味は次の通りです。

❶機密性（Confidentiality）

機密性とは，情報が第三者に漏えいしない状態にすることです。機密性が脅かされる例は，データの盗聴やなりすまし，第三者による不正アクセスです。

❷完全性（Integrity）

完全性とは，データが「完全」である状態を保つことです。完全性が脅かされる例は，Webサイトの改ざんです。

❸可用性（Availability）

可用性とは，システムが利用できる状態を保つことです。可用性が脅かされる例は，攻撃者からのサービス妨害攻撃（DoS攻撃）です。

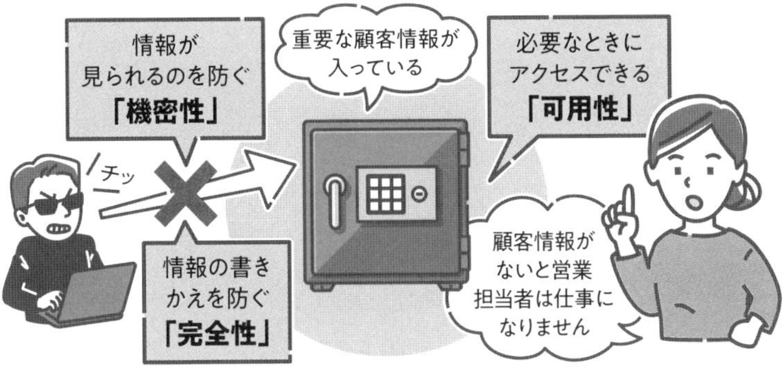

7-2 脅威

1 脅威の種類

情報資産を脅かす脅威には，大きく三つあります。盗難や不正侵入などの物理的脅威，不正アクセスや改ざんなどの技術的脅威，ソーシャルエンジニアリングに代表される人的脅威です。

例えば，社内にパスワード管理が甘い人がいることも人的脅威の1つです。

ソーシャルエンジニアリングは，パスワードを盗み聞きしたり，パソコンの画面を盗み見たり，ごみ箱から顧客情報を拾うなど，技術的ではなく人の隙を突いてセキュリティを脅かす行為です。

この章では，これら三つの脅威の中で，技術的脅威について具体例を紹介します。

2 技術的脅威

(1) マルウェア

コンピュータウイルスとは，コンピュータに対して意図的に何らかの被害を及ぼすように作られたプログラムのことです。ただ最近では，コンピュータウイルスという言葉ではなく，Malicious（悪意のある）Softwareの省略形である**マルウェア**という言葉がよく使われます。マルウェアとは，コンピュータウイルスやスパイウェア，ボットなどの不正プログラムの総称のことです。

◉ ウイルスのイメージ

(2) なりすまし

なりすましとは，第三者の情報を偽って利用することです。他人のID/パスワードを利用して本人になりすます場合もあれば，IPアドレスを偽装（IPスプーフィング）する場合もあります。

(3) パスワードクラック

パスワードクラックとは，パスワードで保護されたシステムを無理やり突破する攻撃です。かつては，文字のあらゆる組み合わせをパスワードとして使ってログインを試みる総当たり攻撃（ブルートフォース攻撃）などが行われていました。最近では，どこかのWebサイトから流出した利用者IDとパスワードのリストを用いてログインを試行する，**パスワードリスト攻撃**が増えています。

次の図をもとに，パスワードリスト攻撃を解説します。利用者が同じパスワードを使い回していたとします（図❶）。何らかの理由でID/パスワードが流出する（図❷）と，それがパスワードリストとして不正にリスト化（図❸）されます。攻撃者は，パスワードリストを用いて他のWebサイトにもログインを試行します（図❹）。パスワードリストを用いているので，効率よくパスワードクラックが行われます。

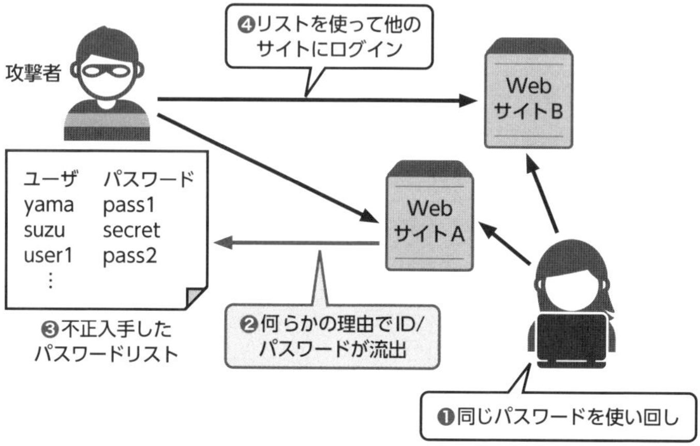

◉ パスワードリスト攻撃

(4) インジェクション攻撃

インジェクション（Injection）とは「注入」という意味です。インジェクション攻撃は，攻撃用のスクリプトをサーバやWebサイトの入力フォームに入力して，情報を抜き出したり不正な処理を実行させたりします。

❶OSコマンドインジェクション

OSコマンドインジェクションとは，例えば，WebサーバのURLにOSのコマンドを操作するような文字列を追加することで，不正な処理を実行させます。

❷SQLインジェクション

SQLインジェクションは，データベースを操作する文字列をWebフォームなどに入力して，データベースに不正に操作する攻撃です。

(5) 標的型攻撃

標的型攻撃は，無差別に攻撃をしかけるのではなく，標的となる組織だけに電子メールを送信するなどして攻撃を仕掛けます。

次に，標的型攻撃の一般な流れを紹介します。

❶攻撃者が，従業員をだます文面のメールを送信する。

❷メールの添付ファイルやメール本文内のURLを従業員に開かせて，マルウェ

アに感染させる。

❸マルウェアが，C&Cサーバ（※補足解説参照）との通信を開始する。

❹マルウェアが，ファイルサーバなどから機密ファイルを盗み出す。

❺マルウェアが，盗み出した機密ファイルをC&Cサーバから指示された攻撃者のサーバに送信する。

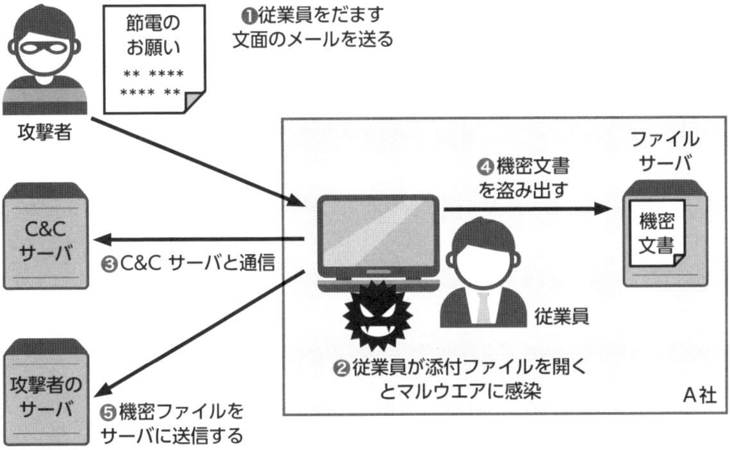

◉ 標的型攻撃の流れ

補足解説

C&Cサーバ

C&Cサーバとは，攻撃者が用意した悪意のあるサーバです。C&CはCommand and Controlの略で，インターネットからマルウェアに感染したPCに対してコマンド（Command）を送って，遠隔で操作（Control）します。

(6) DoS攻撃

DoS攻撃（DoS：Denial of Service）は，大量のパケットをサーバに送りつけるなどして，サービスを正常に提供できなくする攻撃です。国内でもWebサーバがDoS攻撃を受けて，Webサイトが表示しにくくなる被害がよく発生しています。

また，複数の拠点から行うDoS攻撃のことを，**DDoS攻撃**（DDoS：Distributed DoS）いいます。Distributedは分散されたという意味です。

DDoS攻撃の例として，DNS amp攻撃（DNS reflection攻撃という場合もあります）を紹介します。この攻撃では，送信元IPアドレスを攻撃対象のサーバのIPアドレスに偽装したDNS問合せパケットを大量に送信します（次の図❶）。こうすることで，DNSサーバの問合せに対する回答が攻撃対象のサーバに大量に送られます（同❷）。

送信するパケットの送信元が「攻撃対象のサーバ」のパケットであれば，応答パケットは「攻撃対象のサーバ」に送り返されるからですね！

そうです。これは，UDPを使うDNSの通信だからできることであって，TCPを使う通信では攻撃に悪用できません。TCPは，3ウェイハンドシェイクで送信元を確認するので，偽装できません。

DNSでは問合せパケットより，応答パケットのほうがデータを大きくできます。増幅することで，大規模な攻撃にします。

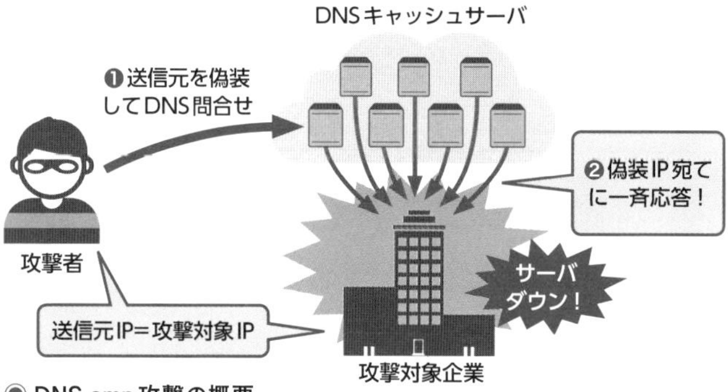

◉ DNS amp攻撃の概要

参考ですが，ampは「増幅する」，reflectionは「反射」という意味です。

たしかに，攻撃を反射させて，増幅させていますね

補足解説

NTPを使ったDDoS攻撃

DNS amp攻撃の仕組みは，時刻問合せのNTPにも応用できます。

では，具体的な攻撃の流れを簡単に解説します。攻撃者は，送信元IPアドレスを，攻撃対象のIPアドレスに書き換えてNTPの問合せをします。問合せを受けたNTPサーバは，攻撃対象のサーバに結果を返します。このとき，NTPサーバの状態確認機能であるmonlistというコマンドを利用すると，データをかなり大きくできます。つまり，より大きなDDoS攻撃を仕掛けることができます。

NTPサーバを悪用させない対策は，NTPサーバのmonlistを無効にすることです。

7-3 ファイアウォール

1 ファイアウォールとは

ファイアウォール（Firewall, 省略形FW）は，インターネットからの不正アクセスを防ぐことを目的として，インターネットと内部ネットワークの間に設置する装置です。

マルウェア対策やURLフィルタリング機能などのセキュリティ機能を兼ね備えたファイアウォールが増えてきて，**UTM**（Unified Threat Management）と呼ばれます。

UTMを直訳すると，「統合された（Unified）脅威（Threat）管理（Management）」ですね！

2 ファイアウォールの機能

ファイアウォールの基本的な機能は，特定のIPアドレスやポート番号の通信だけを許可する**フィルタリング**機能です。例えば，Webサーバを公開している場合，このWebサーバのIPアドレスとポート番号（80と443）への通信のみを許可し，それ以外の通信をフィルタリングで拒否します。こうすることで，外部からの不正な通信を防ぐことができます。

また，ファイアウォールは，ネットワークをインターネット，DMZ，内部セグメントの三つに分ける機能も持ちます。**DMZ**（DeMilitarized Zone，非武装領域）とは，インターネット（外部）と内部LANの中間にあり，両者から行き来できるエリアです。社内で運用するメールサーバやWebサーバなどの公開サーバはDMZに設置します。

3 フィルタリングの考え方

ファイアウォールは，ネットワークをインターネット，DMZ，内部セグメントの三つに分けた上で，次の考え方でフィルタリングルールを作成します。

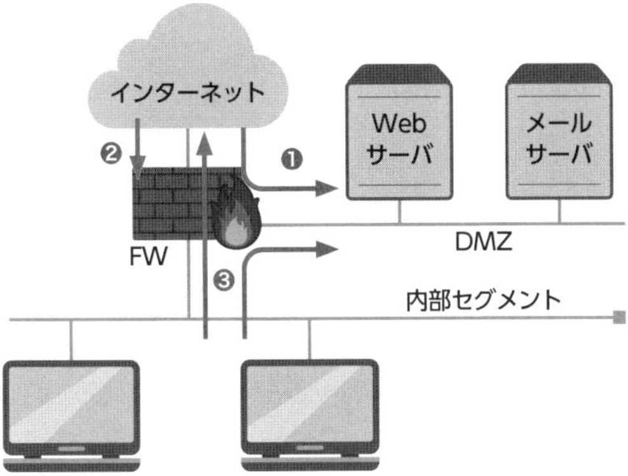

◉ フィルタリングの考え方

❶外部（インターネット）からDMZ

DMZにて公開するサーバへの通信のみを許可します。例えば，DMZの公開メールサーバであれば，そのメールサーバのIPアドレスに限定し，かつ，ポート番号をSMTP（25番）に限定します。

❷外部から内部セグメントへのアクセス

原則として，すべての通信を拒否します。

❸その他の通信

上記の❶❷以外の内部セグメントからインターネットやDMZへの通信も考え方は同じです。必要な通信のみを許可します。例えば，内部のメールサーバからDMZにある公開メールサーバへの通信や，プロキシサーバからインターネットへの通信を，IPアドレスやポート番号を限定して許可します。

4 フィルタリングのルール

以下の構成における，ファイアウォールの実際のルールを考えます。要件は以下とします。

【要件1】 DMZに公開Webサーバを設置する（HTTPのみを利用）（図❶）

【要件2】 PCからはプロキシサーバを経由してインターネットに接続する（図❷）

【要件3】 それ以外の通信は拒否する（図❸）

この要件を図にすると以下になります。

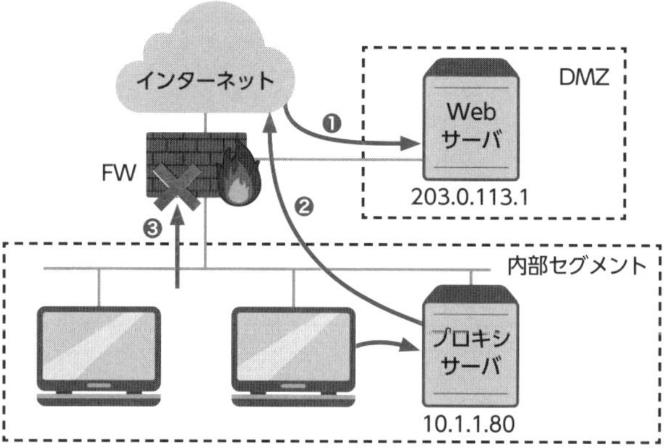

◉ ルールを適用する構成図

この場合のパケットフィルタリングのルールは，以下です。

◉ パケットフィルタリングのルール

項番	方向	送信元アドレス	宛先アドレス	プロトコル	宛先ポート	アクション
1	インターネット →DMZ	任意	203.0.113.1	TCP	80	許可
2	内部セグメント →インターネット	10.1.1.80	任意	TCP	80 443	許可

少し補足します。項番2ですが，インターネットの閲覧は，HTTP通信（80番）とHTTPS通信（443番）の両方があります。

また，ルールにない通信は拒否されます（「暗黙のDENY」といわれます）。これにより，要件3を満たします。

補足解説

静的フィルタリングと動的フィルタリング

例えば，PCからWebサーバにアクセスする場合，PCからは「Yahoo!のサイトを見たい」という通信を送り（図❶），WebサーバからはYahoo!の情報（テキストや画像）が送られてきます（図❷）。このときの❷の戻りのルールを，FWに記載しなくていいのでしょうか。

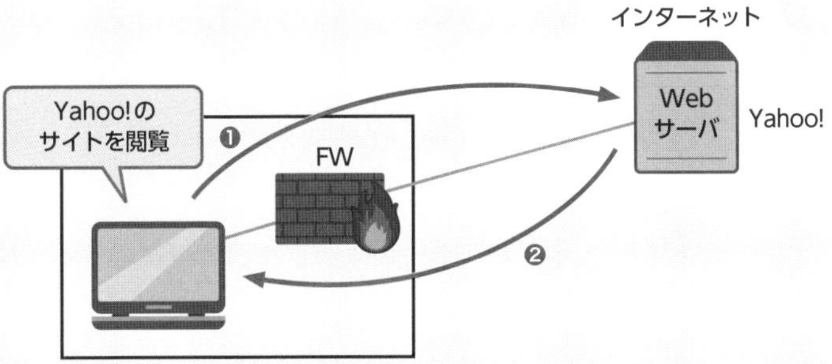

◉ **Webサーバへアクセスした場合の通信**

ファイアウォールには静的フィルタリングと動的フィルタリングがあり，静的フィルタリングの場合は戻りのルールを書く必要があります。しかし，一般的には，戻り通信のルールは記載する必要がありません。多くのファイアウォールでは，動的フィルタリングが有効で，戻りのパケットは自動で許可されるからです。また，動的フィルタリングは，ステートフルインスペクションといわれることもあります。

5 ファイアウォールの冗長化

ファイアウォールはインターネットに接続する重要な機器ですから，信頼性向上のために冗長化（つまり二重化）することがあります。

冗長化した場合の構成は次のような構成になります。このとき，2台の機器を負荷分散させるのではなく，片方をActiveとして，もう一方をStandbyとするActive-Standbyの構成をとることが一般的です。その場合，Standbyの機器は，通常時は動作しません。

Activeな機器が故障すると，Standby機がActiveに昇格します。このとき，2台の装置は，両者で同じIPアドレスを持っています（図❶）から，利用者はファイアウォールが切り替わってもPCの設定を変更する必要はありません（図❷）。

さらに，2台のFWの間はフェールオーバリンク（図❸）と呼ばれる専用の線で結ばれ，設定情報やセッション情報を同期します（図❹）。こうすることで，仮にActiveの機器が故障したとしても，セッション情報を引き継ぐことで，PCからインターネットへの通信を維持できます。この機能は，**ステートフルフェールオーバ**と呼ばれ，試験でも何度か問われました。

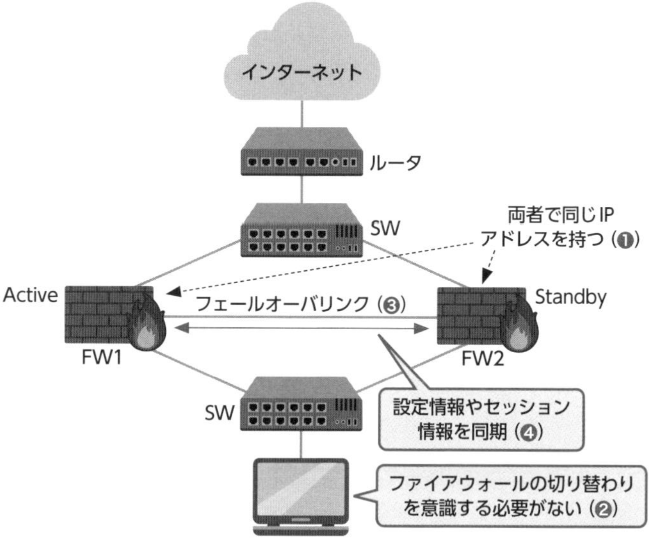

◉ ファイアウォールの冗長化構成

7-4 暗号化

1 平文と暗号文

「平文（ひらぶん）」とは，暗号化されていない文章のことです。平文は「暗号鍵」を用いた「暗号化」（解読できない文字列すること）によって，「暗号文」になります。暗号文を「復号鍵」を用いて元の平文に戻すことを「復号」といいます。

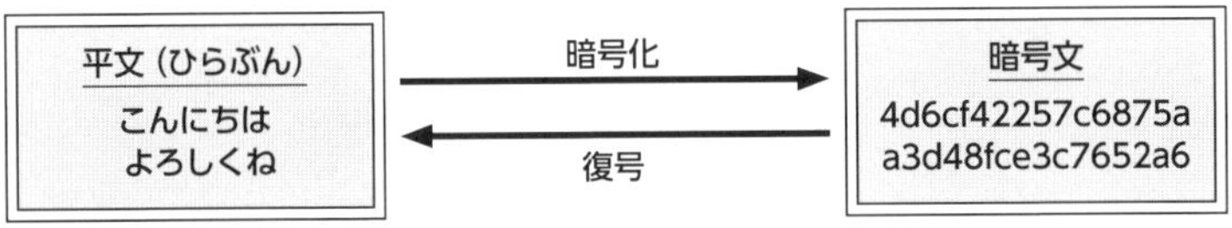

2 共通鍵暗号方式

(1) 共通鍵暗号方式とは

暗号鍵と復号鍵が同じである暗号方式を**共通鍵暗号方式**といいます。ファイルを暗号化してメールに添付するとき，暗号化のときに設定した文字列（鍵）を受信者に知らせた経験がありませんか。暗号鍵と復号鍵は同じですから，共通鍵暗号方式です。この鍵を共通鍵をいいます。

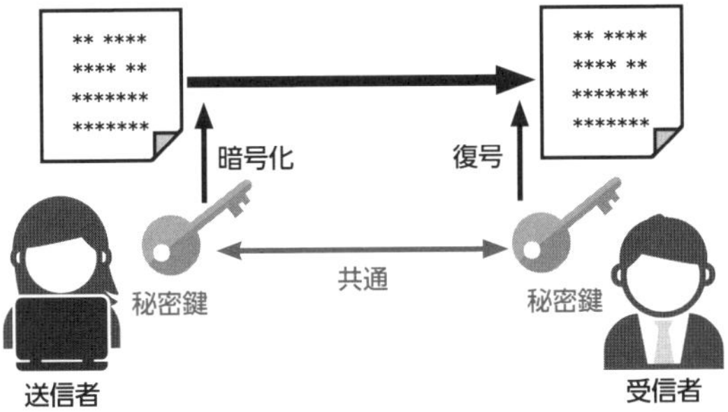

◉ 共通の鍵を使う共通鍵暗号方式

共通鍵暗号方式の代表的なアルゴリズムは，RC4や**AES**です。無線LANの場合，

WEP方式で利用されているのがRC4で，セキュリティが高いWPA2やWPA3で利用されているのがAESです。

(2) ブロック暗号とストリーム暗号

共通鍵暗号の仕組みには，ブロック暗号とストリーム暗号の二つがあります。ストリーム暗号では，ビットやバイトといった細かい単位で暗号化の処理をします。ブロック暗号は，一定サイズの塊（ブロック）で処理します。

それぞれの代表例は，挙げておきます。

・ブロック暗号：DES, 3DES, AES

・ストリーム暗号：RC4

過去問（平成29年午後2問2）では，次のように取り上げられました。

「WEPでは，1バイト単位の［　ストリーム　］暗号であるRC4を使用」

「AESはブロック暗号なので，暗号化するメッセージを一定サイズのブロック単位に分割して処理する」

3 公開鍵暗号方式

(1) 公開鍵暗号方式とは

公開鍵暗号方式は，秘密鍵と公開鍵という二つの鍵を使って，暗号化および復号をする方式です。共通鍵暗号方式と違って，暗号化と復号で使用する鍵が異なります。**秘密鍵**は所有する本人だけが知り得る鍵で，厳重に管理する必要があります。一方の**公開鍵**は，第三者に公開しても問題がない鍵です。

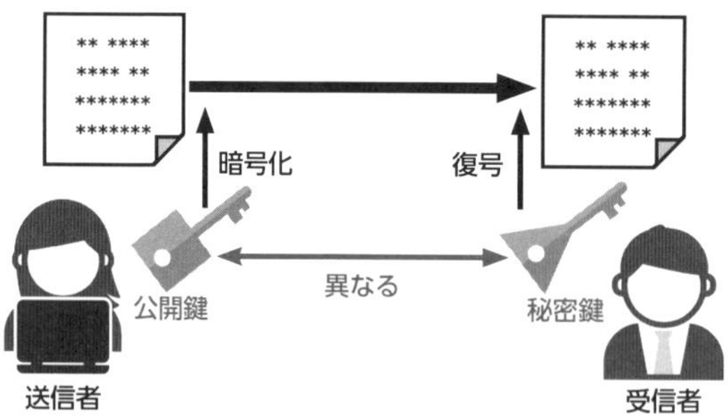

◉ 公開鍵と秘密鍵を使う公開鍵暗号方式

(2) 暗号化するときの鍵

公開鍵暗号方式の場合，公開鍵で暗号化することもあれば，秘密鍵で暗号化することもあります。

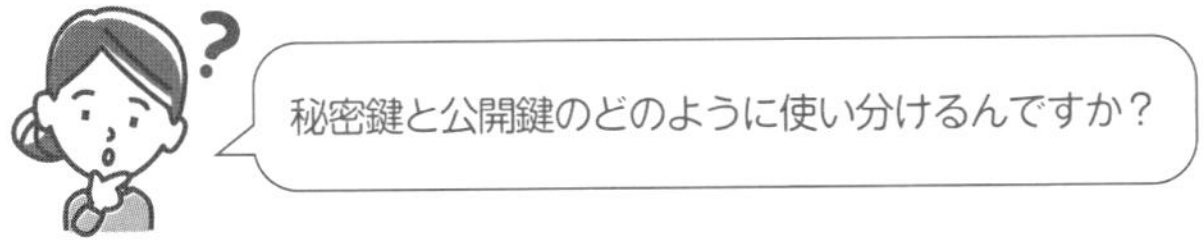

次の２つの場合で考えましょう。

❶受信者以外の第三者に見られたくない場合

受信者が公開鍵と共通鍵のペアを用意し，公開鍵を公開します。受信者以外にメッセージを見られたくない送信者は，メッセージをその公開鍵を使って暗号化してから送ります。受信者は秘密鍵を使ってメッセージを復号できますが，秘密鍵を持っていない第三者は復号できません。

❷なりすましを防ぎたい場合

なりすましを防ぎたい送信者が公開鍵と共通鍵のペアを用意し，公開鍵を公開します。送信者はメッセージを秘密鍵を使って暗号化してから送ります。受信者は公開鍵を使ってメッセージを復号できます。第三者が送信者を装って送ったメッセージは公開鍵で復号できないので，受信者はなりすましに気付きます。

(3) 鍵管理

共通鍵暗号方式では，やり取りする相手ごとに共通鍵を用意する必要があります。このため，やり取りする相手が増えると，鍵の管理が負担になります（図❶）。また，共通鍵を第三者に窃取されないように相手に渡す必要があります。インターネットのようなオープンなネットワークで窃取されないように鍵を渡すのは困難です。

◉ **公開鍵暗号方式は，公開鍵を広く公開することができる**

一方，公開鍵暗号方式では，やり取りする相手の数に関わらず，公開鍵と共通鍵の一つのペアがあれば十分です。また，公開鍵は広く公開できます（図❷）。鍵を受け渡ししやすいという利点があります。

補足解説

暗号方式の組み合わせ

共通鍵暗号方式と公開鍵暗号方式の違いとして，鍵管理の手間以外に，共通鍵暗号方式の方が暗号化と復号にかかる処理が高速という特徴があります。HTTPS通信などの暗号化通信では，両者を組み合わせて利用します。つまり，いいとこ取りです（試験には出ないキーワードですが，「ハイブリッド暗号方式」といいます）。具体的には，共通鍵のやり取りに公開鍵暗号方式を使い，やり取りするデータの暗号化には共通鍵暗号方式を使います。こうすることで，鍵管理の手間と暗号化にかかる処理の負担を抑えます。

例えば，メール内容を暗号化する仕組みであるS/MIMEでは，メール本文は共通鍵で暗号化し，共通鍵の受け渡しには公開鍵を使っています。

4 ハッシュ関数

ハッシュ関数は，メッセージダイジェスト（MD）とも呼ばれ，データを固定の長さに要約をする仕組みです。要約といっても，分かりやすくまとめるという意味ではありません。ハッシュ値と呼ばれるランダムな文字列を出力します。

例を見てみましょう。左側の文字列をSHA-1というハッシュ関数でハッシュ値を求めた結果が右側です。

◉ ハッシュ関数によるハッシュ値の計算結果

文字列	ハッシュ値
皆さん，情報処理技術者試験の勉強はいかがでしょうか。合格して，おいしいお酒を飲みましょう	2b9abffeb477ea4655ed93887a67d6b187f5c89f
皆さん，情報処理技術者試験の勉強はいかがでしょうか。合格して，おいしいお酒を飲みましょう！	586cb78007f2b4607593b5e4be5851393e3dde9b
password	5baa61e4c9b93f3f0682250b6cf8331b7ee68fd8

1つ目と2つ目の元データの違いは，文末に「！」があるか無いかです。

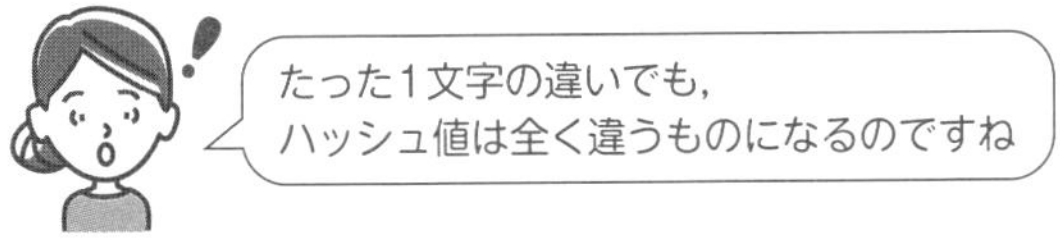

そうなんです。これがハッシュ関数の特徴の一つです。ここで，ハッシュ関数の特徴を以下に整理します。

特徴①：元データの長さにかかわらずハッシュ値は固定の長さ
特徴②：ハッシュ値から元のデータを推測することは困難
特徴③：元データが一文字でも変更されると，ハッシュ値は全く別物になる

◉ **ハッシュ関数の特徴**

2つ目の性質を活用することで，パスワードを安全に保存できるようになります。例えば，認証サーバでは，パスワードをそのまま保管せずにハッシュ化して保存しています。ユーザが認証画面でパスワードを入力すると，ハッシュ値を計算して保存していた値と一致するかどうかで認証します。

3つ目の性質を活用することで，データの改ざん検知に役立ちます。データ量が多い場合に，データが改ざんされたかどうかを一つ一つ確認するのは大変です。ハッシュ値はどんな場合でも固定長の文字列です。データと一緒にハッシュ値を安全に渡せれば，改ざんされたかどうかを確認できます。詳しくは，7-8の「ディジタル署名」で解説します。

7-5 認証

1 認証とは

認証とは，システムにアクセスする人や，送られてきたメッセージなどが，正当かどうかを確認することです。

認証の代表例はパスワード認証です。システムにログインする際に，利用者はパスワードを入力します。入力されたパスワードがあらかじめ設定されたものと一致していれば，本人であるということが確認できます。

ネットワークにおける認証には，パスワード以外にいくつかの方法があります。チャレンジ・レスポンス認証，メッセージ認証，IEEE 802.1X認証の仕組みを順番に見ていきます。

◉ 銀行ATMでもパスワードによる認証が使われる

2 チャレンジ・レスポンス認証

チャレンジ・レスポンス認証は，ネットワークを介してパスワードを安全に送信する仕組みです。以下の図を見てください。インターネットを介してサーバにパスワードを送れば，第三者に盗聴される危険があります。

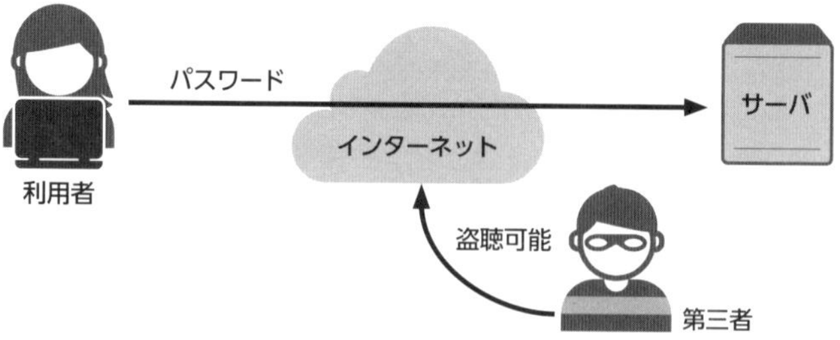

◉ インターネット上でパスワードを送ると盗聴される

そこで，サーバから送られたランダムなデータ（これを「チャレンジ」といいます）とパスワードをクライアント側で演算し，その結果（これを「レスポンス」といいます）を送信することで認証を行います。

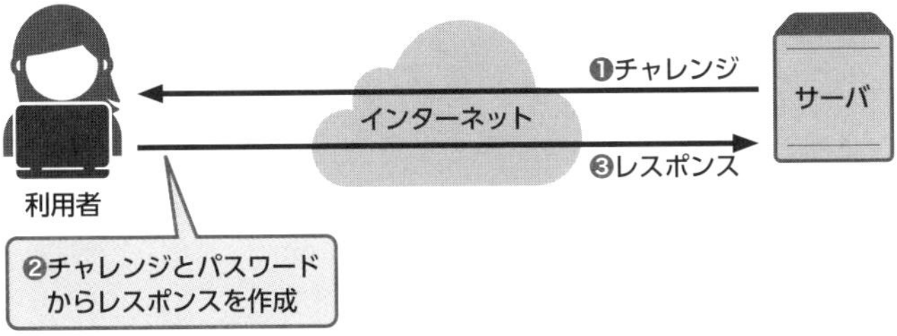

◉ チャレンジ・レスポンス認証の流れ

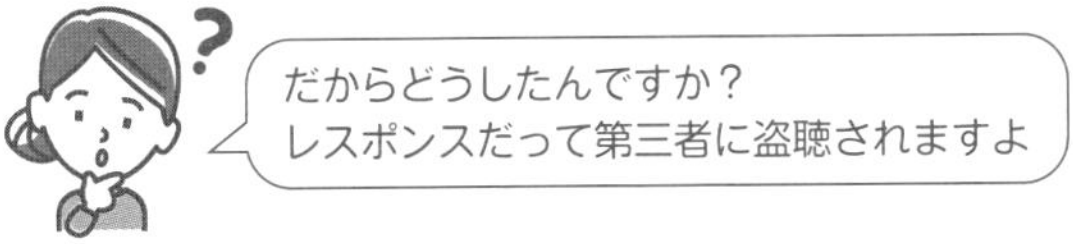

この仕組みの場合，利用者は毎回異なるパスワード（レスポンス）をサーバに送ることになります。仮に第三者にレスポンスを盗聴されたとしても，レスポンスは1回限りのものです。不正利用される心配がありません。

チャレンジ・レスポンス認証は，無線LANのWEP方式やSMTP-AUTH，APOPなどで使われています。

3 メッセージ認証

メッセージ認証は，メッセージ（通信する内容）にメッセージ認証符号（MAC：Message Authentication Code）を付与することで，メッセージが改ざんされていないかを確認する仕組みです。具体的には，送信者と受信者が共有する鍵を用いて，メッセージからメッセージ認証符号（MAC）を作成します（図❶）。

次に，送信するメッセージにMACを付与して受信者に送信します（図❷）。受信者は，自ら作成したMACと受信したMACが一致するかによって，改ざんが無いかを確認します（図❸）。

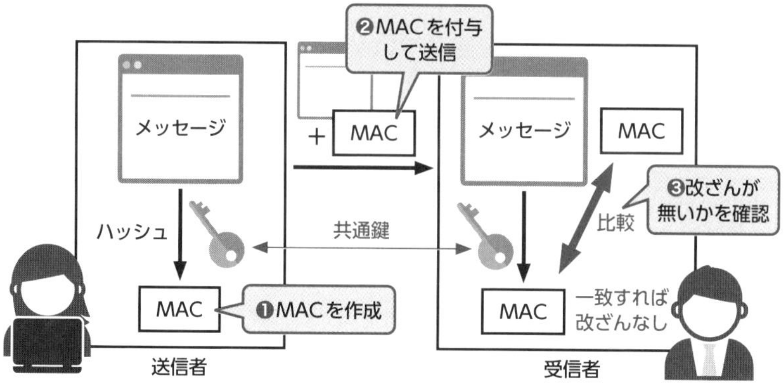

◉ メッセージ認証

4 IEEE 802.1X認証

IEEE 802.1X認証とは，有線LANスイッチのアクセス制御をすることで，認証されたPCや利用者だけが，ネットワークにアクセスできる仕組みです。

IEEE 802.1X認証は，有線における認証LANだけでなく，無線LANの認証でも利用されます。

(1) IEEE 802.1X認証の構成

IEEE 802.1X認証を構成するのは，以下の3つです。

◉ IEEE 802.1X認証の構成要素

構成要素	解説
①サプリカント	クライアントPCにインストールされるIEEE 802.1X認証を実現するためのソフトウェア
②オーセンティケータ	認証を中継し，認証後にアクセス制御を行うスイッチングハブ（認証SW）や，無線LANのアクセスポイント
③認証サーバ	ユーザやPCが正当かどうかを確認するサーバ

では，これらの構成要素がどのようにして認証をするのでしょうか。詳しくは「(4) IEEE 802.1X認証の流れ」で解説しますが，次の図でイメージをつかんでください。

次のように，PCのサプリカントが，認証SWと認証処理をします。利用者がユーザIDとパスワードを入れると，許可されたユーザかどうかが認証サーバで照合されます。そして，認証が成功したPCだけが，通信可能になります。

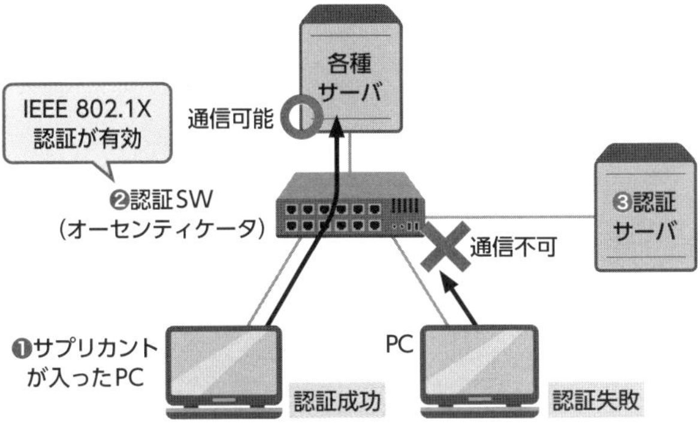

◉ 認証LANの概要図

(2) EAP

IEEE 802.1X認証では，EAP (Extensible Authentication Protocol) という認証の枠組みの中から認証方式を選ぶことができます。EAPでは，単純なパスワード認証だけでなく，EAP-TLSやPEAPなどの証明書を使った認証も可能です。

以下に，EAPの代表的な認証方式として，PEAPとEAP-TLSを記載します。

◉ EAPの代表的な認証方式

認証方式	❶クライアント認証の方法 (サーバがクライアントを認証する方法)	❷サーバ認証の方法 (クライアントがサーバを認証する方法)
PEAP	ID/パスワード	サーバ証明書
EAP-TLS	クライアント証明書	サーバ証明書

この表について，補足します。

❶クライアント認証

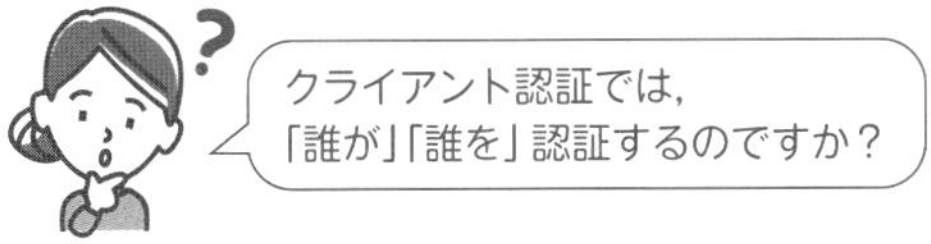

クライアント認証は,「サーバ」が「クライアント」を認証します。PEAPの場合,クライアント認証の方法は, ID/パスワードです。利用者はIDとパスワードを入力し, 正しければログインをすることができます。一方, EAP-TLSの場合, クライアント認証の方法は, クライアント証明書です。サーバの要求に応じてクライアントはクライアント証明書を提示します。

❷サーバ認証

サーバ認証はクライアント認証とは逆で,「クライアント」が「サーバ」を認証します。PEAPもEAP-TLSの場合のどちらの場合も, クライアントがサーバ証明書を確認することで, 正規のサーバかどうかを認証します。

(3) IEEE 802.1X認証の流れ

IEEE 802.1X認証は, 以下の流れで行われます。まず, PCからオーセンティケータである認証SWや無線LANのAPに対して, 認証要求を行います (下図❶)。認証開始時の接続要求フレームは, EAPOLといいます。このときの認証プロトコルはEAPです。

次に, オーセンティケータは, 認証サーバに認証要求を転送します (下図❷)。このときのプロトコルは**RADIUS**です。

認証サーバは, 送られてきた認証要求を確認し, 正規のユーザであれば認証許可を出します (下線❸)。認証許可はオーセンティケータを経由してPCに伝えられます (下線❹)。

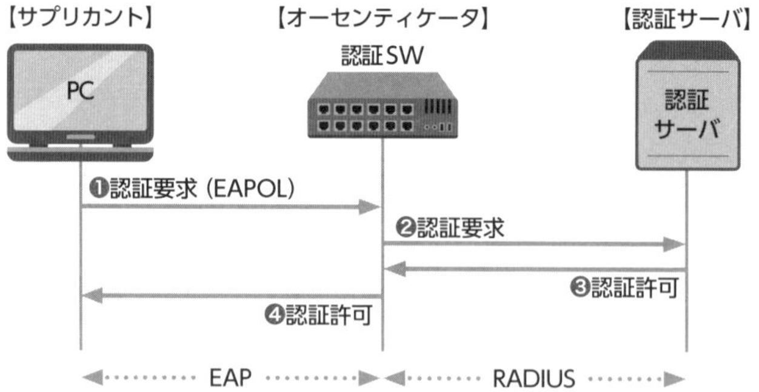

◉ IEEE 802.1X認証の流れ

補足解説

検疫ネットワーク

検疫ネットワークとは，セキュリティに問題があるPCを社内ネットワークなどに接続させないことを目的とした仕組みです。具体的には，外出先で使用したPCを会社に持ち帰った際に，ウイルスに感染していないことやパターンファイルが最新かどうかなどを確認します。検査結果に応じて，サーバやPCへの接続を制限したり，パターンファイルやパッチの強制的な更新を行います。

検疫ネットワークを実現するには，PCを認証する認証LANと組み合わせることがよくあります。

7-6 ディジタル署名

1 ディジタル署名とは

「署名」とは「サイン」のことです。契約書にサインする場合や，クレジットカードで買い物をしたときにサインをするのと同じです。一方の**ディジタル署名**は，文字通りディジタルな署名であり，ITの世界における署名のことです。機能や目的は手書きの署名と基本的に同じです。ちなみに，以前は「ディジタル」で統一されていましたが，最近では「デジタル」という表記に変わりました。試験センターは「いずれの使用も可とする」としていますので，本書は「ディジタル」を使います。

◉ ディジタル署名はサインと同じ

2 ディジタル署名ってどんなデータ？

ディジタル署名は，元データをハッシュして（次の図❶）ハッシュ値を求め，それを作成者の秘密鍵で暗号化したもの（同❷）です。

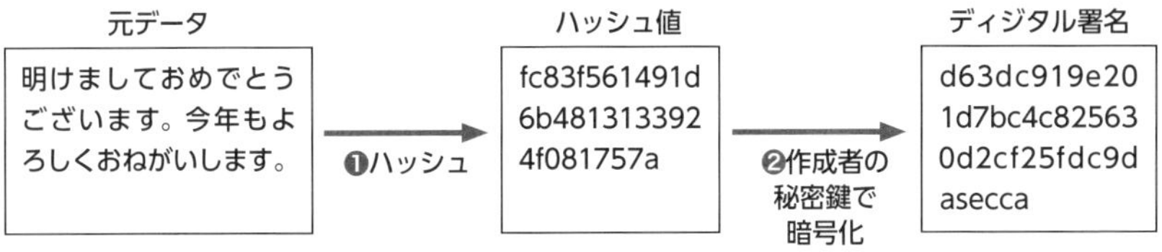

◉ ディジタル署名の流れ

3 ディジタル署名の目的

ディジタル署名の主な目的は，改ざん防止となりすましの防止です。ただし，データの機密性は確保されていません。ディジタル署名はサインと同じで，書類やデータそのものを暗号化しないからです。

◉ ディジタル署名の目的

目的	解説
改ざん防止	改ざんされるとディジタル署名の値が変わるため，改ざんを検知できる
なりすまし防止	本人の秘密鍵でしかディジタル署名を行えない。ディジタル署名を検証することで，なりすましが無いかを確認できる（後述）

4 ディジタル署名の検証の仕組み

ディジタル署名つきのデータを受け取った人は，ディジタル署名が正規なものかを検証します。そうすることで，先ほど述べた改ざんやなりすましが無いことを確認できます。

ディジタル署名の具体的な検証方法は以下です。図の❶〜❸と照らし合わせて確認してください。

❶受け取ったデータのハッシュ値を求める。

❷受け取ったディジタル署名を送信者の公開鍵で復号する。

❸上記の❶と❷が一致するかを確認する。（一致すれば正規の署名）

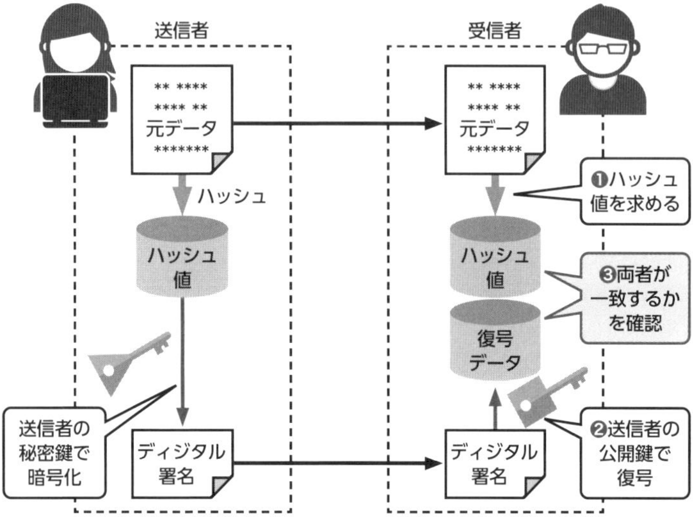

◉ ディジタル署名の検証

※秘密鍵で暗号化という言葉は，本来は適切ではありませんが，分かりやすい表現のため利用しています。

なるほど！　正規の人からのデータであることや，改ざんがされていないことが分かりますね。

加えて，上の図を見てもらうと分かるように，「元データ」は暗号化されていません。ディジタル署名は暗号化を目的としていない点も，再確認してください。

7-7 ディジタル証明書

1 ディジタル証明書とは

(1) ディジタル証明書とは

公開鍵は，秘密鍵と違って広く公開されます。仮に不正な第三者が本人になりすまして偽の公開鍵を公開すると，なりすましなどの危険があります。そこで，公開鍵が本人のものであること証明するために，**ディジタル証明書**（公開鍵証明書）を用います。

(2) 証明書の種類

証明書には，誰の公開鍵を証明するかによって，ルート証明書，サーバ証明書，クライアント証明書の3つがあります。

◉ 3つの証明書

	証明書の種類	備考
①	ルート証明書	認証局（CA）の公開鍵を証明する証明書
②	サーバ証明書	サーバの公開鍵を証明する証明書
③	クライアント証明書	クライアント（PC）の公開鍵を証明する証明書

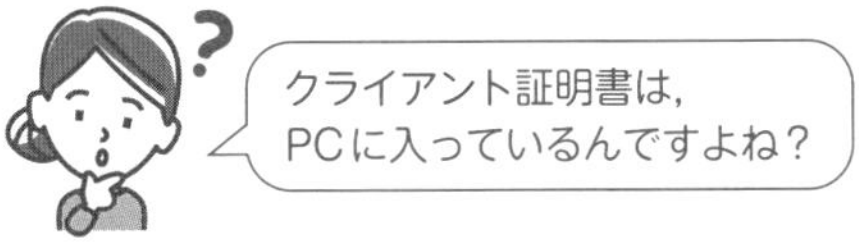

格納場所はOS等によって変わってきますが，PCの内部に格納されています。証明書の内容は，ブラウザにて証明書を確認することができます。また，ICカードなどに格納することもできるので，格納場所をPCに限定する必要はありません。

(3) 実際の証明書を見てみよう

次の画面は，ゆうちょダイレクトにアクセスしたときの，ゆうちょダイレクト（direct.jp-bank.japanpost.jp）のサーバ証明書です。URLの横にある鍵マークをクリックすると，証明書を確認することができます。

サブジェクトには，このサーバ証明書のコモンネーム（CN：Common Name）が記載されています。今回のCNはdirect.jp-bank.japanpost.jpで，サイトのFQDNと一致します。こうして，この証明書がdirect.jp-bank.japanpost.jpのサイトの証明書であることが確認できます。皆さんもご自身で確認してみてください。

※新しいブラウザは別の画面になりますが，分かりやすさのため，古いバージョンの証明書で記載しています。

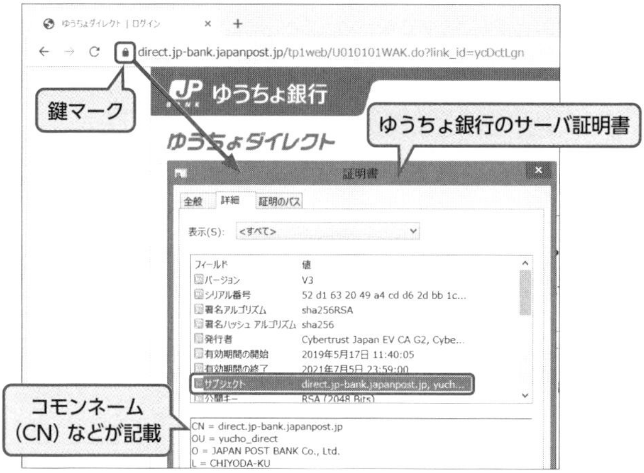

◉ **ゆうちょダイレクトのサーバ証明書**

参考ですが，サーバ証明書は原則として，FQDN単位に作成され，クライアント証明書はメールアドレス単位に作成されます。よって，一つの企業であっても，サーバのFQDNごとに，複数のサーバ証明書が必要です。

ではここで，問題を1問解いてみましょう。

Q. クライアント証明書をPCに配布する際に，PC側で必要な情報は何か（平成29年午後2問2設問4(1)より）

A. クライアント証明書を使って認証や暗号化などのセキュリティを保つには，クライアント証明書をPCに入れるだけでは不十分です。PCには，（クライアント証明書に含まれている）公開鍵に対応する秘密鍵も必要です。というのも，秘密鍵がなければ，データの暗号化などができません。

正解：クライアントの秘密鍵

2 認証局（CA）

証明書の発行や証明書の失効を行う機関を，**認証局**（CA：Certification Authority）といいます。認証局は，公開鍵にディジタル署名を付与してディジタル証明書を発行します。認証局には，DigiCert（旧ベリサイン）に代表される公的な認証局と，企業などが独自で構築するプライベート認証局の二つがあります。

3 CRL（失効リスト）

CRL（Certificate Revocation List）は，有効期限内に失効（Revocation）したディジタル証明書（Certificate）のシリアル番号のリスト（List）です。

例えば，証明書が誰かになりすまして作成されたなどの不正が判明した場合に，その証明書の番号をCRLに登録します。CRLを認証サーバなどに登録し，失効した証明書が提示された場合には，認証を拒否します。

または OCSP（Online Certificate Status Protocol）プロトコルを使った失効確認を行うこともできます。OCSPの方が，リアルタイム性が高いのですが，OCSPレスポンダと呼ばれるサーバを立て，なおかつ事前にCRLを取り込んでおかなくてはいけません。この仕組みを使う環境が整っていない場合が多いことでしょう。

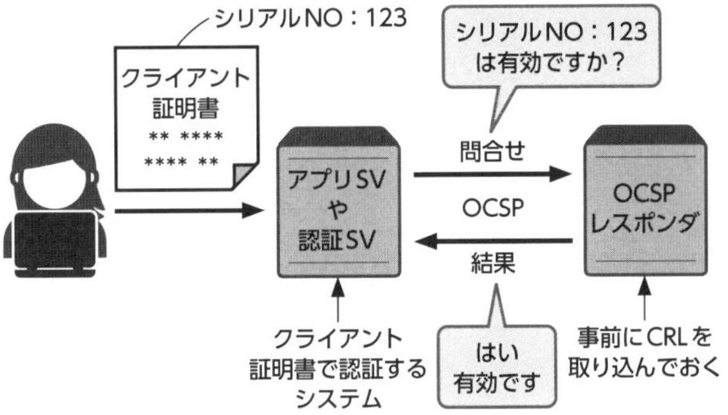

◉ OCSPの仕組み

7-8 SSL/TLS

1 SSL/TLSについて

(1) SSL/TLSとは

SSL (Secure Socket Layer) /**TLS** (Transport Layer Security) は，データを暗号化したり認証したりしてセキュアな通信路を確保するプロトコルです。その代表例は，ポート**443**番を使うHTTPS (HTTP over SSL/TLS) です。皆さんもhttpsで始まるURLにアクセスしますから，なじみ深いことでしょう。

SSLはhttpに限ったプロトコルではありません。SMTPS (465番や587番) やPOP3S (**995**番) など，他のプロトコルでもSSL/TLSを使って通信を暗号化できます。

(2) SSLとTLSの違い

SSLはもともとNetscape Communicationsというブラウザベンダが開発したプロトコルです。それを引き継ぎ，ブラウザベンダから独立させて開発したプロトコルがTLSです。両者の互換性はありませんが，SSL/TLSとひとくくりにして解説されることが多くなっています。

SSLには重大な脆弱性が見つかっていて，最新のSSL 3.0 (1995年公開) でも使用すべきではありません。また，TLSの古いバージョンにも脆弱性が見つかっているため，バージョン1.1以前のTLSの使用は非推奨になっています。

(3) SSL/TLSの目的

SSLの目的は，単に通信を暗号化するだけではありません。SSLによって実現できる機能は以下です。

❶盗聴防止

盗聴の防止は，共通鍵によって通信を暗号化することで実現します。

❷なりすまし防止

サーバを認証するサーバ認証と，クライアントを認証するクライアント認証によって実現します。

❸改ざんの検知

メッセージ認証コード（MAC：Message Authentication Code）をメッセージに埋め込むことで，改ざんを検知できます。

過去問（平成30年午後Ⅱ問1）では，「TLSには，情報を［　暗号化　］する機能，情報の改ざんを［　検知　］する機能，及び通信相手を［　認証　］する機能がある」とあります。

2 SSL/TLSのレイヤ

さて，HTTPSは，HTTP over SSL/TLSです。ではHTTPSにおけるTLSはOSI参照モデルの第何層でしょうか？

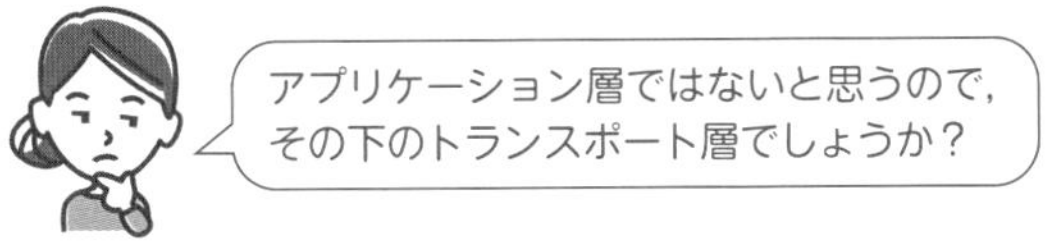

質問をしておいてなんですが，OSI参照モデルは，実際のHTTPなどのプロトコルの実態に即していません。なので，「正解は第○層です！」と明確にはいいづらいところがあります。あえて正解をいうならば，TLSは，トランスポート層（4層）とアプリケーション層（上位層）の間にあります。イメージとしては，セッション層のような役割と考えてもいいでしょう。

7	アプリケーション層	HTTP
6	プレゼンテーション層	
5	セッション層	TLS
4	トランスポート層	TCP
3	ネットワーク層	IP
2	データリンク層	イーサネット

このあたりに位置する

3 TLSの通信シーケンス

(1) HTTPSの通信シーケンス（全体）

PCのブラウザで，URLを指定（https://www.seeeko.com/page.html）したとします（図❶）。このとき，Webサーバとの通信は大きく，TCPにおける3ウェイハンドシェイクと，TLSのネゴシエーションと，アプリケーション層のHTTP通信（暗号化されています）の三つに分かれます。前節のSSL/TLSのレイヤも対比してください。

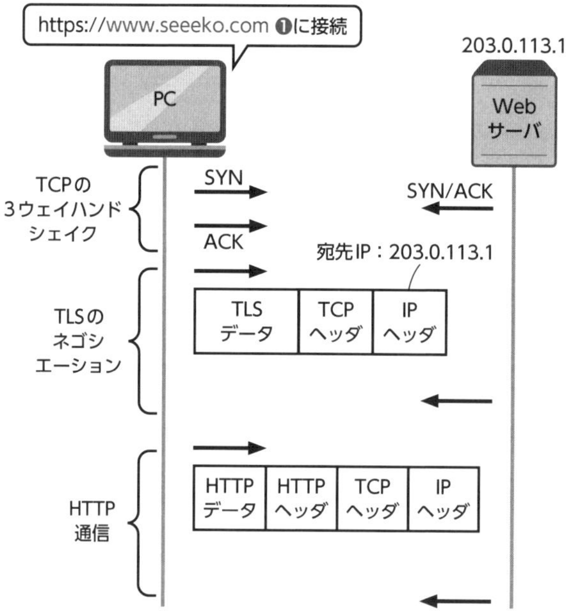

(2) TLSの通信シーケンス

上記の通信シーケンスにおいて，TLSのネゴシエーションに注目します。

まず，クライアントからサーバに対して，利用可能な暗号化アルゴリズムの一覧を伝える**Client Hello**を送信します（次の図❶）。それを受け取ったサーバは，クライアントに対して使用するアルゴリズムを通知する**Server Hello**を送信します（同❷）。

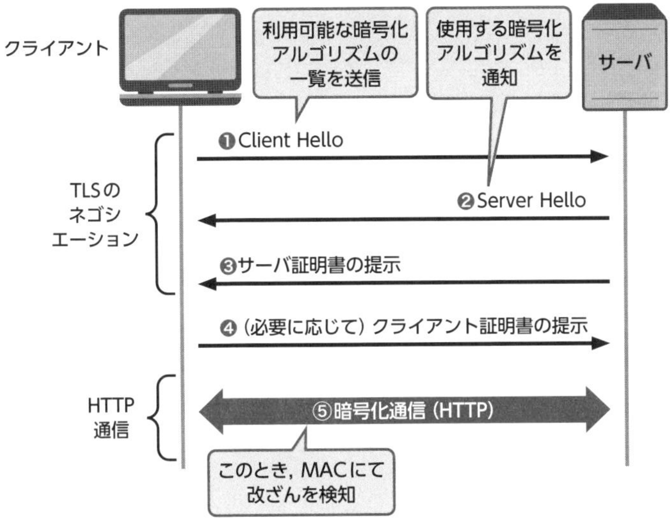

◉ **TLSの通信シーケンス**

この流れを，先ほどの「SSL/TLSの目的」と照らして補足します。「❶盗聴防止」は，「❻暗号化通信」の暗号化通信で実現します。「❷なりすまし防止」は，「❸サーバ証明書の提示」「❹クライアント証明書の提示」にて，不正な第三者でないことを確認します。「❸改ざんの検知」は，「❺暗号化通信」において，メッセージの中に埋め込まれる，MACを使って行われます。MACは，メッセージのハッシュ値を求めたもので，この値を照合することで，改ざんがされていないかを確認できます。

何点か補足します。

a）鍵交換

TLS 1.2では，❶Client Helloと❷Server Helloの後に，鍵交換の処理がありました。TLS 1.3からは，Client Hello と Server Hello の中で鍵交換が行われます。TLS 1.3で規定されている主な鍵交換方式は，**DHE**（Ephemeral Diffie-Hellman）とECDHEです。Ephemeralは「一時的な」という意味です。TLS 1.2以前で使われたDH（Diffie-Helman）では，通信相手の電子証明書の公開鍵と，自身の秘密鍵を基に共有鍵（=セッション鍵）を共有します。これに対してDHE

では，一時的（Ephemeral）な公開鍵と暗号鍵を生成し，これを基に共有鍵（=セッション鍵）を共有します。公開鍵と秘密鍵が固定されているDHに比べて，公開鍵と秘密鍵が毎回動的に変化するDHEの方がセキュリティが高まります。繰り返しですが，DHは固定のデータから鍵を作成，DHEは，毎回異なるデータから鍵を作成します。よって，DHEの方がより安全といえます。

b) 利用可能な暗号化アルゴリズム

図にあるように，Client Helloでは，利用可能な暗号化アルゴリズムの一覧を送信します。TLS 1.3からは，TLS 1.2で利用できた古い暗号化アルゴリズムを削除し，AEAD暗号利用モードが必須になりました。AEAD（Authenticated Encryption with Associated Data）とは「認証付きの暗号」です。

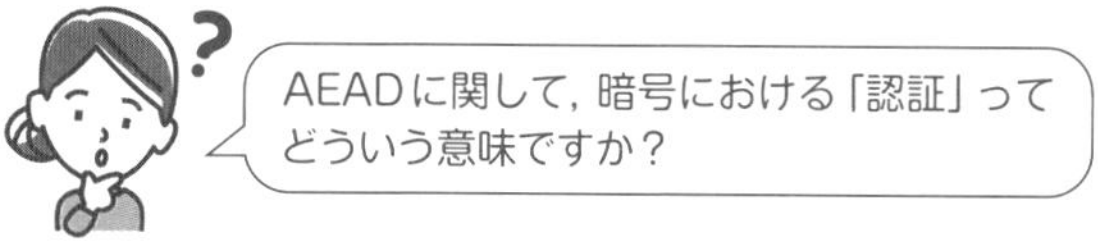

認証といっても，ユーザ認証のような本人を認証するのではなく，メッセージが改ざんされていないことを検証するメッセージ認証です。具体的には，TLS 1.3では，暗号化の機能に加え，MACによるメッセージ認証機能が付いた利用モードを使うことが必須になりました。例えば，TLS 1.2で使っていたCBC（Cipher Block Chaining）はTLS 1.3では使えなくなりました。代わりにGCM（Galois/Counter Mode）などを使います。

7-9 迷惑メール対策

1 迷惑メールとは

皆さんのところにも，知らない差出人からの広告メールや英語で書かれた意味不明なメールが届くことはないでしょうか。これらは迷惑メール（またはSPAMメール）と呼ばれ，その名のとおり迷惑なメールです。最近では，これらのメールにマルウェアが添付されている場合もあり，セキュリティ対策の観点から受信しないような仕組みが求められています。

迷惑メール対策の代表的な技術として，OP25BやSPFなどがあります。

2 OP25B

一般的なメール送信プロトコルであるSMTP（25番ポート）では，認証をせずにメールを送ることができます。ですから，悪意のある不正な事業者が，自分の身元を隠して大量の迷惑メールを送信できてしまいます。

そこで，**OP25B**（Outbound Port 25 Blocking）という仕組みが導入されています。OP25Bは，動的IPアドレスのPCから，外部のネットワークへのSMTP（25番ポート）の通信を禁止します。※外部とはプロバイダの外と考えてください。

具体的な方法ですが，プロバイダは，組織内のIPアドレスを管理しています。動的に払い出しているIPアドレスも分かります。その範囲のIPアドレスを，FW等でフィルタをしているのでしょう。

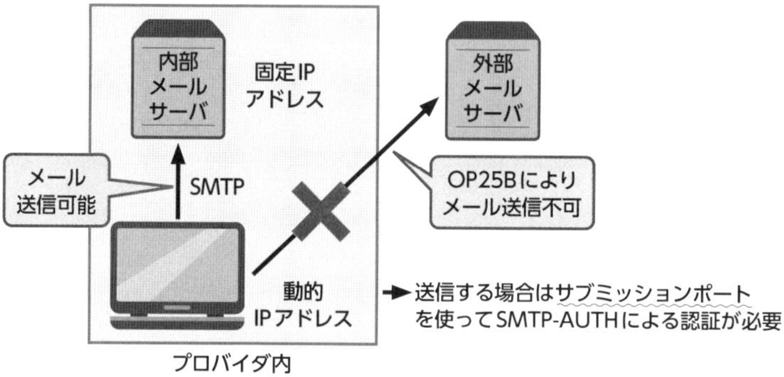

◉ OP25B の仕組み

内部のメールサーバに対してはメールを送信できます（当然ですが……）。

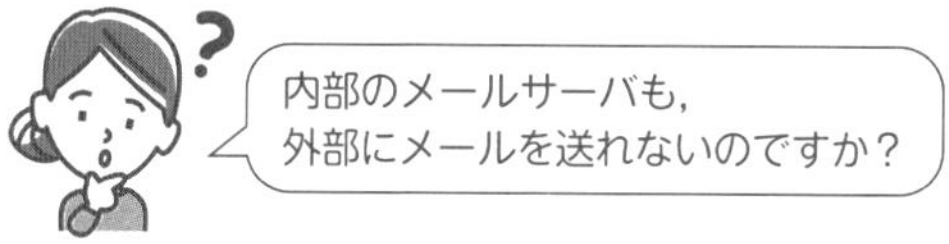

いえ，一般的には，固定IPアドレスからのメールはOP25Bで拒否されません。ですから，PCから送られたメールは，内部メールサーバを経由して外部にある通信相手にも届きます。つまり，PCは内部メールサーバを通じて世界中の人にメールを送ることができるのです。

また，仮にPCが外部のネットワークへメールを送信したい場合には，**サブミッションポート**（ポート番号587）を使い，SMTP-AUTHによって認証をします。

確かに，SPAMメールを送信することは可能です。しかし，送信者認証をするので，そんなユーザは，プロバイダが通信を拒否するでしょう。SMTP-AUTHを使うことで，身元を隠した大量の迷惑メールの送信を防ぐことができれば，SPAM対策としては一定の効果があるのです。

3 SPF

(1) SPFの概要とDNSの設定

SPF (Sender Policy Framework) は，送信メールサーバのドメインが詐称されていないかを受信メールサーバ側で確認する仕組みです。

SPFの仕組みを順に説明します。メールを送信する側は，DNSのゾーンファイルにSPFの情報を記載するTXTレコードを追加します。

```
$ORIGIN  seeeko.com.
IN   MX     10    mail.seeeko.com.               ←MXレコード
IN   TXT   "v=spf1 ip4: 203.0.113.1 ~all"  ←TXTレコード
```

◉ DNSのゾーンファイルにSPFの設定を記載

1行目はMXレコードで，seeeko.comドメインの受信メールサーバを指します。

2行目がSPFを設定するTXTレコードで，送信メールサーバのIPアドレスを指定します。今回の場合，seeeko.comドメインの送信メールサーバは，203.0.113.1という意味です。(いい方を変えると，seeeko.comドメインのメールは，203.0.113.1からしか来ません。)

(2) SPFの検証の仕組み

SPFでドメインを検証する流れを図を使って解説します。

次の図を見てください。左側がメールの送信者で，右側がメールの受信者です。

- user1@seeeko.comというメールアドレスを持つ送信者がメールを送ります (次の図❶)。
- 次に，送信者側のメールサーバ (IPアドレスは203.0.113.1) が，受信者側のメールサーバにメールを送信します (図❷)。
- メール受信側では，このメールがドメイン詐称されたものでないかを確認するために，SPFの仕組みを使います。具体的には，受信したメールアドレスである seeeko.comドメインのDNSサーバに，TXTレコードを問合せます (同❸)。
- TXTレコードには，seeeko.comドメインの送信メールサーバのIPアドレス (203.0.113.1) が記載されてあり，それを返します (同❹)。

・TXTレコードに記されたIPアドレスが，届いたメールの送信元IPアドレスと一致すれば，ドメインが詐称されていないと判断できます。メール受信者はこのメールを受信します。(図❺)

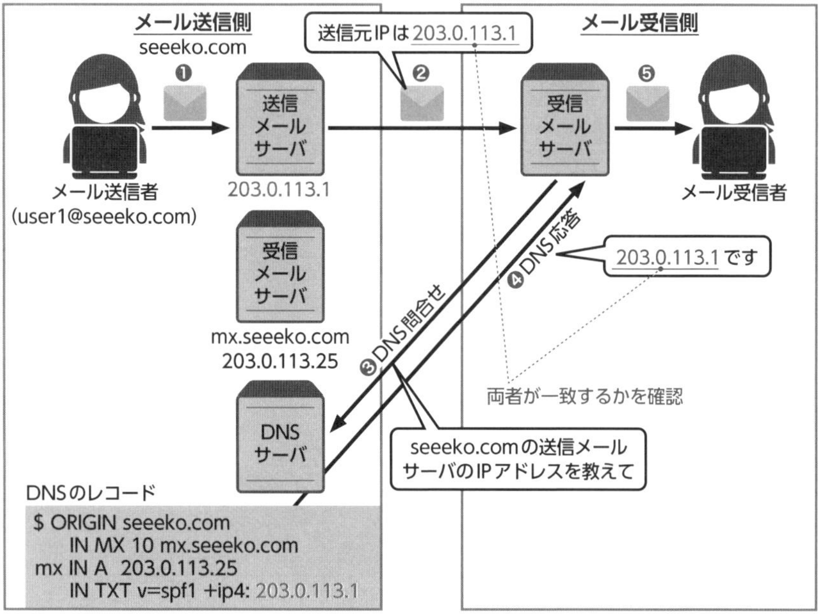

4 その他の迷惑メール対策

ネットワークスペシャリストの試験では問われていませんが，情報処理安全確保支援士の試験で問われたDKIMとDMARCに関して，簡単に解説します。

(1) DKIM

DKIM(DomainKeys Identified Mail)に関してセキュリティスペシャリスト試験の過去問(平成22年春午前2問14)では，「送信側メールサーバでディジタル署名を電子メールのヘッダに付与して，受信側メールサーバで検証する」とあります。

SPFと同じく，送信元のドメインを認証します。DKIMの特徴は，SPFのように，送信元のメールサーバのIPアドレスではなく，メールに付与されたデジタル署名を使って，メールサーバの正当性を認証する点です。SPFとDKIMを併用することは可能です。

(2) DMARC

DMARC (Domain-based Message Authentication, Reporting, and Conformance) は，SPF や DKIM で検証が終わってから DMARC の処理が行われます。流れを図にすると，以下になります。

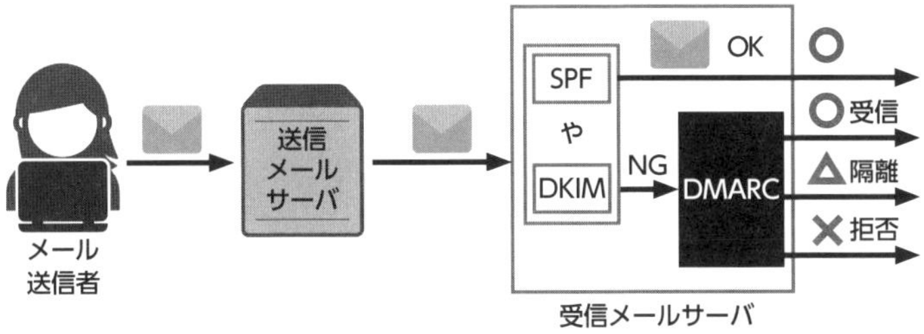

DMARC では，SPF や DKIM の検証に失敗した場合のアクション（そのまま受信，拒否，隔離）を決めます。これにより，受信側がより正確なアクションを行えるための判断材料を与えます。

SPF や DKIM の検証に失敗した場合でも，正規なメールである可能性もあります。なので，受信側は，メールを拒否しないことが大半です。ですが，送信側が例えば，「うちの DKIM の署名を付与する仕組みは十分な検証が取れています。DKIM での検証が失敗したら確実になりすましメールなので拒否してください」などという判断基準を提供してくれれば，受信側は安心してメールを拒否ができるのです。

また，受信側では，どんなメールがどの IP アドレスから送られてきたかなどの結果を，送信メールサーバに送信します。送信側は，SPF や DKIM などの設定に漏れているメールサーバからのメール送信が無いかなどを確認することができます。

7-10 IDSとIPS

1 IDSとIPSとは

不正アクセスの脅威は日々進化しています。ですから，従来のファイアウォールをすり抜ける攻撃が多くなってきました。そのような高度な攻撃を防ぐ仕組みの一つがIDS/IPSです。

IDS (Intrusion Detection System) は，言葉の通り，侵入 (Intrusion) を検知 (Detection) するシステム (System) です。ネットワーク監視をし，流れるパケットの内容から不正を検知します。また，**IPS** (Intrusion Prevention System) も言葉の通りで，侵入 (Intrusion) を防御 (Prevention) するシステム (System) です。どちらも，従来のファイアウォールでは防げない高度な攻撃を検知・防御します。

IDS/IPSは，ファイアウォールとどこが違うのですか？

ファイアウォールは，IPアドレス，プロトコル，ポート番号などのヘッダ情報のみを確認し，データの中身を検査しません。よって，OSコマンドインジェクションなどのパケットのデータ部分に攻撃コードを入れ込まれると，検知することができないのです。一方，IDS/IPSは，データの中身もチェックすることができます。

宛先 IPアドレス	送信元 IPアドレス	プロトコル	宛先 ポート番号	送信元 ポート番号	データ
198.51.100.100	203.1.113.1	TCP	80	20001	

ファイアウォールはヘッダ情報のみを確認する

IDS/IPSはデータの中身も確認する

◉ IDS/IPSで検知する部分

2 検知の仕組み

IDS/IPSの検知の仕組みには，シグネチャ型とアノマリ型の二つがあります。

❶シグネチャ型

シグネチャ型は，不正なパケットに関する一定のルールやパターンに基づいて検知します。そのため，IDS/IPSでは様々な種類のシグネチャがあらかじめ登録されています。新しい攻撃パターンはシグネチャに登録が無いので，検知することはできません。

❷アノマリ型

アノマリ型は，RFCで定義されたプロトコルの仕様などと比較して異常なパケットや，極端にパケット量が多いなどのトラフィックを分析して攻撃を検知します。アノマリ（anomaly）という言葉は「異常な」という意味で，normal（正常）の反対として考えてもらうと覚えやすいでしょう。

はい，その点はシグネチャ型と比べた利点です。しかし，正常なパケットを異常とみなす誤検知の可能性もあります。

3 IDS/IPSの設置構成

IDS/IPSの設置構成について解説します。

(1) IPSの場合

IPSの場合，パケットを防御（Prevention）するために，通信経路上（インライン）に設置することが一般的です。例えば，防御したいWebサーバの前に設置します。

過去問（平成27年午後1問3）をみてみましょう。次のように，DMZに公開されたサーバと，FWの間の通信経路上にIPSが設置されています。

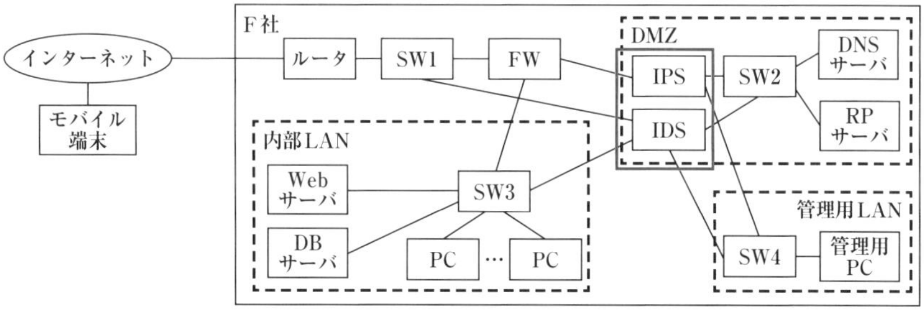

◉ 過去問のネットワーク構成図

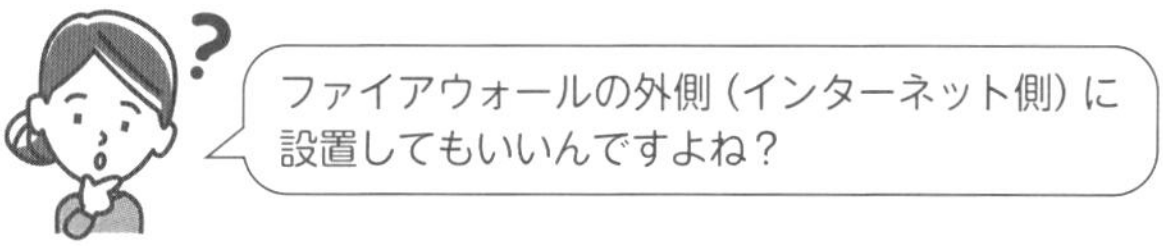

もちろん，可能です。ですが，一般的には，FWの内側（LAN側）に設置します。この点は応用情報技術者試験の過去問（平成23年春午後問9）で問われました。内容を要約すると，「FWの外に設置すると警告メールが大量に送られる。警告メールが多いと，管理者が重要な警告を見落とすおそれがあることから，IDSの設置位置をFWの内側の位置に変更した。」とあります。

設問では「警告メールが減少する理由」で問われ，正解は「監視対象がファイアウォールを通過したパケットに限定されるから」です。

(2) IDSの場合

一方，IDSは検知するだけの仕組みなので，インラインに設置する必要はありません。パケットが届くネットワーク上にいれば，どこに設置してもいいでしょう。ただ，一般的には，防御したい装置の近くに設置します。よって，上記の図でも，DMZの近くに設置しています。

また，過去問（平成27年午後1問3）では，設置構成に関する記載があるので，内容を確認しておきましょう。

> IDSは，監視対象のネットワークにあるSWの［　イ：ミラー　］ポートに接続し，IDS側のネットワークポートを［　ウ：プロミスキャス　］モードにすることで，IDS以外を宛先とする通信も取り込むことができる。また，IDS側のネットワークポートに［　エ：IP　］アドレスを割り当てなければ，IDS自体がOSI基本参照モデルの第3層レベルの攻撃を受けることを回避できる。

最後の一文ですが，IDSにIPアドレスを割り当てないことは可能です。こうすれば，直結されているSWからのみフレームを受信できます。セグメントを超えたIPアドレスでの通信ができないので，第3層レベルの攻撃を受けません。

補足解説
障害時の仕組み

IPSは冗長化していません。もし，IPSが故障したら，どうなるでしょうか。

IPSは，先の図に示すように，通信経路上（インライン）に配置されます。ですから，もしこの装置が故障すると，サーバなどへの通信が行えなくなります。

そこで，IPSが故障しても通信を継続するために必要な機能が，バイパス機能やフェールオープンともいわれる機能です。これは，装置が故障すると，自動的にケーブル接続と同じ状態になる機能です。ケーブルを単につなぐだけのコネクタに変わると考えてもいいでしょう。

過去問（平成27年午後1問3）では，「IPSの機能の一部が故障した場合に備えた機能」として「通信をそのまま通過させ，遮断しない機能（解答例）」と述べられています。

3 IDSでの攻撃の防御

IDSは監視カメラのような役割です。IDS自体に不正パケットを防止する機能は持ち合わせていません。そこで，IDSは不正侵入を防ぐためにファイアウォールと連携したり，TCPのRSTパケットを送ったりする機能で防御をします。以下に，詳しく解説します。

❶ファイアウォールと連携

IDSは，検知した攻撃者の送信元IPアドレスをファイアウォールに伝えます。ファイアウォールでは，その送信元IPアドレスからの通信を遮断するポリシーを追加します。

❷TCPのRSTパケットを送る

IDSが不正なTCPコネクションを検知した場合に，送信元と宛先の双方のIPアドレス宛てに，TCPのRSTフラグをオンにしたパケットを送ります。

RSTはRESETの意味です。復習を兼ねて，TCPの通信を解説します。TCPの通信は，次の図にあるように，❶3ウェイハンドシェイクによるTCPコネクションの確立，❷データパケット転送，❸コネクション切断，の三つのフェーズに分けることができます。

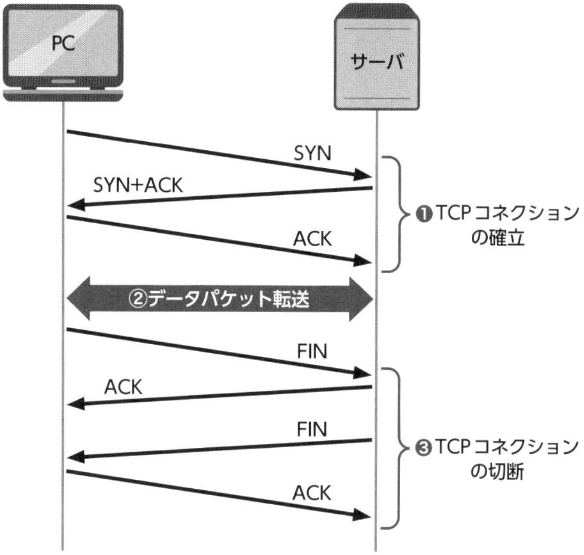

◉ TCPコネクションの切断の流れ

通常の終了処理では，「❸TCPコネクション切断」のフェーズで，FINパケットを送ってコネクションを終了させます。一方，RSTを送ると，強制的にコネクションが切断されます。上記のようなハンドシェイクは行われません。IDSが行っているのはこの動作です。

ただし，この機能は3ウェイハンドシェイクを行うTCPのみに有効な機能です。UDPの場合には，該当するパケットの送信元に，ICMPヘッダのコードにport unreachable（ポートを使用できない）を設定したエラーを伝えるパケットを送ります。こうすることで，攻撃者がさらにパケットを送ってくることを抑止します。

4 誤検知と見逃し

すでに述べましたが，IDSやIPSは，正常な通信を誤って異常と検知してしまうフォールスポジティブ（誤検知）が発生します。また，逆に，異常な通信を検知できずに見逃してしまうフォールスネガティブ（見逃し）もあります。

例えば，パスワードクラックを検知するために，1分間のパスワード入力が10回という閾値（しきいち）を設定したとします。正常な利用者が，本当にパスワードを間違えて1分間に10回以上入力すると，異常として誤検知をしてしまいます。逆に，攻撃者が1分間に10回以内のログイン攻撃をすると，この攻撃を検知できません。つまり，見逃しが発生します。

ポジティブとネガティブの言葉ですが，誤検知は，侵入されていなかったので，前向きに考えてポジティブといえます。一方，見逃しは，侵入されたということなので，否定的にネガティブと言わざるを得ません。

7-11 WAF

1 WAF

WAF (Web Application Firewall) とは，その言葉通り，Webアプリ用のファイアウォールです。過去問（令和元年午後1問2）ではWAFに関して，「昨今，Webアプリケーションプログラム（以下，WebAPという）の脆弱性を悪用したサイバー攻撃が報告されていることから，WAFサービスの導入を検討することになった」と述べられています。

WAFでは，IDSやIPSでも止められないような，さらに高度なWebサーバへの攻撃を防ぐことができます。例えば，クライアントPCがWebサーバに送信するデータを検査して，SQLインジェクションなどの攻撃を遮断することができます。

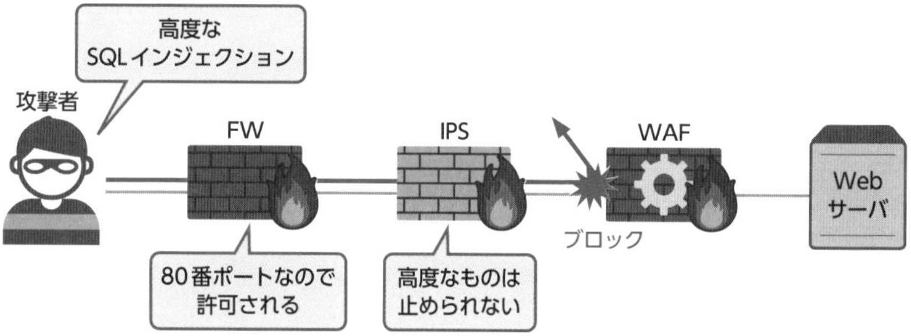

◉ FWとIPS，WAF

いえ，そうではありません。WAFはその名前の通り，Webアプリケーション専用のファイアウォールです。よって，Webアプリケーション以外であったり，OSやミドルウェアの脆弱性を突く攻撃は基本的に防げません。DNSサーバやメールサーバなどの，Webサーバ以外への高度な攻撃を守るには，IDSやIPSが必要です。

2 WAFの機能

令和元年のネットワークスペシャリスト試験でもWAFの出題がありますが，WAFは単なるセキュリティチェックだけを行う装置ではありません。多くの場合，以下のような複数の機能を持ちます。

ここでは，情報セキュリティスペシャリスト試験の過去問（平成22年秋午後1問3）を参考に，WAFの主な機能を紹介します。

◉ WAFの機能

機能の名称	機能の概要
シグネチャによる通信検査機能	HTTPによる通信をシグネチャと比較し，一致した場合には攻撃として検知する
SSLアクセラレーション機能	SSL通信の暗号化と復号を行う
負荷分散機能	負荷分散機能を有する

7-12 その他の対策

この章では，これまでに解説できなかったセキュリティ対策について解説します。

1 コンピュータウイルス（マルウェア）対策

コンピュータウイルス対策の基本は，ウイルス対策ソフトをPCにインストールすることです。

ウイルス検知の方法は，広く知られたパターンマッチング法だけではありません。動的な検知方法としてビヘイビア（振る舞い検知）法もあります。

❶パターンマッチング法

パターンマッチング法とは，ウイルスの特徴的なコード列が検査対象プログラム内に存在するかどうかを調べて，もし存在していればウイルスとして検知する方法です。この方法では，特徴的なコード列をパターンとして登録しますが，このパターンが記されたファイルを「ウイルス定義ファイル」といいます。

ウイルスが世に出た後にウイルス定義ファイルを作成するので，新種のウイルスを検知できないという欠点もあります。

また，パターンマッチング法の場合は，定義ファイルを常に最新にしておく必要があります。

❷ビヘイビア（振る舞い検知）法

ビヘイビア法は，検査対象プログラムを動作させてその挙動を観察し，もしウイルスによく見られる行動を起こせばウイルスとして検知する手法です。

パターンマッチングでは，新種のウイルスを検知できませんでした。しかし，ビヘイビア法はその欠点を補うことができます。例えば，データ書き込み動作の異常が起こったり，通信量の異常増加などの変化を見て，ウイルスと判断するのです。

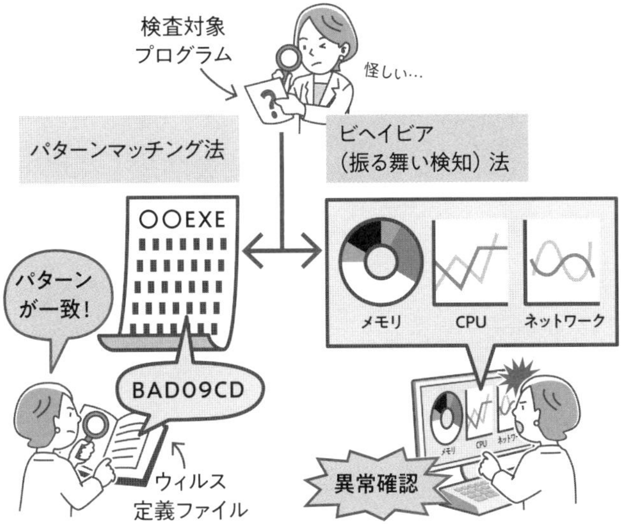

◉ パターンマッチング法とビヘイビア法

2 脆弱性診断

脆弱性診断とは，セキュリティ対策が適切に施されて脆弱性が存在しないかを検査することです。検査の方法ですが，ソフトウェアのバージョンを確認したり，対策が施されているかの設定を確認することだけではありません。**ペネトレーションテスト**（侵入テスト）として，公開サーバに攻撃をしかけて脆弱性を確認する手法もあります。

3 ディジタルフォレンジックス

ディジタルフォレンジックス（フォレンジックともいいます）とは，不正アクセスなどコンピュータに関する攻撃が起こった場合に，データの法的な証拠性を確保できるように，原因究明に必要なデータの保全，収集，分析をすることです。ちなみに，フォレンジック（Forensic）とは「法廷の」という意味です。

ログ分析とフォレンジックは別物ですか？

ログ分析は，あくまでもログだけを分析します。フォレンジックではログ以外も対象にします。というのも，ログに出力されるのは，発生時刻や送信元IPアドレスなどの限られた情報しか出力されません。それに，ログは攻撃者によって削除されている可能性もあります。ディジタルフォレンジックスでは，どんな攻撃がされてどんなファイルが抜き出されたかなどを確認するために，ハードディスクの内容をレジストリの情報なども含めて詳細に確認をするのです。

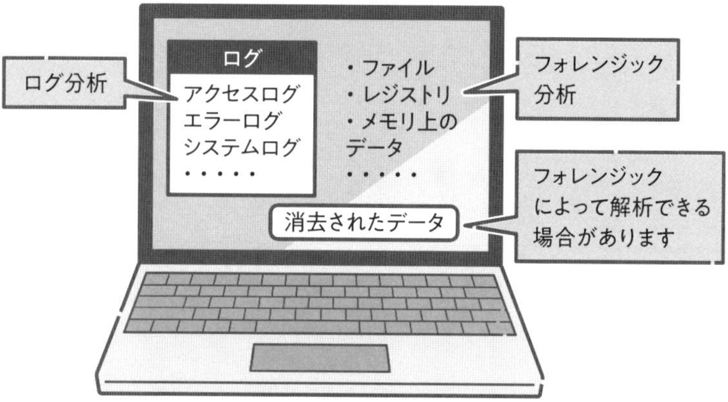

◉ **ログ分析とディジタルフォレンジックス**

補足解説 CSIRT

セキュリティ対策は，技術的な対策だけではなく，人的・組織的な対策も重要です。例えば，セキュリティインシデントが発生した場合に，その事実を報告する先が明確になっていないと，対処が遅れます。また，対処を間違えると，被害が更に拡大することになります。

そこで，コンピュータセキュリティの事故対応チームであるCSIRT(Computer Security Incident Response Team)を設置する企業が増えています。CSIRTは，コンピュータセキュリティインシデントに関する報告を受け取り，調査し，対応活動を行う組織のことです。

第 8 章

関連技術

8-1 負荷分散装置

1 負荷分散装置とは

負荷分散装置（LB：Load Balancer）とは，その名の通り，負荷を分散する装置です。具体的には，クライアントからの通信が特定のサーバに集中しないように，複数のサーバに振り分けます。負荷分散の仕組みは，負荷分散装置を使う以外にも，DNSの仕組みを使ったDNSラウンドロビンによっても実現できます。

2 負荷分散装置の効果

負荷分散装置を導入することで，次の二つの効果が期待できます。

❶処理能力の向上

1台のサーバでは処理できなかったものを，複数のサーバで処理することで，システム全体としての処理能力を高めます。

❷可用性の向上

複数のサーバとLBを導入することで，仮に1台のサーバが障害になっても，システム全体の停止にはなりません。LBでは，振り分け先のサーバの稼働状況を監視しており，ダウンしたサーバには通信を振り分けません。

3 LBの構成例

LBの構成例を紹介します。次の図のように，3台のサーバをLBによって負荷分散をします。LBは二つのインタフェースを持ち，図の左側が10.1.1.201，右側が192.168.1.201とします。

このとき，LBでは仮想IPアドレスを持ちます。PCは，仮想IPアドレスに対して通信を行います（図❶）。

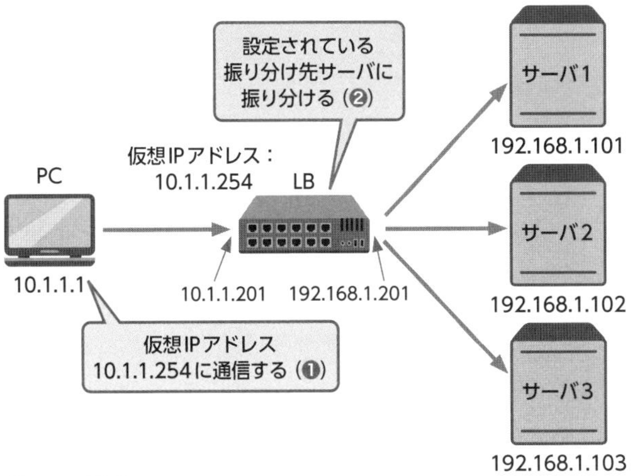

◉ LBの構成

また，LBは以下のような，振り分け先のサーバを記憶した設定テーブルを持ちます。

◉ LBの設定テーブル

仮想IPアドレス	振り分け方式	振り分け先サーバ
10.1.1.254	ラウンドロビン	192.168.1.101 192.168.1.102 192.168.1.103

LBでは，10.1.1.254宛のパケットを受け取ると，上記の設定テーブルを参照してサーバに通信を振り分けます（前の図❷）。

4 ソースNAT

LBの処理は，ルータのように，単純にパケットを転送するのではありません。プロキシサーバみたいに，送信側（前の図だとPCとLB）と宛先側（同LBとサーバ）で，二つのTCPコネクションを持ちます。

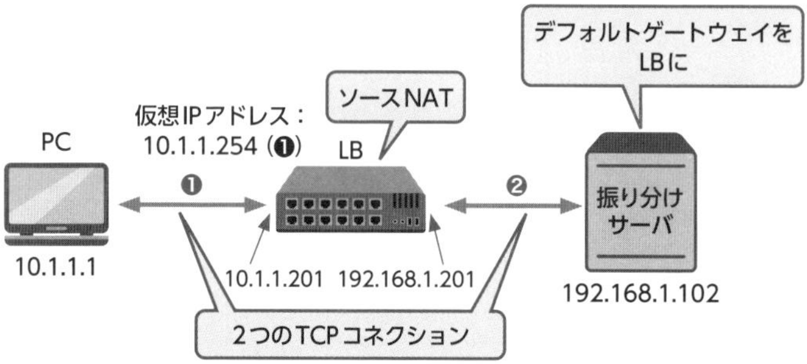

◉ IPアドレスを変換するソースNAT

そして，LBが❶と❷の二つのTCPコネクションを管理することで，振り分け処理を適切に行うことができます。このとき，❷において，振り分け先サーバへ送ったパケットが，LBに戻ってこないと面倒です。

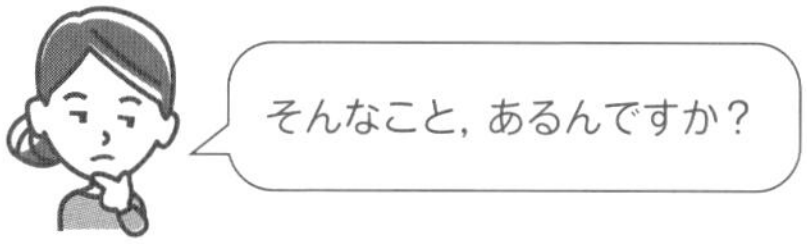

はい。例えば，振り分けサーバからのパケットがルーティング処理によってLBを通らずにPCに届く可能性があります。

そのために，LBでは，**ソースNAT**として，送信元IPアドレスを，自分自身に変えることがあります。または，振り分けサーバのデフォルトゲートウェイをLBに向けます。そうすれば，❷の戻りパケットは確実に自分に戻ってきます。

5 負荷分散アルゴリズム

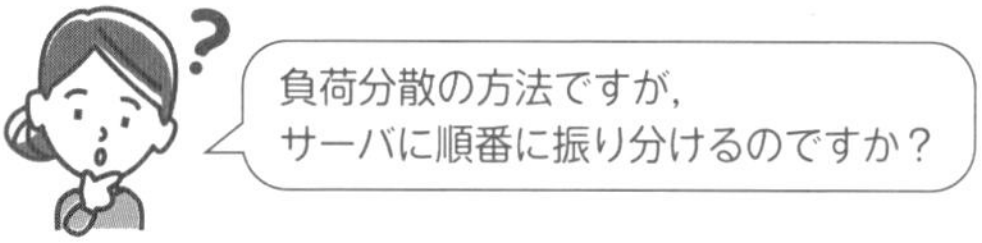

いくつかの振り分け方法（負荷分散アルゴリズム）から選択できます。単純に，順番に振り分ける方法をラウンドロビンといいます。他には，最もコネクション数が少ないサーバや，応答時間が最も短いサーバに振り分ける方式もあります。

過去問（平成30年午後2問2）に出題されていましたが，負荷分散対象のサーバをグループにまとめ（クラスタグループという），クラスタグループを複数設定できる製品もあります。そして，クラスタグループごとに仮想IPアドレスと，負荷分散アルゴリズムが設定できます。設定例は以下です。

◉ クラスタグループの設定

クラスタグループ	仮想IPアドレス	負荷分散アルゴリズム	実IPアドレス
P	10.1.1.1	ラウンドロビン	192.168.1.1 192.168.1.2 192.168.1.3 192.168.1.4
Z	10.5.1.1	コネクション数が最小	172.16.1.1 172.16.1.2

6 セッション維持機能

LBには，すでに述べた処理の振り分け機能だけでなく，セッション維持機能も持ちます。理由は明白で，同じ人の2回目以降の通信が違うサーバに振り分けられては困るからです。

特に，ショッピングサイトで買い物をしている場合に違うサーバに振り分けられれば，注文情報が消えてしまう可能性があります。

セッション維持の方法には，リクエスト元のIPアドレスに基づいて行うレイヤ3方式（またはポート番号を含めたレイヤ4方式）や，Webページにアクセスしたユーザに関する情報を保持するCookieに埋め込まれた，セッションIDに基づいて行うレイヤ7方式などがあります。

8-2 VRRP

1 VRRPとは

VRRP（Virtual Router Redundancy Protocol）とは，ルータなどのネットワーク機器を仮想的に1台に見せてルータを冗長化する仕組みです。1台に見せるルータを仮想ルータといい，仮想ルータは仮想IPアドレスと仮想MACアドレスを持ちます。

2 VRRPの構成例

VRRPの構成例を見てみましょう。以下のように，ルータAとルータBの2台のルータがあります。二つのルータを仮想的に1台に見せるため，VRRPの設定をします。具体的には，両者を同じVRRPグループに入れ（図❶），実際のIPアドレス以外に仮想IPアドレスを設定します（図❷）。

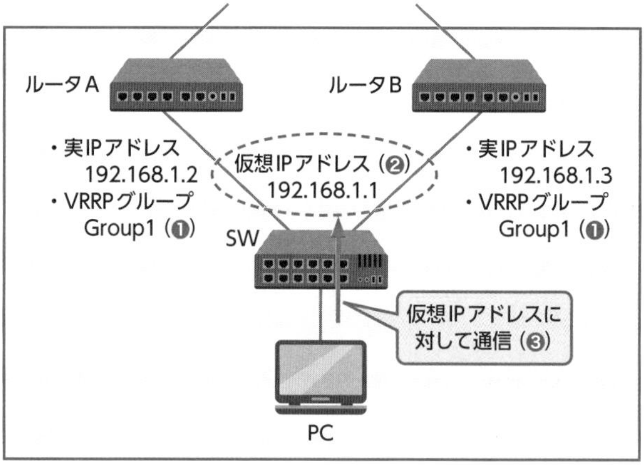

◉ VRRPの構成例

また，各ルータにはVRRPの優先度を設定します。優先度が高いルータを**マスタルータ**といい，優先度が低いルータを**バックアップルータ**といいます。通常時はマスタルータが動作し，マスタルータに異常が発生すると，バックアップルータ側が昇格してマスタルータになります。

3 VRRPの動作

VRRPの動作に関して，補足します。

(1) バックアップルータの動作

PCはVRRPの仮想IPアドレスに対して通信をします（前の図❸)。PCからのパケットは，マスタルータのみが受け取り，バックアップルータは応答しません。

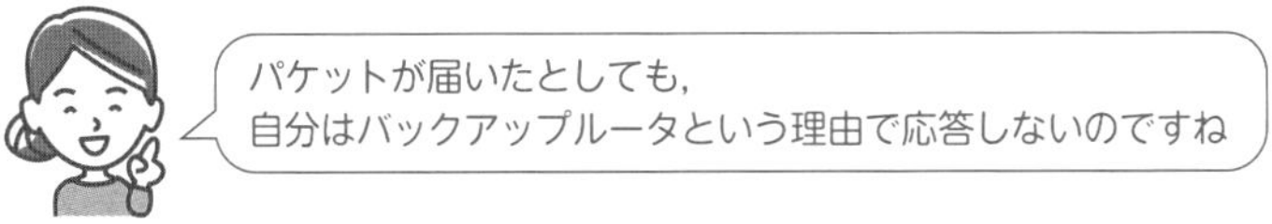

まさしくその通りです。

(2) マスタルータに昇格する際の動作

バックアップルータがマスタルータに昇格する動作について説明します。マスタルータはバックアップルータに対して定期的に**VRRP広告**（VRRP advertisement）を送ります（図❶)。バックアップルータは，マスタルータからこのメッセージが届かなかった場合，マスタルータがダウンしたと判断し，マスタルータに昇格します。（図❷）

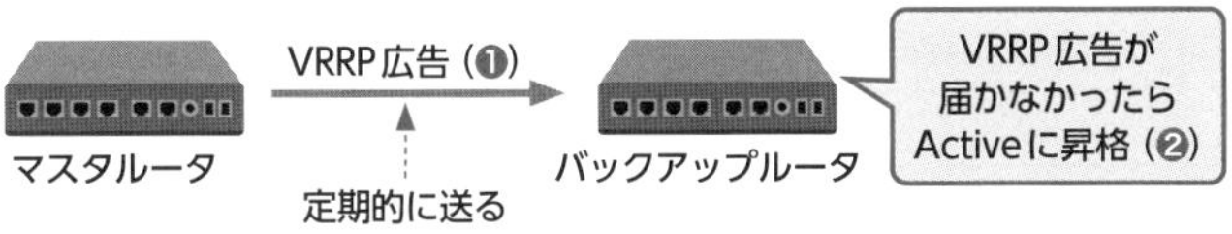

◉ VRRP広告

このとき，一つ前の図で，SWのMACアドレステーブルが，書き換わっていません。仮想IPアドレスに対するSWのポートが，ルータAのポートのままです。そこで，バックアップルータであるルータBは，GARPを送り，SWのMACアドレステーブルを書き換えます。

◉書き換え後のスイッチのMACアドレステーブル

MACアドレス	スイッチのポート
192.168.1.1（VRRPの仮想IPアドレス）	ルータBに接続しているポート

4 トラッキング

過去問（令和4年午後2問1改）には，以下の記載があります。

> L3SW31において，図中のa又はbでの障害をトラッキングするようにVRRPの設定を行う。これによって，a又はbのインタフェースでリンク障害が発生した場合でも，業務サーバからPCへのトラフィックの分散が損なわれないと考えた。

トラッキング（tracking）とは，「追跡」という意味です。aやbでの障害を追跡（ここでは検知）して，VRRPのマスタルータを切り替えます。これがトラッキングです。

VRRPを切り替えるのは，VRRP広告が届かなくなったタイミングです。1ポートがダウンしただけでは切り替わりが行われません。

この過去問の場合，トラフィックを負荷分散させるために，トラッキングを行います。左の図の場合，ポートaが故障してもマスタルータを切り替えないため，トラフィックが分散されません。そこで，右の図のようにトラッキングでマスタルータを切り替えます。こちらのL3SWのポートは故障していないので，トラフィックは分散されます。

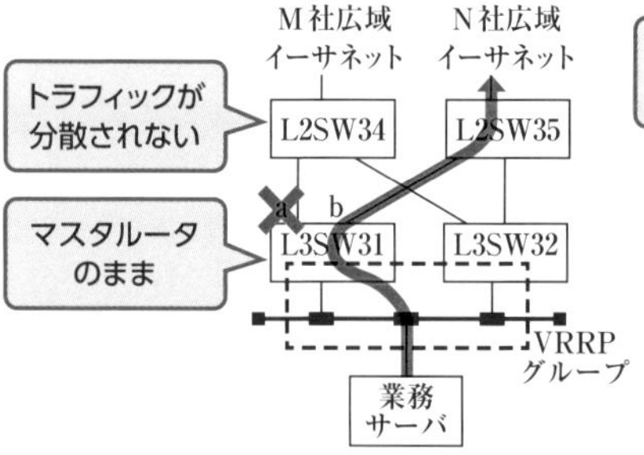

◉L3SW31がマスタルータのままの場合

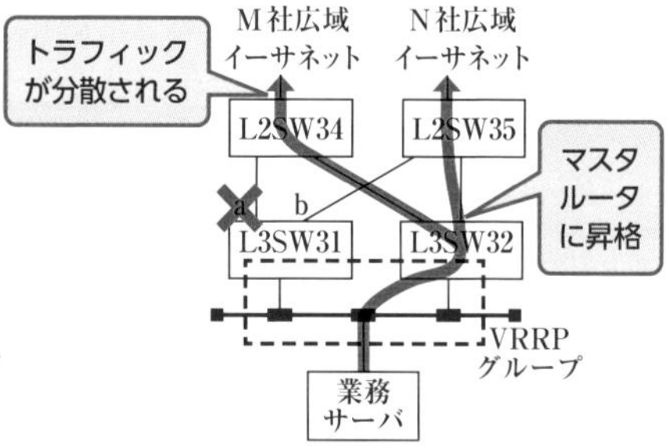

◉L3SW32がマスタルータになった場合

8-3 ネットワーク管理

ネットワーク管理には，IPアドレスや物理構成などの構成情報を管理する「構成管理」や，応答時間などのネットワーク性能を管理する「性能管理」，障害の検出を行う「障害管理」などがあります。

ここでは，これらのネットワーク管理に関する技術について解説します。

1 ping監視

ping監視は，ICMPのpingを使った障害管理です。pingコマンドを使って，監視対象機器にエコー要求（Echo Request）を送信すると，機器が正常に動作していれば，エコー応答（Echo Reply）が返ってきます。一方，故障などがあると，タイムアウトになりますから，監視対象機器の正常性を確認できます。

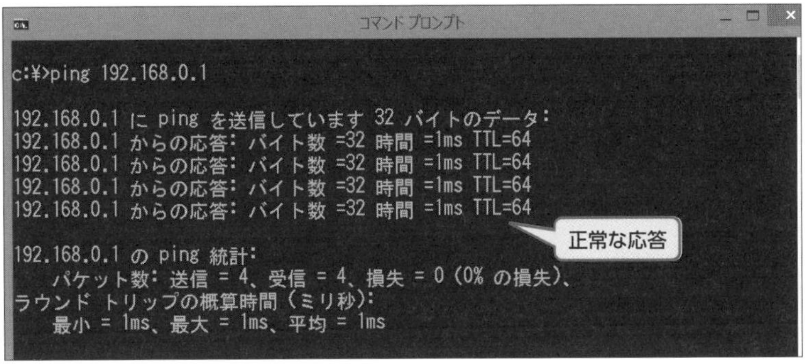

◉ pingの応答（対象機器が動作していることが分かる）

ただし，ping監視の場合は，十分な原因究明ができない場合があります。例えば，pingの応答がタイムアウトになる場合，監視対象機器の故障の可能性だけでなく，その通信経路上の機器の故障も考えられます。また，監視対象機器がファイアウォール機能やアクセスリストなどによってpingを拒否している可能性もあるのです。

それに，L2SWを監視したとしても，L2SWはIPアドレスが一つしか持てません。24ポートのL2SWのどのポートが故障したのかも分かりません。

2 SYSLOG監視

SYSLOGとは，ログを転送するプロトコルを指します。また，転送されたLOGを受け取るサーバをSYSLOGサーバといいます。

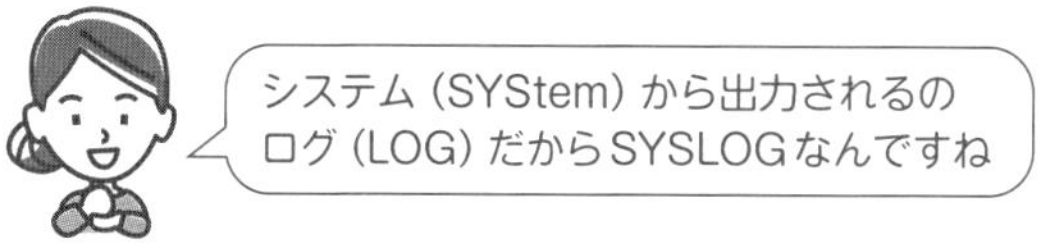

そうです。言葉の通りですね。

SYSLOGは，トランスポートプロトコルとしてRFC 768で規定されている**UDP**を用います。RFCで標準化されていますので，サーバのOSやネットワーク機器のメーカなどに依存しません。Webやメールサービスの起動，終了のログであったり，ログイン認証の情報，故障（インタフェースのダウン）情報など，様々なログをSYSLOGサーバに「集約して」管理できるのがメリットです。

SYSLOGの設定は簡単です。例えば，Ciscoのレイヤ2スイッチの場合，以下のコマンドでSYSLOGサーバのIPアドレス（またはFQDN）を指定するだけです。

```
Switch(config)#logging host 192.168.1.1
```

◉ SYSLOGの設定例

例えば，このスイッチングハブのケーブルを抜いた場合のSYSLOGメッセージの例を紹介します。

```
Message: *Mar  1 00:11:16.960: %LINEPROTO-5-UPDOWN: Line protocol on
Interface FastEthernet0/1, changed state to down
```

◉ SYSLOGメッセージの例

細かな記載は無視してください。後半に，1番ポート（FastEthernet0/1）の状態（state）がダウン（down）になったというメッセージが確認できます。

また，異常が発生すると，すぐにSYSLOGサーバにメッセージを送るので，異常の検知（監視）にも利用できます。このように，SYSLOGを使った監視が**SYSLOG監視**です。

ping監視とどちらがいいのですか？

まず，両者の違いを整理しましょう。両者はまず，監視の方向が違います。

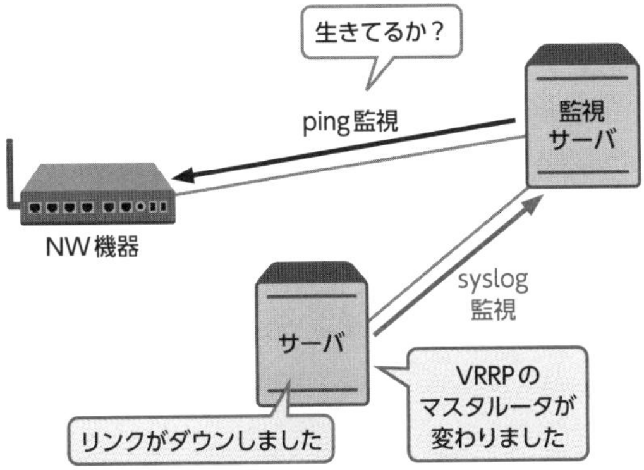

◉ ping監視とSYSLOG監視の方向の違い

ping監視は，監視サーバからパケットを送ります。一方，SYSLOG監視の場合は逆で，監視対象の機器からパケットを送ります。

ping監視の利点は，監視対象の機器に設定を追加する必要がないことです。しかし，対象機器が生きている（正常）か死んでいる（停止）のか，それくらいの調査しかできません。一方，SYSLOG監視の場合は，より詳細な情報を送ることができます。また，リアルタイムにログを送ることができるのも利点です。

ping監視の場合は，監視間隔が長くなると，検知が遅れますね

そうです。しかし，監視間隔が短すぎると，対象機器にもネットワークにも負荷をかけてしまいます。

3 SNMPによる監視および管理

(1) SNMPとは

SNMP (Simple Network Management Protocol) とは，その名の通り，簡

易な（Simple）ネットワーク（Network）を管理する（Management）プロトコル（Protocol）です。SNMPによって，機器の設定情報を収集したり，障害が発生したことの通知を受け取ることができます。このように，SNMPを使うことで，ネットワークを構成する機器を集中管理できます。

SNMPによって機器を管理する側を，**SNMPマネージャ**といいます。また，管理されるネットワーク機器やサーバなどを，**SNMPエージェント**といいます。SNMPエージェントとSNMPマネージャの設定では，**コミュニティ**というグループ名を指定します。同じコミュニティ名の場合，同じグループになり，機器の管理情報であるMIB（詳しくは後述）を共有することができます。

(2) ポーリングとTrap

SNMPや，ping監視やSYSLOG監視と同様に，機器の監視に利用されます。SNMPを使った監視には，ポーリングと**Trap**の二つがあります。

❶ポーリング

ポーリングは，ping監視と同様に，SNMPマネージャから監視対象機器であるSNMPエージェントへの通信です。過去問（平成30年午後1問2）では，「SNMPの基本動作として，ポーリングとトラップがある。ポーリングは，SNMPマネージャが，SNMPエージェントに対して，例えば5分ごとといった定期的にMIBの問合せを行うことによって，機器の状態を取得できる」とあります。

また，違う過去問（平成16年午後1問2）ではポーリング通信に関して，「マネージャは，エージェントに対して，情報収集や設定変更の要求を出す。情報収集にはget要求，設定変更にはset要求が使われる」とあります。

❷Trap

Trapは，SYSLOG監視と同様に，SNMPエージェントからSNMPマネージャへの通信です。機器に障害が発生したとき，Trapメッセージを使って，その異常をSNMPマネージャに伝えます。過去問（平成30年午後1問2）では，「トラップは，MIBに変化が起きた際に，SNMPエージェントが直ちにメッセージを送信し，SNMPマネージャがメッセージを受信することによって，機器の状態を取得できる」とあります。

例えば，スイッチの3番のLANポートが故障をした場合，「LANポートの3番が故障した」という情報をSNMPマネージャにTrapを送信します。

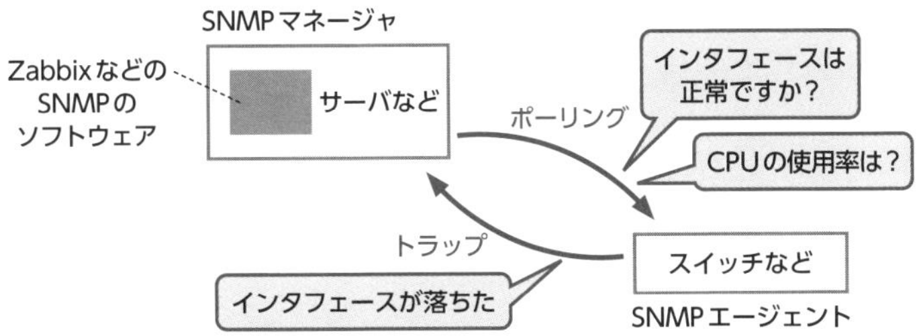

◉ ポーリングとTrap

補足解説

SNMPの設定例

ここでは，SNMPの設定例を紹介します。以下は，Catalystスイッチに SNMPの設定をしたConfigです。内容を覚える必要はありませんが，設定を確認しながら，SNMPに関する理解を膨らませてください。

```
Switch(config)#snmp-server community a_com ro
  ↑SNMPのポーリングの設定。コミュニティ名として，「a_com」を設定
   ro（Read Only）は，SNMPマネージャからは読取専用という意味。
   読み書き可能なrwに設定することも可
Switch(config)#snmp-server enable traps
  ↑トラップの設定。トラップを有効化
Switch(config)#snmp-server host 10.1.100.99 a_com
  ↑トラップを送信するSNMPサーバのIPアドレスと，コミュニティ名を設定
```

◉ SNMPの設定例

4 MIB

SNMPエージェント（管理されるネットワーク機器やサーバなど）では，各種の管理情報をMIB（Management Information Base）と呼ばれる機器の中にあるデータベースに保存します。MIBの内部には，例えば，インタフェースのVLAN情報，通信帯域，インタフェースの状態（正常or停止）や受信したデータ量などの情報が蓄積されています。

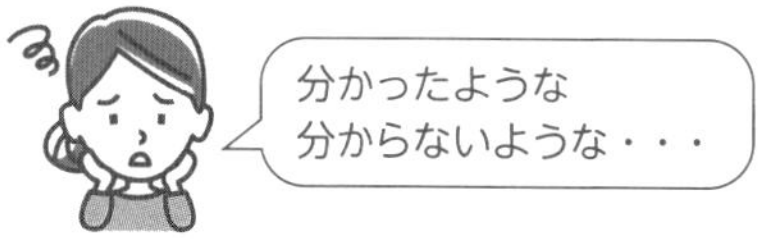

実際の設定を見ないと，イメージが分かないですよね。以下は，Catalystのスイッチングハブの MIB を SNMP サーバから取得しました。

```
#snmpget -v2c -c public 192.168.0.10 .1.3.6.1.2.1.2.2.1.8.10001
IF-MIB::ifOperStatus.10001 = INTEGER: down(2)
```

◉ MIBの取得例

1行目ですが，snmpgetコマンドを使い，コミュニティ名をpublicにし，IPアドレスが192.168.0.10の機器のMIBを取得しています。MIBは階層構造になっており，インタフェースの情報は，.1.3.6.1.2.1.2.2.1.のOID（Object ID）配下に存在します。そして，インタフェースの状態を取得するために，さらに「.8」を指定しました。また，「10001」は，今回のスイッチの1番ポートを表しています。（ちょっと分かりにくいですが，雰囲気だけ理解できれば十分です。）

2行目はMIBを取得した結果です。細かい表記は無視してください。最後に「down(2)」とありますように，インタフェースの状態がdownであることが分かります。upしていれば，up(1)と表示されます。

8-4 SSL-VPN

1 SSL-VPNとは

SSL-VPNは，SSL/TLS（HTTPS）にてリモートアクセスをする仕組みです。SSL-VPNの仕組みを実現するために，SSL-VPN機器をリバースプロキシとして配置します（リバースプロキシの基本的な動きや使い道については，6-2の「プロキシサーバ」を参照）。

SSL-VPNでは，SSL/TLSというセキュリティプロトコルを使っていますから，通信の暗号化だけでなく，認証機能や改ざん検知機能も持ちます。SSL-VPNを利用すると，VPNルータやVPNクライアントソフトがない環境であっても，ブラウザさえあれば簡単にVPN環境を構築できます。

2 IPsecとの違い

自宅からインターネットを経由して会社に接続したい場合，安全な通信を行う仕組みは，SSL-VPNだけではありません。この後の章で紹介するIPsecでも実現できます。

OSI参照モデルのレイヤが違います。IPsecがESPというプロトコルを使ってレイヤ3で通信するのに対し，SSL-VPNはTCPのポート番号443番（HTTPS）を使って，レイヤ4で通信します。IPsecはレイヤ3の通信ですから，レイヤ4以上のアプリケーションに制限はありません。一方，SSL-VPNはレイヤ4のポート番号が443番に決まっているので，利用できるアプリケーションにも制限があります。ただし，このあと解説するL2フォワーディングを使えば，クライアントにモジュールを入れるなどしてアプリケーションの制限がほぼないように工夫がされています。

両者の違いを理解するために，パケット構造で見てみましょう。以下に両者の簡略化したパケット構造を示します。

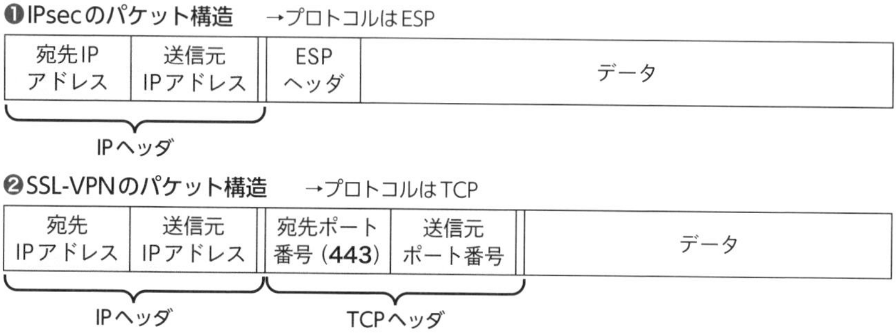

◉ IPsecとSSL-VPNのパケット構造の違い

このように，❶のIPsecのパケットのプロトコルはESPです。プロトコル番号については，4-2の「IPパケットの構成」を参照ください。ESPは，TCPやUDPと違い，レイヤ4の情報であるポート番号を持ちません。

一方，❷のSSL-VPNのパケットのプロトコルはTCPなので，レイヤ4の情報であるポート番号を持ちます。

ということは，❶のESPであれば，
レイヤ4の情報は自由に選べるということですね

その通り！ 一方，❷のSSL-VPNの場合，ポート番号は443と決められています。よって，利用できるアプリケーションが制限されてしまうのです。

3 SSL-VPN装置の方式

SSL-VPNの方式には，「❶リバースプロキシ」「❷ポートフォワーディング」「❸L2フォワーディング」の三つあります。順に解説します。

❶リバースプロキシ

リバースプロキシは，外出先から社内のWebシステムに対してHTTPSで通信する方式です。次の図を見てください。まず，PCからDMZに配置されたSSL-

VPN装置にリモートアクセスをします（図❶）。SSL-VPN装置では，利用者が正規であるかどうかをID/パスワードなどを利用して認証をします（図❷）。認証が許可されると，外出先から社内システムや，社内のWebサーバにアクセスできます（図❸）。

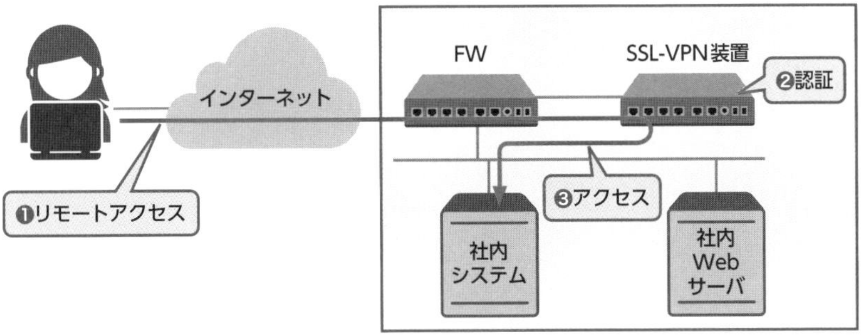

◉ リバースプロキシの構成例

このとき，インターネットからSSL-VPN装置に接続する際と，SSL-VPN装置から社内Webサーバに接続する際のポート番号は，それぞれ何番でしょうか。ただし，社内のWebサーバはHTTPでサービスを提供しているとします。

正解は，SSL-VPN装置までが443番（HTTPS）で，SSL-VPN装置以降は80番（HTTP）です。

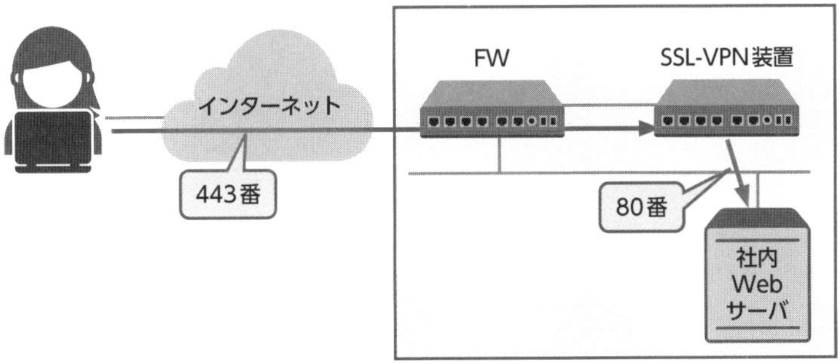

◉ リバースプロキシの際のポート番号

社内Webサーバへ通信する場合は，
443のままではダメですか？

社内Webサーバが80番のHTTPでサービスを提供している場合，443番では通信ができません。

❷ポートフォワーディング

リバースプロキシは，Webシステムに対してHTTPSで通信する方式でした。しかし，Web（80番）以外にも，業務用のアプリケーションやNotesなどの専用アプリケーションを使いたいというニーズが出てくることでしょう。ポートフォワーディングは，Web（80番）以外の任意のアプリケーションを外部から利用できるようにする仕組みです。以下の図を見てください。SSL-VPN装置へHTTPS（443番ポート）でアクセスしても，意味がありません。専用のアプリケーションから業務サーバへは専用のポート（この場合は1100番）で通信しなければいけないからです。

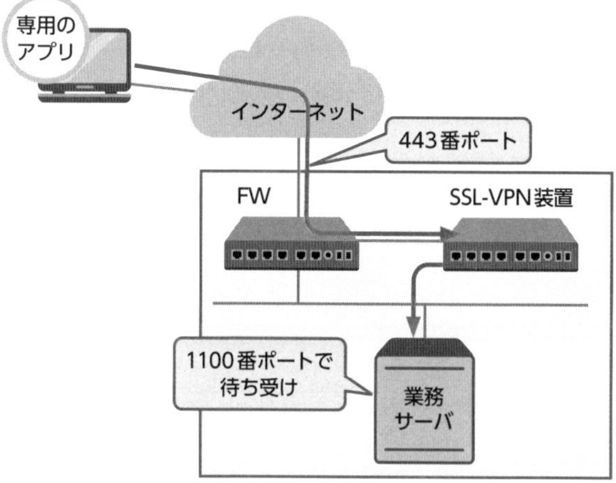

◉ ポートフォワーディングは専用のポートで接続する必要がある

そうか，プロトコルが違うから
正常に通信ができないのですね

そうなんです。そこで，PC側にJavaアプレットというプログラムを入れ，そのプログラムとSSL-VPN装置との間でhttps (443) による安全な通信経路を確保します。そして，その中で専用のアプリケーションを通すようにしたのです。

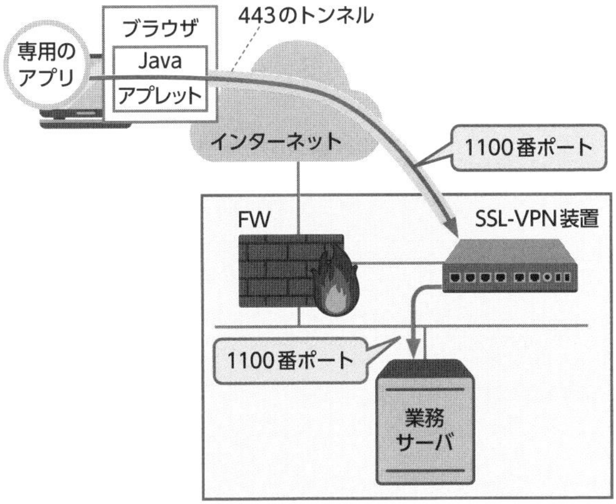

◉ ポートフォワーディングは安全な通信路を構築

❸L2フォワーディング

L2フォワーディングは，PCに専用のソフトウェア（またはブラウザのプラグインモジュール）をインストールすることで，PCとSSL-VPN装置間のSSL/TLS接続トンネルを作ります。そして，そのトンネルの上でレイヤ2の中継を行います。レイヤ2レベルの通信が可能がなので，例えばHTTP通信だけでなく，SMTP通信やファイル共有など，様々なアプリケーションが利用できるのです。

さらに，「❶リバースプロキシ」や「❷ポートフォワーディング」と違う点は，L2フォワーディング用に専用のIPアドレスが割り当てられることです。

はい，そうすることが一般的です。ですから，リモートアクセスで接続したPCが，まるで社内LANに接続されたPCであるかのように各種サーバにアクセスできます。

以下にL2フォワーディングの構成例を紹介します。認証まではリバースプロキシと同様の流れです。その後，SSL-VPN装置にあるIPアドレスプールの中から，リモートアクセスしてきたPCに仮想のIPアドレスが払い出されます（下図❶）。PCは，仮想IPアドレスを用いて社内システムにアクセスします（下図❷）。

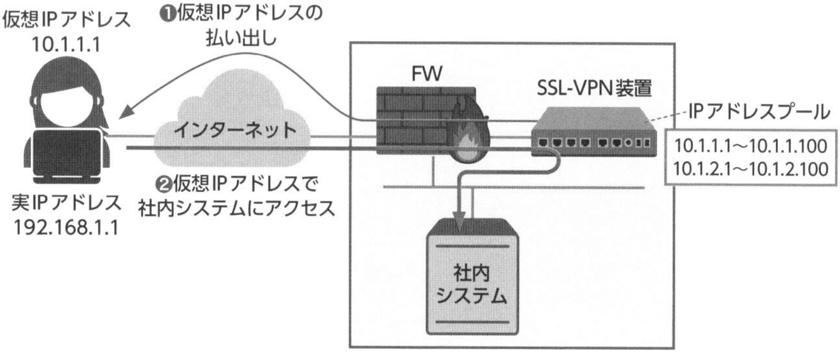

◉ L2フォワーディングでの仮想IPアドレスの払い出し

参考ですが，以下はL2フォワーディングで接続した場合の「ipconfig」の実行結果です。物理NIC以外に，仮想NICが存在しています。仮想NICには，仮想IPアドレスとして，プライベートIPアドレスの10.1.1.1が割り当てられています。

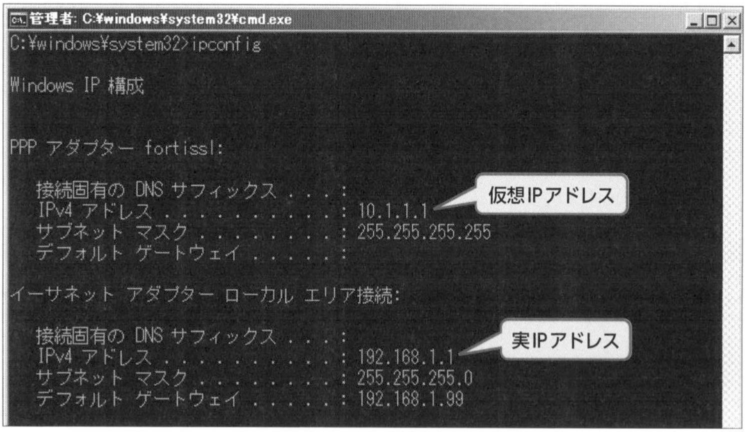

◉ ipconfig による仮想NICの様子

8-5 SDN

1 SDNとは

SDN (Software Defined Network) とは，言葉の通りソフトウェア (Software) で定義 (Define) できるネットワーク (Network) の技術です。物理的な制約にとらわれずソフトウェアで実現するので，仮想化技術と考えてもいいでしょう。

はい，そうです。しかし，SDNでは，もっと大胆な仕組みを構築できます。例えば，従来のネットワークでは，スイッチとFWと負荷分散装置を物理的に別々の機器で配置することが一般的です。SDNを導入すれば，それらの機器を一体化できます。そして，設定を変更するだけで，スイッチポートの設定やVLAN，ルーティングだけでなく，FW機能や負荷分散機能なども自由に設定できるのです。

2 SDNの仕組み

SDNは，ソフトウェアを使ったネットワークという「概念」です。SDNを実現するにはそれを具現化する仕組みが必要で，その代表的な技術がOpenFlowです。

従来のネットワーク機器は，「❶管理・制御機能」と「❷データ転送機能」の両方を1台で実現していました。OpenFlowでは，両者を分離し，OFC (OpenFlowコントローラ) が「❶管理・制御機能」，OFS (OpenFlowスイッチ) が「❷データ転送機能」を持ちます。そして，OFCはOFSを集中管理します。

◉ 管理・制御機能と転送機能

機能	解説	実現する機器
❶管理・制御機能	OSPFなどの経路制御，VLANの設定やMACアドレスの学習などの管理・制御機能	OFC
❷データ転送機能	受信したフレームを適切なポートから出力するデータ転送機能	OFS

構成例で表すと，次のようになります。

OFCはOFSを管理します（図❶）。OFSはサーバやPC間のデータを転送します（図❷）。

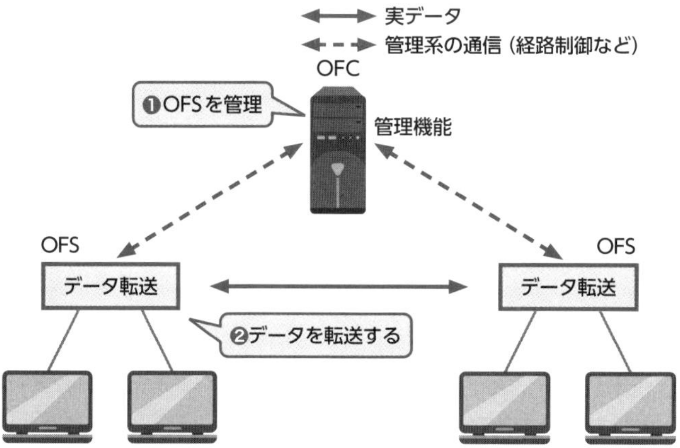

◉ OFCとOFSの役割

OFSは，起動するとOFCとの間でTCPコネクションを確立します。これによってOFSの存在を知ります。そして，TCPコネクション確立後は，OFCからの指令によりフローテーブルの作成や更新が行われます。よって，OFSの導入時には，自分のIPアドレスと，OFCのIPアドレスさえ設定すればいいので，導入作業はとても容易です（VLANやSTP，ポートのSpeedやDuplexなどを，ネットワークの各種設定をする必要はありません）。

3 OpenFlowのメッセージ

OFSとOFCは，管理のための専用ネットワークを介して，通信メッセージを交換します。通信メッセージとは，OFCからOFSに対する指示や，OFSからOFCに通知する情報のことです。通信メッセージには次の3種類があります。

◉ OFCとOFS間の通信メッセージ

通信メッセージ名	通信の方向	用途
Packet In	OFS→OFC	管理テーブルの中に該当するルールがなかったときに，OFSがOFCに処理方法を問合せるメッセージ
Packet Out	OFC→OFS	Packet Inによる問合せ結果として，OFCがOFSにパケットの送信指示を出すメッセージ
Flow Mod	OFC→OFS	OFSの内部にある管理テーブルの登録・更新の指示を出すメッセージ

管理テーブルは，OFSの内部にあり，「どんなパケットが届いたらどう処理するか」というエントリが複数登録されています。詳しくはこの後解説します。

では，具体例でこれらのメッセージを解説します。PC1が192.168.0.2の端末と通信する場合に，「192.168.0.2のIPアドレスは誰ですか？」というARP Requestを送信したときの動作を説明します。次の図を参照しながら確認してください。

❶ARP Request の受信

PC1からのARP RequestがOFSに届きます。

❷Packet In メッセージをOFCに送信

管理テーブル内に動作方法（エントリといいます。詳しくは後述します）があった場合，OFSは当該エントリに記述されたActionの動作を行います。一方，エントリがなかった場合には，OFSはPacket In メッセージをOFCに送信し，PC1からのパケットをP1ポートから受信したことをOFSに通知します。そして，OFCにそのパケットの処理方法を問合せます。

❸Packet-Outメッセージを OFSに送信

ARP Requestはブロードキャストパケットなので，同一ネットワーク上の全てのポートにARP Requestを出力する必要があります。OFCは，ポートとVLANの対応情報をLLDPなどを使って事前に入手しています。その情報をもとにOFSに対して指示を出します。今回の場合，P2，P3，P4にARP Requestを出力するように指示をします。

❹ARP Requestの送信

ARP RequestのフレームがPC2～PC4に送信されます。

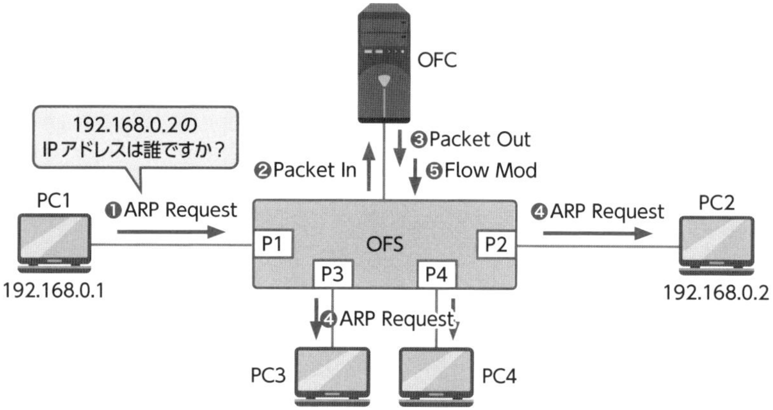

◉ ARP Requestを受け取ったときの動作

また，P1に届いたパケットの送信元MACアドレスは，PC1のものだということがOFCに伝わっています。この情報から，OFCはP1ポートとPC1のMACアドレス情報との対応を把握できます。そこで，OFCはFlow-Modメッセージを OFSに送信し，管理テーブルに書き込みます。具体的には，「PC1のMACアドレス宛のパケットを受け取ったらP1ポートから出力しなさい」というルールです（図の❺）。

そうです。これは，通常のスイッチングHUBにおけるMACアドレスの学習と同じです。

4 管理テーブル

管理テーブルは，どのようなときに，どう動作するかのルール（エントリ）が記載されたものです。管理テーブルのエントリは，次の二つのフィールドで構成されます。

❶パケット識別子（MF：Match Field）

IPアドレス，MACアドレスなどにより，パケットを識別する条件

❷パケットの処理（Action）

識別されたパケットをどう処理するか。例えば，あるポートに転送するのか，廃棄するのかという処理内容。

管理テーブルの例として，MACアドレスとポートの対応をもつMACアドレステーブルを考えてもらうと分かりやすいです。(実際には，もう少しいろいろな対応を管理できます)。以下の図を見てください。

図では，OFSにPC1とPC2が接続されています。OFSの管理テーブルには，パケット識別子（MF）としてMACアドレスの条件と，パケットの処理（Action）として転送するポートが登録されています。

※Output（p1）とは，ポート1に出力（Output）するという意味です。

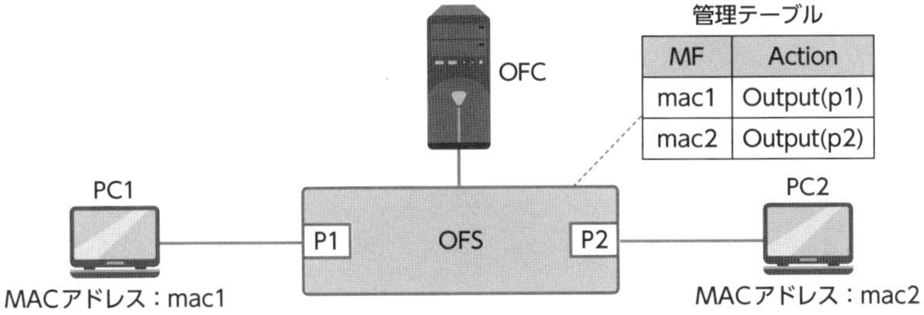

◉ 管理テーブルとその動作

その通りです。例えば，宛先MACアドレスがmac1（PC1）であれば，エントリに従ってp1のポートに出力（Output）します。一致するエントリがないmac3の場合は，パケットを破棄します。

8-6 クラウド

1 クラウドサービスについて

政府が「クラウド・バイ・デフォルト原則」という方針を打ち立て，企業の中に設置するオンプレミスのシステムではなく，クラウドを活用することを原則にしています。クラウドを活用することで，コスト削減や柔軟かつ信頼性が高いシステムを構築できるなど，様々な利点があります。

政府だけではなく，大学でもGoogle社のGmailが使われたり，Amazon社のAWSでサーバを構築したり，MicrosoftのOffice365でオフィスソフトやメールを利用することも増えています。今後，クラウドはますます利用されることになるでしょう。

また，ネットワークスペシャリスト試験でも，クラウド関連の出題が増えています。

2 クラウドサービスの形態

クラウドサービスの形態としては，SaaS, PaaS, IaaSなどがあります。違いは，言葉の定義（フルスペル）で理解しましょう。

❶IaaS（Infrastructure as a Service） 読み方：イアース，またはアイアース

IaaSは，ハードウェアやネットワーク，仮想マシンなどのInfrastructure（基盤）をクラウドで提供します。Amazon EC2がその代表です。

❷PaaS（Platform as a Service） 読み方：パース

PaaSは，アプリケーションを実行するためのPlatform（プラットフォーム）＝ミドルウェアを提供します。具体的な製品として，サーバレスで自動化処理などを行えるAWS LambdaやGoogle App Engineなどが該当するでしょう。

❸SaaS：Software as a Service　読み方：サース

SaaSは，Software（ソフトウェア）＝アプリケーションをクラウドで提供します。Gmailや Microsoft 365，Zoomなどが該当します。

3 ハウジングやホスティングとの違い

ホスティング（hosting）はホスト（host）となるコンピュータ，つまりサーバを借りてシステムを構築します。借り方は，サーバ1台丸ごとの場合もあれば，複数の利用者で共有する場合もあります。レンタルサーバとほぼ同じ意味です。サービス事業者が物理的なサーバを構築・設置してくれます。

一方，ハウジング（housing）では，家（house）となるラックやスペースを借ります。データセンターのラックを借り，そこに自前のサーバや，必要に応じてネットワーク機器などを設置します。

クラウドは，IaaS，PaaS，SaaSのいずれの場合でも，ユーザが物理的なサーバを意識しません。仮想基盤上で提供されるOSやサービスを，ユーザが利用します。

これらの違いを表で整理すると，次のようになります。

◉ ハウジング，ホスティング，クラウドの比較

	ハウジング	ホスティング（専有型の場合）	クラウド
サービスの対象	（サーバを設置する）スペース（またはラック）	サーバ	アプリケーションなどのサービス
サーバの所有権	顧客	サービス事業者	サービス事業者
（カスタマイズなどの）柔軟性	高い　←		→　低い
（構築費などを含む）トータル価格	高い　←		→　安い

8-7 CDN

1 CDNとは

CDN (Contents Delivery Network, コンテンツ配信ネットワーク) とは, 映像配信のような大容量のコンテンツ (Contents) を, 高いサービス品質で配信 (Delivery) するためのネットワークです。インターネットを経由して視聴者がリアルタイムに映像を再生するような場合, トラフィックの集中によってサービス品質が低下することがあります (下図の左)。そこで, CDNでは, コンテンツのコピーを置くサーバを用意し, 負荷を分散させるのです (下図の右)。

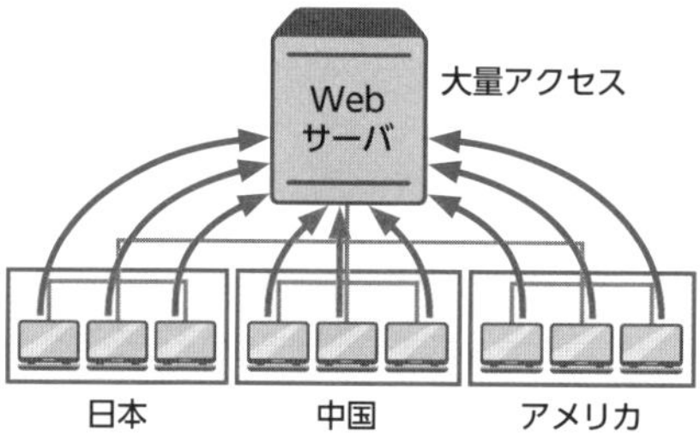

◉ CDNがない場合

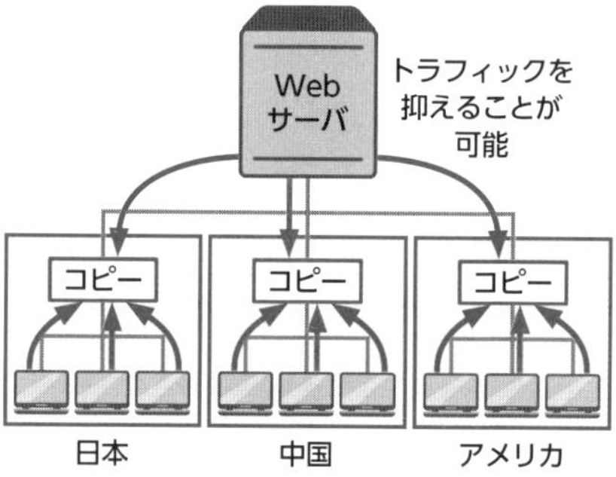

◉ CDNがある場合

2 CDNの構成

CDNは, オリジナルのコンテンツをもつオリジンサーバと, 複製したコンテンツを保管したエッジサーバで構成されます。エッジサーバは, オリジンサーバが複製したコンテンツを保管し, 視聴者にコンテンツを配信する機能を持ちます。

エッジサーバは, コンテンツがキャッシュされている場合とそうでない場合にて, 動作が異なります。

(1) コンテンツがキャッシュされていない場合

PCからのHTTPリクエスト (図❶) に対して, エッジサーバは, プロキシとして動作します。オリジンサーバからコンテンツを取得し (図❷), PCに応答を返します (図❸)。このとき, コンテンツをキャッシュとしてエッジサーバ内に保存 (図❹) します。

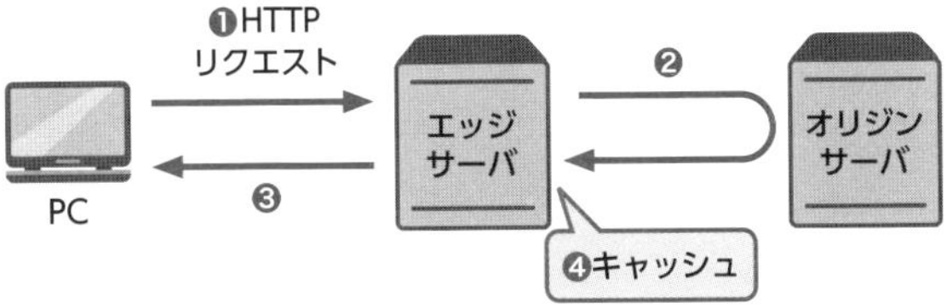

◉ キャッシュされていない場合のエッジサーバの動作

(2) コンテンツがキャッシュされている場合

エッジサーバは, キャッシュを応答として返します (図❷)。オリジンサーバにはアクセスしません。

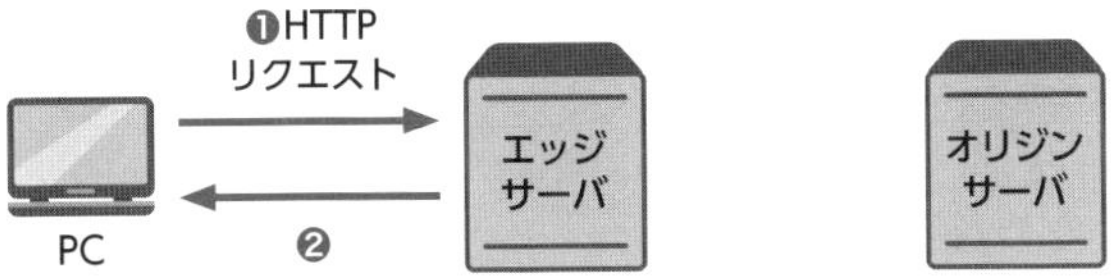

◉ キャッシュされている場合のエッジサーバの動作

第8章 関連技術 8-7 CDN

8-8 信頼性の向上

1 信頼性とは

信頼性とは，システムが故障をせずに，いかに安定してシステムが動作するかを表す指標です。「可用性」という言葉と同義で使われることもあります。

信頼性を向上させるには，いくつかの方法があります。

例えば，サーバそのものを壊れにくいものにする方法があると思います

そうですね。それ以外には，システムを２重化する方法があります。また，バックアップを準備し，障害時には迅速に復旧できるようにすることも信頼性の向上につながります。

ここでは，信頼性に関する用語として，RTOとRPOを解説します。

2 RTOとRPO

バックアップ対策を検討する際において，復旧にかかる時間や，どの時点までデータを復元できるかが，信頼性に大きな影響を与えます。これらを測る指標として，RTO（目標復旧時間）とRPO（目標復旧時点）があります。どちらも，短時間であればあるほど，対策費用は大きくなります。

(1) RPO（目標復旧時点：Recovery Point Objective）

RPOは，障害発生からどの時点までデータを復旧できるかの時間です。データは新しい方がいいので，最新のデータに復旧できる方が望ましい状態です。

(2) RTO（目標復旧時間：Recovery Time Objective）

RTOは，障害が発生してからシステムが復旧するまでに要する時間です。当然，復旧にかかる時間は短い方が望ましい状態です。

障害発生
復旧は
早い方が良い
RPO
復旧
過去
未来
データを
戻す時点
データは
新しい方が良い
RTO
復旧にかかる時間

◉ RPO と RTO

8-9 QoS

1 QoSとは

QoS（Quality of Service）とは，サービス（Service）の品質（Quality）を管理することです。ネットワークにおけるQoSは，音声や動画が途切れたり乱れたりしないように，帯域を確保して安定した通信を目指します。QoSを実現する主な方法には，**優先制御**と**帯域制御**があります。

優先制御は，例えば，音声や企業の基幹データなどの通信を優先させることです。その結果，情報収集のためのWeb閲覧や動画通信の優先度が低くなります。

帯域制御は，携帯電話のデータ通信においても利用されています。一定のギガ数を超えると自動的に128kbpsなどの低速な帯域に制限されますよね。このように使用料が多い人の帯域を制御することで，全体としての通信品質を保ちます。

2 優先制御とは

ネットワークの世界で，転送するパケットやフレームの優先制御をするには，**IntServ**と**DiffServ**の二つの実現方法があります。主流は，DiffServです。

(1) IntServ (Integrated Services)

回線やネットワーク機器などの設備を事前に予約し，重要なパケットを優先的に転送します。道路で例えると，オリンピック・パラリンピックが開催されるときに設置される大会関係者の専用通行帯といえそうです。

IntServを実現するプロトコルは，ネットワーク機器で帯域確保などを行うRSVP（Resource reSerVation Protocol）です。専用道路を作ることで，優先したい車を確実に優先することができます。ですが，大規模に実現するのは簡単ではありません。同じように，特にインターネットで世界中とつながるようなネットワーク上の全ての経路において，帯域を確保することは簡単ではありません。その結果，IntServはあまり使われていません。

(2) DiffServ (Differentiated Services)

DiffServでは，優先したいパケット（やフレーム）に印（しるし）をつけ，そのパケットを優先的に転送します。道路を例にすると，パトカーや救急車が，サイレンという「印」によって，優先的に道路を利用することです。この仕組みであれば，IntServのように，事前に通行用の道路を確保するなどの手間やコストをかける必要がありません。ただし，（道路でいうと）渋滞などにより，優先制御の効果が十分に期待できない可能性もあります。

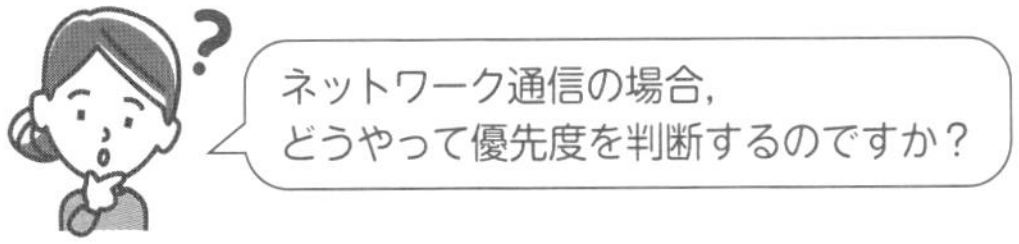

フィールドに優先度を設定します。L2レベルのイーサネットフレームであれば**CoS**，L3レベルのIPパケットであれば，ToSや**DSCP**（Differentiated Service Code Point）を使います。各ネットワーク機器は，この値を見て処理するパケットの優先度を変えます。

3 帯域制御とは

帯域制御は，限られた帯域の中で，パケットを安定的に送り出すための仕組みです。例えば，大ホールでの演奏会や講演の後に，客席の皆さんがホール内から一斉に出ようとしても，出ることができません。そこで，係の方が後列の方から順に出るようにアナウンスをする場合があります。これも帯域制御の一つと考えられます。

(1) ポリシング

ポリシングは，トラフィック（＝パケットの量）が最大速度を超えていないかを監視し，超過分のパケットを破棄します。

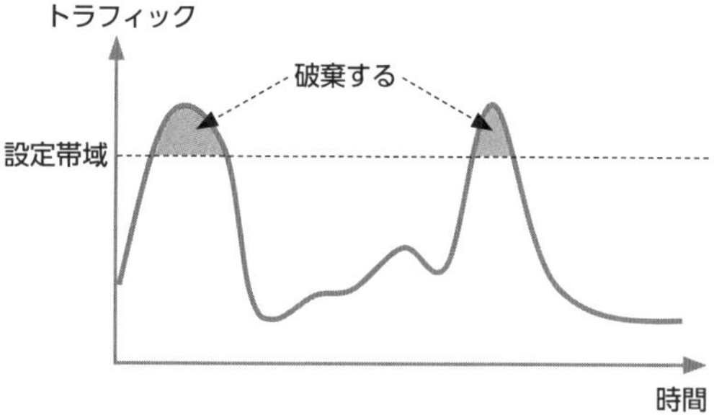

◉ ポリシング

(2) シェーピング

シェーピングは，帯域を超過したパケットをバッファに貯めておき，帯域に余裕ができたらパケットを順次送出します。ポリシングと違うのは，パケットを破棄しないことです。送出タイミングをずらすなどして調整をします。

シェーピングの動作を下図に示します。

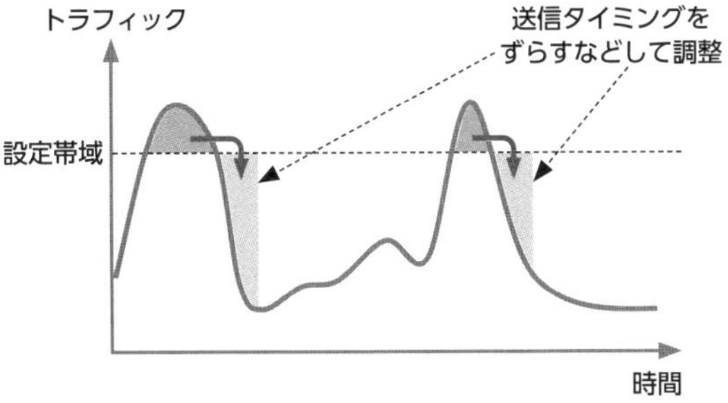

◉ シェーピング

(3) アドミッション制御（流量制御）

アドミッション制御（流量制御）では，通信を開始する前に事前に帯域の確保をして，帯域の確保の状況に応じて通信を制御します。

経由するネットワーク機器に帯域を確保するように要求をします。具体的な方法の一つとして，優先制御で述べたRSVP（Resource reSerVation Protocol）という資源（Resource）を予約（reSerVation）するプロトコルがあります。しかし，経由するネットワーク機器を制御するのは，特にインターネット経由した通信では難しいことでしょう。実際，ほとんど使われていません。

8-10 シンクライアント

1 シンクライアントとは

シンクライアントとは，ユーザが使うPC（クライアントPC）の機能を限りなく少なくし，サーバ側でほとんどの処理を実行する仕組みです。

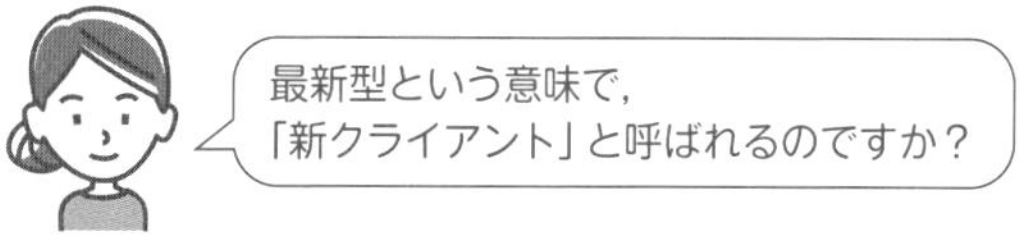

いいえ，シンは「薄い（Thin）」という意味です。従来は，クライアントPCに高性能なCPUやメモリ，ハードディスクを組み込んだ豊富な機能のPC（FatなPC）でした。シンクライアントでは，PC側にデータを保存せず，処理やデータの管理をサーバに任せるため，PCを薄く（Thin）することができたのです。

シンクライアントでは，PCにデータを保存しないのでハードディスクを搭載していないことが多く，セキュリティの向上が期待されます。PCが盗まれても，データがないので情報漏えいにつながりません。

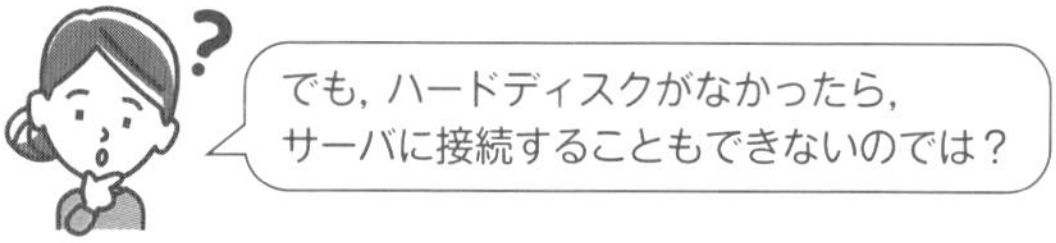

ハードディスクはありませんが，代わりにフラッシュメモリなどにOSやアプリケーションを格納しています。OSといっても，通常のOSと違い，例えば，Windows Embeddedなどの必要最小限の機能しか持たないOSです。

2 画面転送方式

シンクライアントにはいくつかの形態があり，その中の一つに，画面の情報をシンクライアントに転送する画面転送型があります。この方式は，ネットワークへの負荷が少ない方式ということもあり，現在の主流の方式です。

そうです。リモートデスクトップでは，自分のPCを遠隔のPCから操作できます。

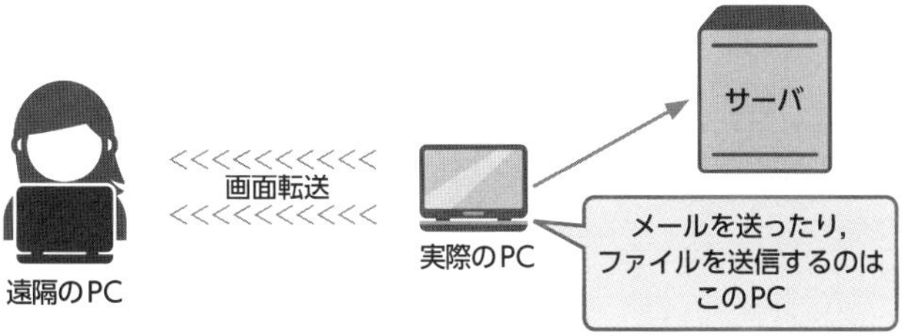

◉ 画面転送の概要

画面転送型シンクライアントには，サーバベース方式（SBC）とVDI（仮想PC）方式の二つがあります。SBCは，サーバで稼働させるPCのアプリケーションプログラムを複数のシンクライアント（TC）で共用利用します。

一方，VDI方式では，VDIサーバに仮想PCを構築します。仮想PCは，シンクライアントと1対1で対応づけられます。（詳しくは後述します。）

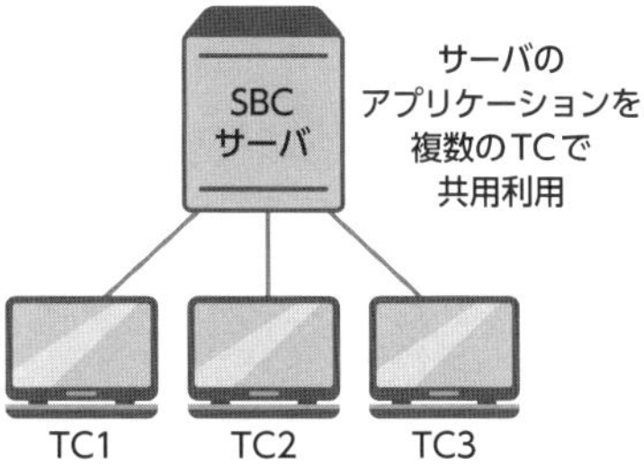

◉ SBC方式

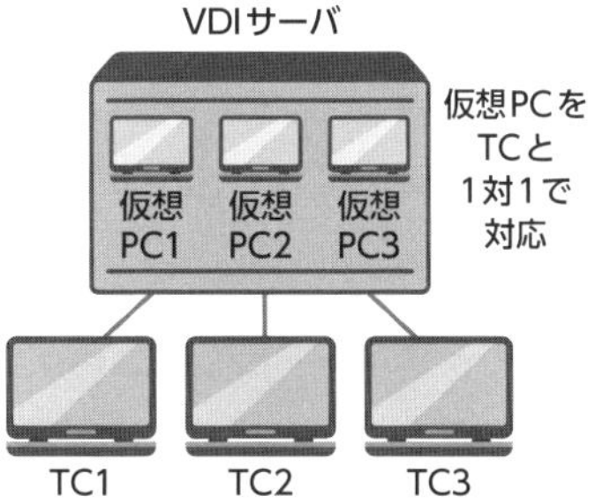

◉ VDI方式

3 VDI

(1) VDIとは

VDI（Virtual Desktop Infrastructure，仮想デスクトップ基盤）方式も，SBC方式と同様に，画面転送型のシンクライアント方式です。

VDIサーバの中にある仮想PCにはIPアドレスが割り当てられます（図❶）。そして，VDIサーバの中の仮想スイッチ（図❷）を経由し，VDIサーバの物理NIC（図❸）を経由して外部と通信します。

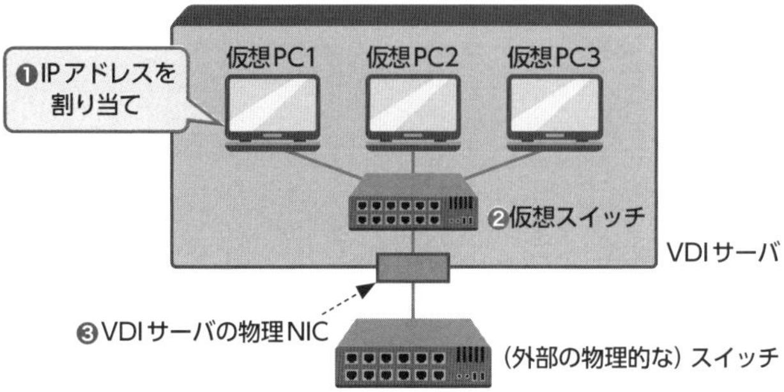

◉ VDIサーバの外部スイッチとの接続

参考ですが，次の画面は，VMware ESXiで仮想PC（Windows 10）を3台動作させているときの設定画面です。一つのVDIサーバに，三つの仮想PCが存在し，この仮想PCに対して3台のシンクライアント端末が接続することになります。

◉ 仮想サーバと仮想PC

4 画面転送による通信の変化

画面転送型のシンクライアントを導入することで，通信が流れる経路が変わります。以下は，VDIを例に，HTTP通信がどう変化するかを解説します。

まず，シンクライアントではない従来の場合は（下図左），PCからWebサーバにHTTPで通信します（図❶）。VDIを導入した場合は，TCからVDIサーバの仮想PCに画面転送通信を行い（図❷），VDIサーバからWebサーバにHTTPで通信（図❸）をします。

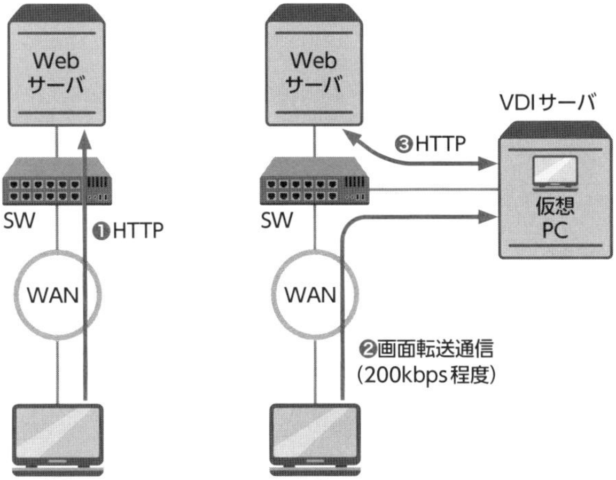

◉ 従来の通信　◉ VDIの通信

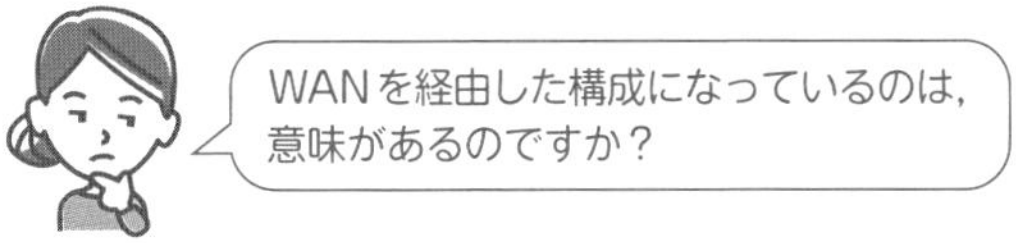

違いが分かるようにWAN経由にしました。少し補足します。従来（左図）の場合，Webサーバから仮に80Mバイトのファイルをダウンロードすると WAN回線の帯域を圧迫します。一方，VDI（右図）の場合，画面転送通信は，せいぜい200kbps（0.2Mbps）程度です。ですから，WAN経由であったとしても，WANの帯域を圧迫しません。

8-11 シングルサインオン

1 シングルサインオンとは

(1) シングルサインオンとは

最近では，Webサービスの利用が増え，覚えておかなくてはいけないパスワードが非常に増えました。

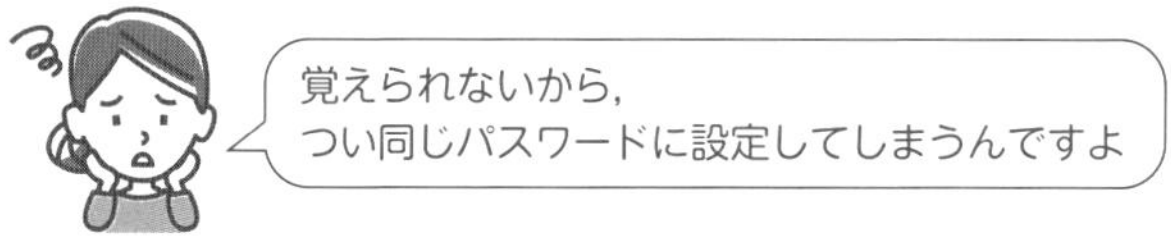

それではセキュリティ面で適切ではありません。そこで，**シングルサインオン**(SSO：Single Sign On) です。シングルサインオンとは，一つの認証情報 (ID/パスワードなど) で，複数のシステムにログインできるようにすることです。

(2) シングルサインオンの目的

ソフトウェア開発技術者の過去問 (平成20年午後1) に，シングルサインオンの目的に関する記述があるので，紹介します。

> 業務活動の統制の観点から，各社内システムのセキュリティ確保の問題が重要視されており，全社的に統一された認証情報の管理，統一されたアクセス制御の実施が望まれている。また，利用者である社員からも，個々のシステムを利用する際に，その都度IDとパスワードの入力を求められることの不便さを訴えられている。
>
> 情報システム部門では，こうした要求に応じるためにシングルサインオンの導入によって，利用者の利便性向上と統一的なセキュリティ管理を図ることにした。

ここにありますように，シングルサインオンの目的は，次の二つです。

❶統一的なセキュリティ管理

❷利用者の利便性の向上

2 SAML

SAML（Security Assertion Markup Language）は，特に情報処理安全確保支援士では定番の問題です。ネットワークスペシャリスト試験では定番とまではいえませんが，クラウドが進行している状況ですから，今後も出題が増えそうです。

基本的なSAMLの登場人物や流れはどれも基本的に同じなので，得意分野にしたい内容です。

(1) SAMLとは

SAMLは，認証，認可などの情報を安全に交換するためのフレームワークです。一度の認証で複数のサービスが利用できるシングルサインオン（SSO）を実現することができます。

(2) SAMLの登場人物

SAMLの登場人物は基本的に以下の4者です。

❶SP（サービスプロバイダ）

利用者にサービスを提供（provide）するシステム。Office365などのクラウドサービスや各種アプリケーションと考えてください。

❷IdP（IDプロバイダ）

SPや認証サーバと連携して，利用者の認証結果などを安全に受け渡すシステム。例として，複数の大学で共用のIDを利用する学術認証フェデレーションにおけるShibboleth(IdP)，Microsoft社のAD FS(Active Directoryフェデレーションサービス）があります。

❸認証サーバ

（一般的には社内に設置される）認証サーバです。Microsoft社のADサーバや，LDAPサーバと考えてください。

❹Webブラウザ

SPのサービスを利用するPCのブラウザです。

(3) SAMLの通信手順

SAMLの通信手順を情報処理安全確保支援士の過去問（平成29年春午後1問3）

で見てみましょう。問題によって，上記四つの登場人物の並び順が違うことがありますが，通信手順はおおむね同じです。

皆さんに覚えておいてほしいのは，通信手順の最初は，PCのブラウザからSPに対する「サービス要求」です。これだけ覚えておけば，四つの登場人物が通信手順のどの機器に対応するかという問題は，おおむね正解できるでしょう。

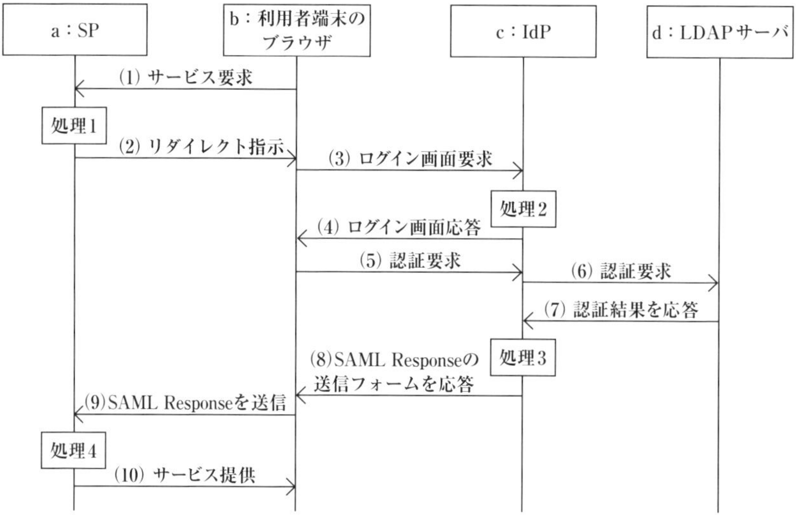

◉ SAMLの通信手順

処理番号	処理内容
処理1	・IdPに認証を要求するSAML Request を生成する。 ・IdPのログイン画面のURLと組み合わせて，リダイレクト先URLを生成する。
処理2	・URL内の[　g：クエリ文字列　]からSAML Request を取得する。
処理3	・利用者の認証が成功した場合，認証結果であるSAMLアサーションとそのディジタル署名を含めたSAML Responseを生成する。
処理4	・SAML Response に含まれるディジタル署名を検証することによって，ディジタル署名が[　h：IdP　]によって署名されたものであること，及びデータの[　i：改ざん　]がないことを確認する。 ・SAML Response 内の認証結果を確認し，サービスを提供すべきか決定する。

◉ 各処理の内容

さて，何点か補足します。

・処理1ですが，SPは認証情報をもっていません。そこで，IdPに問合せる必要がありますが，SPが自分で問合せをしません。利用者端末のブラウザに，問合せるように依頼します。そのために，「リダイレクト先URLを生成」するのです。

なぜSPが直接IdPに問合せないのですか？

利用者の認証情報（IDやパスワード）などを，SPに伝わらないようにするためです。セキュリティの観点から，SPに認証情報を伝えるのは望ましくありません。

・処理2ですが，認証要求である「SAML Requestを取得」していますから，ブラウザに対して，ログイン画面を応答することで，認証処理を実行します。
・処理3ですが，認証が成功すると，「SAML Response を生成」し，ブラウザを経由してSPに届けます。「ディジタル署名を含めた」とありますが，IdPの秘密鍵で署名をします。
・処理4ですが，ここの記載がある通り，デジタル署名を検証することで，正規のIdPが署名したことと，データが改ざんされていないことが確認できます。
　※署名の検証には，IdPの公開鍵が必要です。IdPの公開鍵は，事前にSPに登録しておく必要があります。

イメージをつかんでいただくために，(2) リダイレクト指示のパケットを見てみましょう。リダイレクトを表すステータスコード302 (❶)，リダイレクト先であるIdPのURL (❷)，SAML Requestのクエリ文字列 (❸) が確認できます。

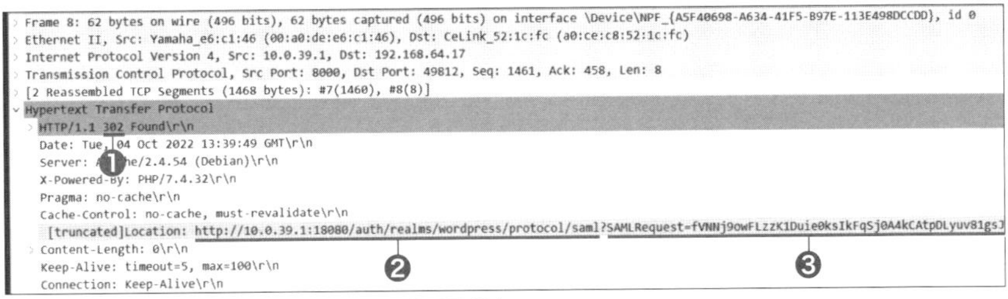

◉ リダイレクト指示のパケットの内容（抜粋）

3 ケルベロス認証

(1) ケルベロス (Kerberos) 認証とは

ケルベロス認証はシングルサインオン (SSO) を実現する方式の一つです。ケルベロスとは，もともとギリシア神話に登場する番犬 (門番) のことで，認証＝門番を通過する，というイメージで捉えるとよいでしょう。

身近な例だと，多くの企業で導入されているMicrosoft社のActive Directory環境です。PCのログイン画面からドメインにログインすると，その後は認証情報を入力しなくてもファイルサーバにアクセスできます。これは，ユーザが気付かないところでPCとActive Directoryサーバとファイルサーバとの間で，ケルベロス認証が行われているからです。

ケルベロス認証の利点は，クライアントからSSO対象のサーバに対し，パスワードを送信しなくてもよいことです。パスワードを扱う場所や機会が減るので，パスワードが漏えいしたり推測されるリスクを低減します。

なおKerberos認証は主にLAN内で利用されることが多く，インターネットでの通信や，Webサービスではあまり使いません。Kerberos認証ではポート番号 (TCP/88) を使う必要があるからです。よって，WebサービスのSSOは，OAuthやSAMLなどが主流で，これらはHTTPS (TCP/443) だけで利用できます。

(2) ケルベロス認証で使われる用語

ケルベロス認証に関する用語を説明します。

❶KDC (鍵配布センター，Key Distribution Center)

KDCは，チケットの発行や，鍵の管理，認証を行います。一般的にはKDCはディレクトリサーバ (認証サーバ) と同じサーバ上で動作します。WindowsのActiveDirectoryでも実はKerberos認証が動いているのですが，ディレクトリサーバであるドメインコントローラがKDCの役割も担っています。

❷チケット

KDCからクライアント (PC) に払い出されるチケットには，TGTとSTの二つがあります。チケットといってももちろん紙ではなく，電子的なデータです。認証を受けたユーザ名や，チケットの有効期限などが記録されています。

1) TGT (チケット保証チケット ;Ticket Granting Ticket)

PCがKDCから受け取る身分証明書に該当するチケットです。ユーザ名とパスワードを入力し，認証に成功した後に受け取ります。

2) ST（サービスチケット;Service Ticket）

PCがSSO対象のサーバに提示する個別のチケットです。STには，許可したサービスやサーバ名の情報が記録されています。PCがSSO対象のサーバにアクセスするにはまず，KDCにKGTを提示して，STを受け取ります。PCは，受け取ったSTをSSO対象のサーバに提示します。

TGTをST替わりにKDC以外の各サーバ（例えば営業支援サーバ）に送ってしまうと，サーバはTGTを入手できてしまいます。攻撃者によってサーバが不正アクセスされると，入手したTGTを使って組織内のあらゆるサーバにアクセスできてしまいます。

(3) ケルベロス認証の仕組み

❶登場人物

ケルベロス認証の主な登場人物は，PC（クライアント），KDC，SSO対象サーバの三つです。

❷共通鍵を使った暗号化

ケルベロス認証では，共通鍵暗号による認証及びデータの暗号化を行っています。例えば，PCとKDCの間で，共有鍵にて通信を暗号化します。ですから，PCとサーバの鍵は，事前にKDCにも共有しておく必要があります。

❸認証の流れ

過去問（令和4年午後1問3）の問題文を参照しながら，ケルベロス認証に流れを確認しましょう

PCの電源投入から，営業支援サーバへのアクセスの流れを図示したのが図2です。

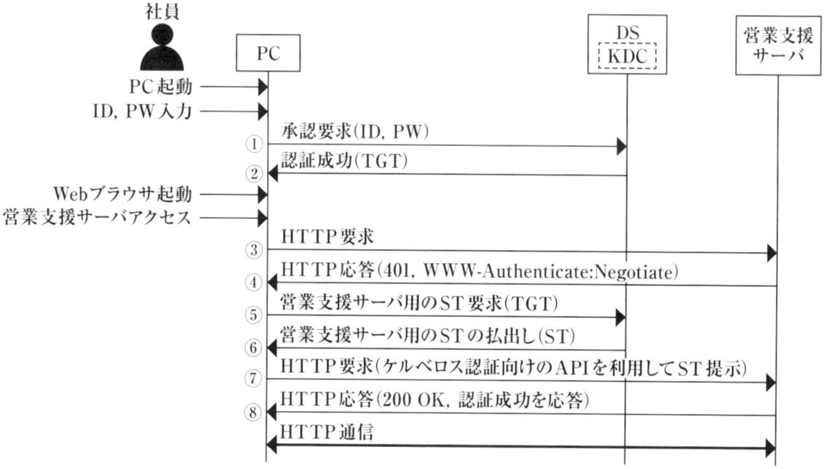

図2 PCの起動から営業支援サーバアクセスまでの通信手順（抜粋）

正直，それほど難しくはありません。PCは，①と②で，KDCからTGTを受け取ります。また，営業支援サーバに通信をするために，KDCに対してSTを要求（⑤）し，受領します（⑥）。

この中で，⑥のST払い出しと，⑦のSTの提示が，安全にSTをやり取りするうえで重要になってきます。以下の図をもとに解説をします。

⑥において，STは，営業支援サーバの鍵で暗号化されます（❶）。さらに，KDCは，暗号化したSTにセッション鍵などを付加し，全体をPCの鍵で暗号化します（❷）。

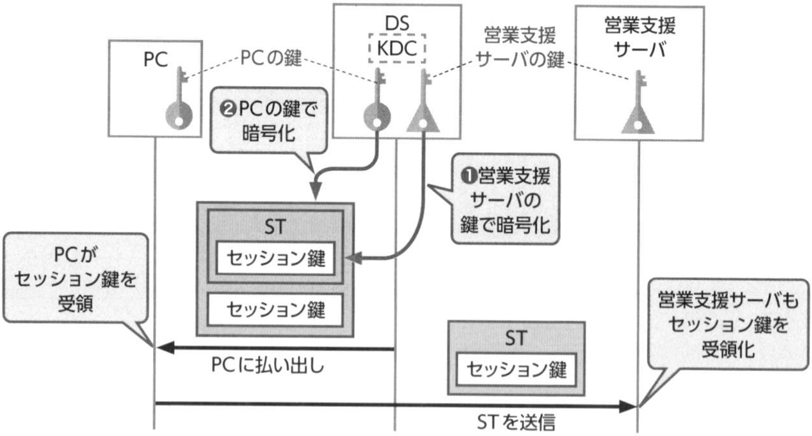

◉ ST払い出しの流れ

その後，PCはSTを取り出し，⑦において，暗号化されたままのSTを営業支援サーバに送ります。

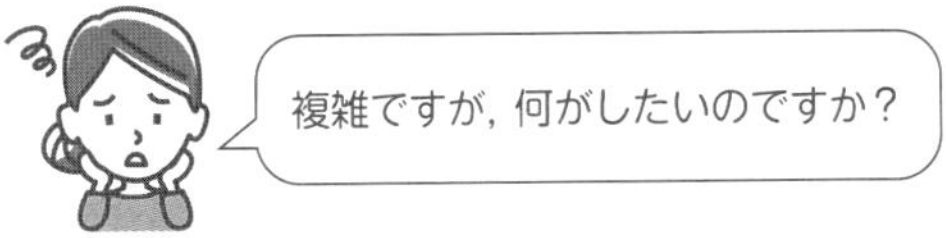

まず，⑥と⑦の通信ですが，どちらも暗号化されています。なので，第三者がSTを盗聴することができません。また，STは，営業支援サーバの鍵で暗号化されています。つまり，PCがSTを不正に操作し，認証情報を改ざんすることもできないということです。

第9章

WAN

9-1 ルーティング

1 ルーティングとは

ルーティングとは，宛先のIPアドレスにパケットを届けるために，最適な経路を探す経路制御のことです。

身近な経路制御（＝ルーティング）として，電車の乗り換えがあります。例えば，東京から大阪に行く場合，飛行機という経路の他に，新幹線という経路もあります。どちらを選ぶかのポイントは“費用”や“時間”です。ネットワークの経路制御においては“時間”が大事で，最短経路を探してルーティングをします。

2 ルーティングの具体例

実際のルーティングがどんなものか，具体例で確認しましょう。192.168.1.1/24のIPアドレスをもつPC（図❶）が，10.1.1.7のサーバ（図❷）と通信をしたいとします。PCはデフォルトゲートウェイであるルータ（R1）にパケットを転送します（図❸）。R1はR2とR3という二つのルータと接続しています。R1は，R2とR3のどちらのパケットを転送すればいいでしょうか。

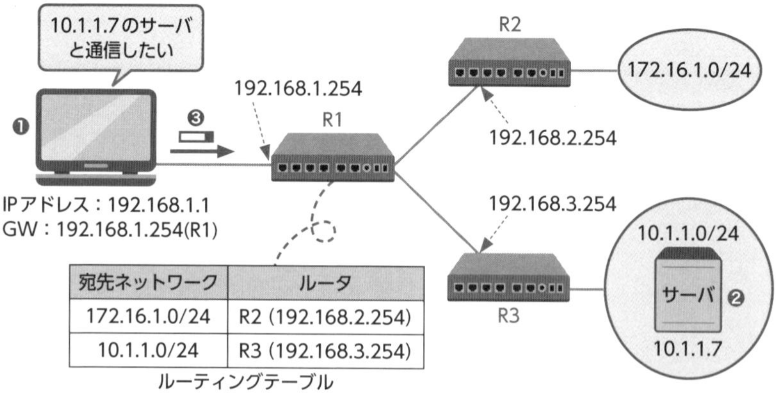

宛先ネットワーク	ルータ
172.16.1.0/24	R2 (192.168.2.254)
10.1.1.0/24	R3 (192.168.3.254)

ルーティングテーブル

◉ ルーティングの具体例

答えは簡単ですね。10.1.1.0/24のネットワークはR3に接続されていますから，R3にパケットを転送します。実際の動作としては，どのネットワークがどのルータと接続されているかというルーティングテーブル（R1が保持しています）を参照して，パケットを転送します。

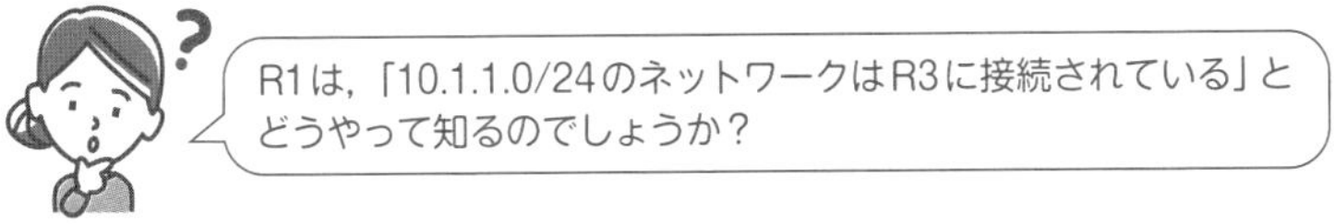

方法は二つあります。一つは，ネットワークの管理者がR1に教えます。具体的には，ルーティング情報をルータに「手動」で記載します。もう一つは，この情報を知っているR3に教えてもらいます。具体的には，ルータ同士で経路情報を交換することで，ルーティングテーブルに自動で記載されます。前者の方法をスタティックルーティング（静的ルーティング），後者の方法をダイナミックルーティング（動的ルーティング）といいます。動的ルーティングに関しては，9-2で詳しく解説します。

3 スタティックルーティング

静的ルーティング（スタティックルーティング）は，経路情報をルータに手動で記載します。この設定は静的（固定）で，自動で変化することはありません。

イメージをつかんでいただくために，先の構成において，R1に静的な経路（スタティックルート）を書いてみましょう。具体的には，172.16.1.0/24宛てのパケットが来たら，宛先のルータ（ネクストホップといいます）として，R2（IPアドレスは192.168.2.254）に送るという情報を記載します。

Ciscoルータでは，以下のコマンドでルーティングテーブルに記載できます。

```
ip route 172.16.1.0 255.255.255.0 192.168.2.254
         ❶                        ❷
```

設定を補足しますと，❶が宛先のネットワーク，❷がネクストホップとなるルータR2のIPアドレスです。

ちなみに，PCはどういう設定に基づいて
R1にパケットを送っているんですか？

実は，PCもルーティングテーブルをもっています。例で示したPCのルーティングテーブルには，「パケットは基本的にR1に転送する」という記載があります。このように，PCがデフォルト（標準的な設定）でパケットを転送するルータのことを**デフォルトゲートウェイ**といいます。これも，スタティックルートの一つです。

みなさんも，WindowsのパソコンでIPアドレスの設定をするときに，デフォルトゲートウェイの設定をされたことがあると思います。次は，Windowsパソコンのデフォルトゲートウェイの設定画面です。

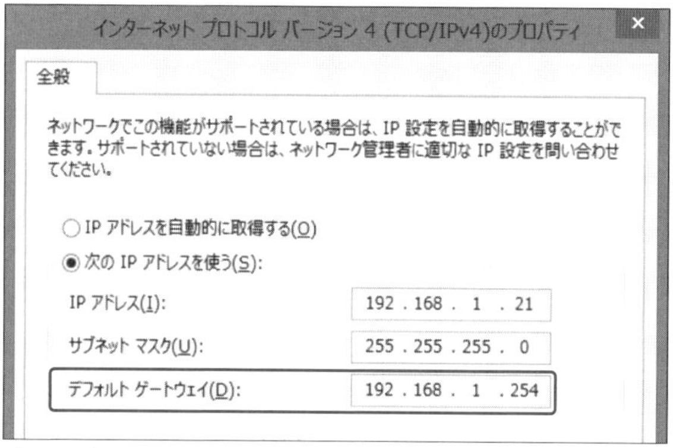

◉ **IPアドレスの設定画面とデフォルトゲートウェイの設定**

4 経路集約

経路集約とは，ルーティングテーブルにおいて，複数の経路をまとめることです。スーパーネット化と表現する場合もあります。

例えば，以下の図を見てください。ルータにはルータ1とルータ2が接続されていて，その先には三つのネットワークがあります。

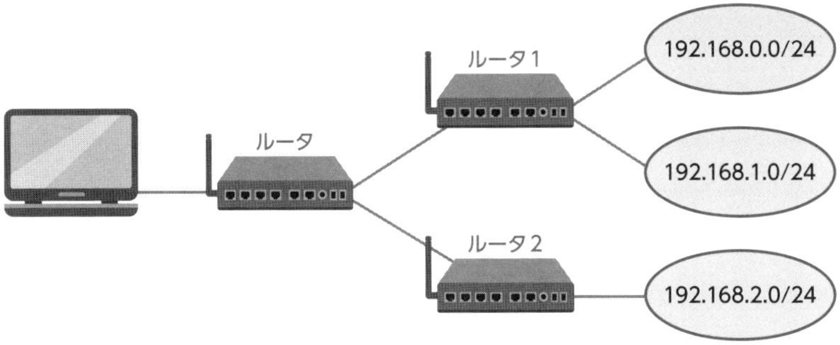

◉ 三つのルータが接続された構成図

ルーティングテーブル（経路情報）は次です（左側）。項番1, 2を見てください。二つの経路はどちらも宛先がルータ1です。

集約前

項番	宛先ネットワーク	転送ルータ
1	192.168.0.0/24	ルータ1
2	192.168.1.0/24	ルータ1
3	192.168.2.0/24	ルータ2

→

集約後

項番	宛先ネットワーク	転送ルータ
1	192.168.0.0/23	ルータ1
2	192.168.2.0/24	ルータ2

◉ ルーティングテーブルの経路集約例

経路の数が増えると，ルータの負荷が増えます。そこで，192.168.0.0/24と192.168.1.0/24を，192.168.0.0/23という経路にまとめる（＝経路集約）ことで，ルータの負荷を減らします。図の右側が集約後のルーティングテーブルです。

ちなみに，192.168.0.0/24と192.168.1.0/24を合わせると192.168.0.0/23と同じですか？

はい。同じです。

192.168.0.0/24　→　192.168.0.0〜192.168.0.255

192.168.1.0/24　→　192.168.1.0〜192.168.1.255

両者をあわせると192.168.0.0〜192.168.1.255＝192.168.0.0/23になります。

補足解説 CIDR

CIDR (Classless Inter Domain Routing) とは，クラスA～Cといった区分にとらわれずに，ネットワークアドレス部とホストアドレス部を任意のブロック単位に区切ることです。

CIDRはサブネットマスクと似ていて，概念や根底にあるものは同じです。両者を同じものと思っても，問題ないと思います。ただ，CIDRはそのスペルにRoutingとあるように，クラスにとらわれないルーティングが本来の意味です。よって，サブネットマスクとは，厳密には違います。

先ほど説明した192.168.0.0/23という経路集約の情報も，クラスにとらわれないルーティングなので，CIDRによる表記といえます。

注意点として，CIDRは必ずしもルーティングで使われるわけではありません。クラスにとらわれない表記方法という「概念」と考えるのがよいでしょう。

5 最長一致法（ロンゲストマッチ）

経路情報に合致するものが複数ある場合，合致しているネットワーク部の長さが長い方を選択します。これを**最長一致法**（**ロンゲストマッチ**，longest-match）といいます。プレフィックスがマッチ（match：一致している）部分がロンゲスト（longest：最も長い）ものが採用されるという意味です。

具体例で考えます。以下のルーティングテーブルを見てください。

◉ **ルーティングテーブル**

項番	宛先ネットワーク	転送先ルータ
1	192.168.0.0/16	ルータ1
2	192.168.3.0/24	ルータ2

例えば，192.168.3.11宛てのパケットがあります。このパケットは上記のルーティングテーブルの項番1と項番2のどちらも合致します。ルータ1とルータ2のどちらに転送されるでしょうか。

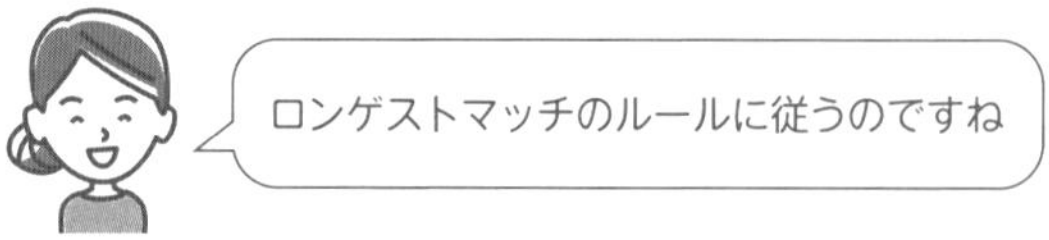

そうです。2進数表記で比べてみましょう。

◉ **合致する長さ**

項番	10進数	2進数				合致する長さ
	192.168.3.11	11000000	10101000	00000011	00001011	
1	192.168.0.0/16	11000000	10101000			16ビット
2	192.168.3.0/24	11000000	10101000	00000011		24ビット

※項番の1と2はネットワークアドレス部分であるプレフィックスに限定

項番1は16ビット，項番2は24ビット合致します。合致する部分が長い項番2が優先され，パケットはルータ2に転送されます。

9-2 動的ルーティング

1 静的ルーティングと動的ルーティング

ルーティングには，静的ルーティングと動的ルーティングがあることを9-1で説明しました。動的ルーティングは，ルータ同士が情報交換して，自動で経路情報を設定します。

ここで，静的ルーティングと動的ルーティングの違いを簡単にまとめます。

◉静的ルーティングと動的ルーティングの違い

	静的ルーティング	動的ルーティング
代表例	スタティックルーティング	RIP，OSPF，BGP
経路情報の設定	管理者が手動で設定	ルータ同士が情報を交換して自動で設定
メリット	設計した人の意図通りの確実な経路選択がされる	・自動で最適なルート選択が可能 ・障害時に自動で経路変更が可能
デメリット	大規模なネットワークでは，経路情報が多くなり，設定ミスにつながる可能性がある	ルータに負荷がかかり，処理が遅くなることがある（そこで，OSPFではエリアを分割する）

この章では，動的ルーティングの代表であるRIP，OSPF，BGPについて解説します。

2 RIP

(1) RIPの概要

最も基本的な動的ルーティングとして，**RIP** (Routing Information Protocol) があります。RIPは距離ベクトルアルゴリズムを用いたルーティングプロトコルです。経路情報は，通信先である「宛先ネットワーク」に到達するまでの，「方向（ベクトル）」と「距離」で表されます。方向は，隣接ルータである「ネクストホップ」で表し，距離は通過するルータの数である「ホップ数」で表します。

以下の図をみてください。172.16.11.0/24～172.16.13.0/24までの三つのネットワークがR1～R3の三つのルータで接続されています。

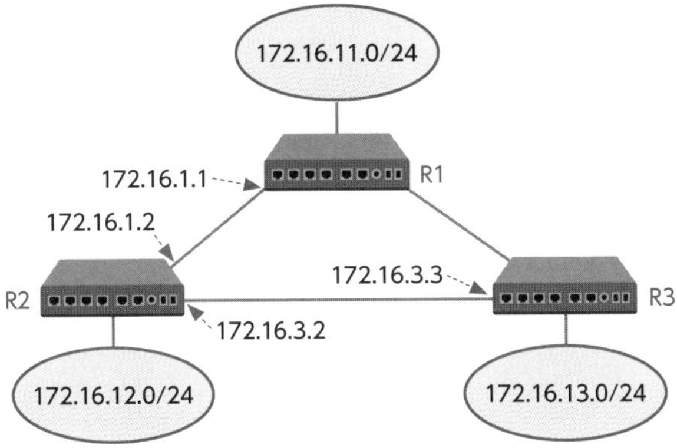

◉ RIPでのネットワーク構成例

この場合の，R2のルーティングテーブル（経路情報）は以下になります。

◉ R２のルーティングテーブル（経路情報）

宛先ネットワーク	ネクストホップ（方向）	ホップ数（距離）
172.16.12.0/24	直結	1
172.16.11.0/24	172.16.1.1	2
172.16.13.0/24	172.16.3.3	2

※これ以外に，ルータ間のセグメントの経路情報もありますが，ここでは省略しています。

なるほど。RIPでは，ルーティングテーブルが方向と距離で管理されているのですね

そうです。例えば，172.16.11.0/24のネットワークへ通信するには，方向が172.16.1.1に向けて，R2とR1という二つのルータを経由（距離2）することが分かります。

また，RIPにおけるホップ数の最大値は15です。それ以上のルータを経由する場合，到達不能と判断されてパケットは廃棄されます。

(2) RIPの限界

企業では，RIPはあまり使われていません。ルーティングとしての機能が不十分だからです。以下で，不十分な点を解説します。

❶経路変更に時間がかかる

RIPは，定期的な情報交換（レギュラーアップデート）として，30秒間隔で経路情報を交換します。

それだけではありません。定期的な情報交換だけで30秒がかかり，実際に経路情報が変更されるには，さらに3分ほど時間がかかってしまうのです。

❷ネットワークの回線速度を考慮できない

RIPはホップ数だけで経路を選択しますので，低速な回線なのか，高速な回線なのかといった点を考慮しません。ネットワークの回線速度を考慮しないため，最適ではない経路が選ばれる場合があります。

(3) RIP2 (RIP version 2)

RIPの問題点を部分的に改良したものが**RIP2**です。とはいえ，さきほどの問題点はほとんど解決されていません。RIP2における具体的な変更点は以下です。

- RIPでは経路交換にUDPを利用したブロードキャストを使用したが，RIP2ではマルチキャストに改良された
- RIP2ではサブネットマスクに対応した
- RIP2では，パスワードを確認してから更新情報を受けとる認証機能をもつ

◉ RIP2の改良点

(4) RIPng

RIPのプロトコルにおいて，IPv6でのルーティングプロトコルに対応したものがRIPngです。参考ですが，ngはnext generationの意味です。

3 OSPF

(1) OSPFの概要

RIPの欠点を踏まえ，現在では**OSPF**（Open Shortest Path First）が広く使われています。RIPは距離ベクトル型であったのに対し，OSPFはリンクステート型のアルゴリズムです。

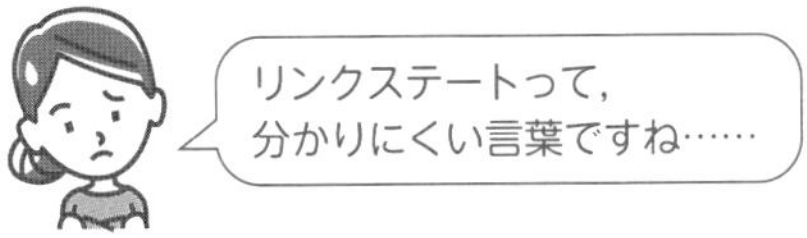

リンク（Link：接続）のステート（Status：状態）を管理するとイメージしてください。全てのルータの接続（リンク）状態を管理した上で，この後に説明する「コスト」が最小となる経路を選びます。

(2) コスト

OSPFの重要な概念として，**コスト**があります。コストは，物理ポートの帯域幅に反比例した式で計算される値です。コストは，回線速度の大きい方が小さい値になります。例えば，100Mbpsの回線と1Gbpsの回線では，1Gbps回線の方が，コストが小さくなります。OSPFではコストが小さい1Gbpsの回線を経路として選択します。

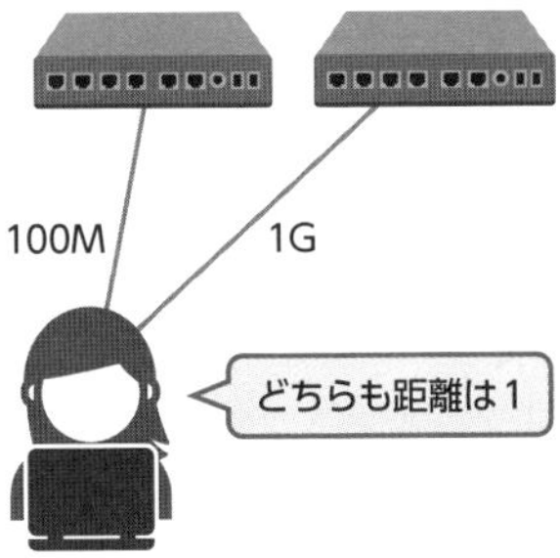

◉ RIPの場合は距離だけ

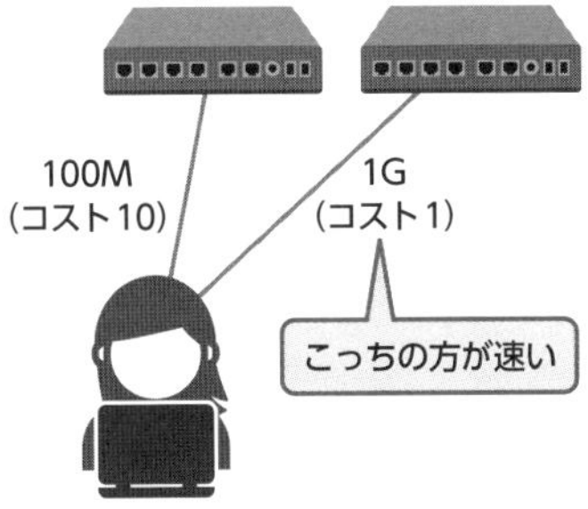

◉ OSPFの場合は回線速度を考慮

コストの計算方法ですが，出力側インタフェースのコスト値を積み上げて求めます。入力側インタフェースの値を足さないように注意しましょう。

次の過去問（平成28年午後2問2）で考えてみましょう。PCからデータセンタまでの経路のコストを考えます。インターネットVPNを通る経路，つまりPC→広域イーサ網→本社→インターネットVPN→データセンタの場合（図の赤矢印）のコストはいくつでしょうか。

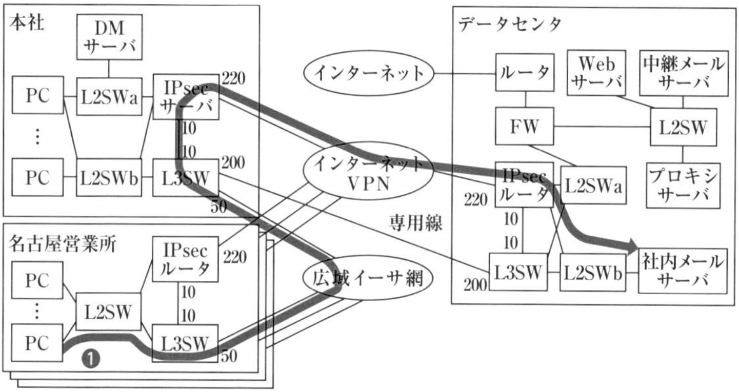

◉ 過去問で示されたOSPFの設定例

赤矢印が通っている各機器の出力側のコストを加算します。L3SWの広域イーサ網側で50，本社のIPsecサーバとL3SWの間で10，IPsecサーバのインターネットVPN側で220に設定されているので，足し合わせた280がコストです。

コスト＝50＋10＋220＝280

(3) エリア

OSPFでは，ネットワークを**エリア**と呼ばれる単位に分割します。目的は，詳細な経路情報をエリア内のみで共有することで，ルータの負荷を軽減するためです。ネットワークの規模が大規模になると，経路情報が複雑で大容量になります。ルータにかかる負荷が増えて，転送速度や切り替わり時間が遅くなるなどの問題が発生します。その対策のために，エリア分割するのです。

また，エリア番号が0であるエリアは**バックボーンエリア**と呼ばれ，必ず存在しなければなりません。

(4) エリア境界ルータ

エリアを複数に分割する場合には，バックボーンエリアとその他のエリアが隣接するようにエリア分けを設計します。

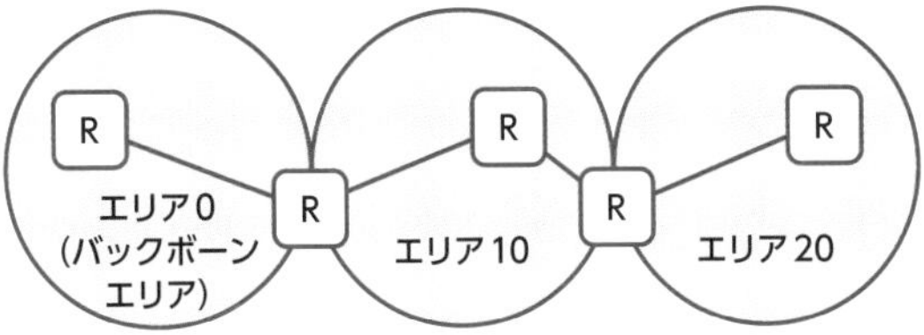

◉ エリア0以外が接続している構成

はい。エリア0以外は，必ず，バックボーンエリアであるエリア0と隣接している必要があります。ですから，以下のように，エリア0に他のエリアが隣接している設計にします。

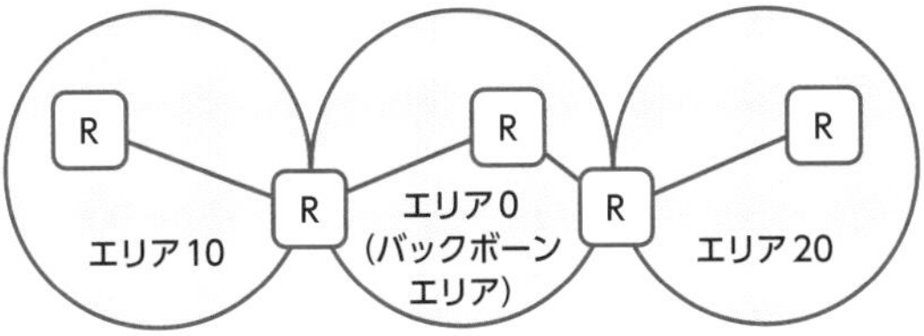

◉ エリア0とそれ以外のエリアが接続している構成

また，バックボーンエリアと，その他のエリアを相互接続するルータは，エリア境界ルータ（ABR：Area BorderRouter）と呼ばれます。ABRでは，エリア内の経路情報を集約して，他のエリアに送ることができます。

過去問（平成26年午後1問1）の構成で解説します。次のように，図の左にある業務系セグメント（10.1.0.0/24）と動画系セグメント（10.1.1.0/24）との経路情報を，ABRで例えば10.1.0.0/23などと集約します。

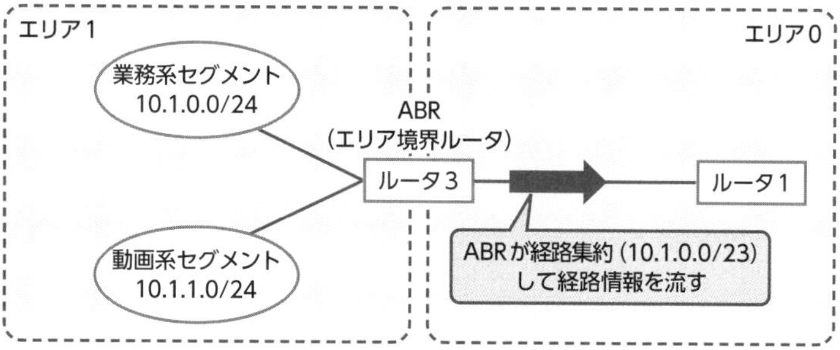

◉ OSPFのエリア境界ルータによる経路集約

経路集約することで，対向ルータへ送る経路情報が少なくなります。情報量が少なくなるので，通信トラフィックを減らすことができます。加えて，受け取ったルータ側でもルーティングテーブルの数が少なくなり，ルータのメモリ消費量を減らすことができます。ルータの負荷が減れば，処理速度が速くなります。また，障害時やトポロジ（＝ネットワークの構成）の変更時における収束時間（＝経路が切り替わる時間）も短縮できます。

(5) DRとBRR

❶DRとBDRとは

大規模なネットワークになるにつれて，一つのセグメントに複数のルータが存在します。ですが，全てのルータが経路交換をするのは無駄です。そのセグメント内で，経路情報の交換をするルータを決めます。それがDRとBDRです。

・DR (Designated Router):代表ルータ

・BDR (Backup DR):バックアップ代表ルータ

・DROTHER:その他，DRやBDRにならなかったルータ

いえ，セグメントごとに一つです。一つのエリアは通常の場合，複数のセグメントを持つので，エリアの中に複数のDRとBDRが存在することになります。

❷DRとBDRの選出方法

DRとBDRの選出方法ですが，OSPFのPriority（優先度）が高い（＝値が大きい）ルータから順に，DR，BDRになります。Priorityは，0から255までの任意の値を設定できます。初期値は1です。ただし，これは全てのルータが起動している状態の場合です。優先度が高いルータが後から起動しても，DRにはなりません。

過去問（平成30年午後1問3）では，「“スポークとなる機器がOSPFの代表ルータに選出されてしまうと，スポーク拠点間のIPsecトンネルが解放されなくなってしまうので，それを防ぐために，スポークとなる機器のOSPFに追加の設定が必要になる”というものであった。そこで，Eさんは，防止策として⑧追加すべき設定内容を定めた。」とありました。スポークとなる機器とは，「拠点側の小さめのルータ」と考えてください。

設問では，「追加すべきOSPFの設定」が問われ，正解は，「OSPFのプライオリティを0に設定する」です。プライオリティを0にすると，DRやBDRには選定されることはありません。

(6) ECMPによる冗長化

ECMP（Equal Cost Multi-path）は，ルーティングにおける負荷分散の仕組みです。最適経路が複数ある場合に，経路を分散してパケットを転送します。これにより，経路の冗長化と負荷分散の両方を実現します。ECMPは，OSPFに限らず，RIPや静的経路でも利用できます。また，ECMPの設定は基本的には不要で，等コストであれば自動で負荷分散します。

ECMPの動作モードとして，パケットモードとフローモードがあります。

◉ パケットモードとフローモードの違い

	パケットの処理方法	特徴	利点
パケットモード	パケットごとにランダムに経路を選択	同じ宛先でも，バケットごとに経路がバラバラ	パケット単位で経路を分けるので通信の偏りが少なくなる
フローモード	送信元IPアドレスと宛先IPアドレスごとに選択	送信元と宛先が同じであれば，経路は固定	通信品質（遅延など）への影響が少ない

通常は，通信品質の影響が少ないフローモードを使います。パケットモードに比べて通信の偏りの懸念もありますが，送信元IPアドレスと宛先IPアドレスのどちらかも一つに固定された通信というのは考えにくいので，それほど偏ることはないと思われます。

(7) RIPとOSPFの違い

ここまでの復習を兼ねて，RIPとOSPFの違いを整理します。

◉ RIPとOSPFの比較表

項目	RIP-1	RIP-2	OSPF
アルゴリズム	距離ベクトル型		リンクステート型
最短経路を判断する仕組み	ホップ数		コスト
可変長サブネットマスク	×	○	○
ルーティング情報の更新方法	ブロードキャスト (255.255.255.255)	マルチキャスト (224.0.0.5〜6)	
ルーティング情報の更新間隔	30秒ごと		変更の都度

4 BGP

BGPの説明の前に自律システム（AS：Autonomous System）について説明します。

(1) AS（自律システム）

AS（自律システム，Autonomous System）とは，特定のルーティングポリシで管理されたルータが集まったネットワークのことです。多少乱暴ではありますが，「AS＝各ISPや各企業」と考えてください。

そもそも，なぜASという概念が必要なのですか？

小さい企業の中のルーティングを管理することは難しくありませんが，世界規模のルーティングを管理するのは大変です。そこで，ASという単位を設け，「AS内は自分たちで管理する」という考え方にしているのです。日本やアメリカなどの世界中の国が，それぞれ自国を管理しているようなものです。また，AS間でお互いに通信をするために，各ASにはAS番号が割り振られます。番号があった方が管理しやすいからです。

(2) BGPの概要

BGP (Border gateway protocol) は，パスベクトル型アルゴリズムです。RIPのディスタンスベクタ型に少し似ていて，パス (ASパス) とベクター(方向) で経路を決めます。ASパス (AS_PATH) は，接続先ネットワークへのASの経路情報を含んでいます。具体的には，どのASを経由して宛先に届くかという情報です。

また，BGPは，複数のASを結ぶ間で利用するルーティングプロトコル (EGPといいます) として用いられます。参考ですが，ASの内部で利用されるルーティングプロトコル (IGPといいます) は，既に解説したRIPやOSPFです。

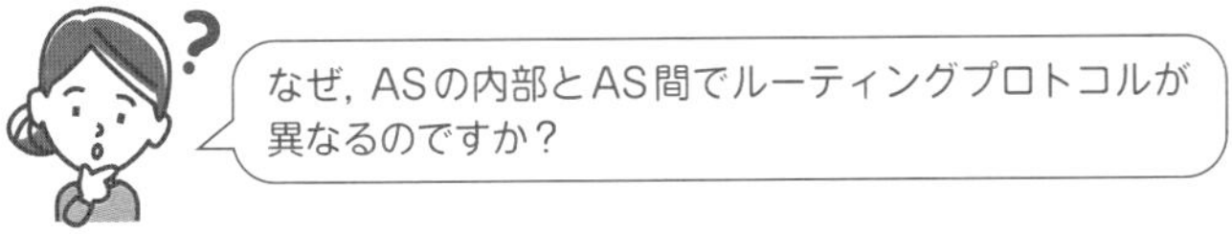

たとえが適切かは分かりませんが，東京と大阪の大都市を結ぶ新幹線と，大阪市内の環状線の電車では，電車の種類や線路，切符の種類や運行管理の仕組みなど，いろいろなものが違います。ルーティングでも同様で，EGPが使われるAS間を結ぶ接続は，IGPが使われるAS内の接続に比べて重要です。ですから，IGPとEGPの違いの一つとして，IGPではUDPを使っていますが，AS間で用いられるEGPでは信頼性の観点からTCPを利用しています。

さて，BGP-4はBGPのVersion 4という意味です。ネットワークスペシャリスト試験ではBGPとBGP-4の両方の表記がありますが，両者は同一のものとして考えてください。

(3) BGPの用語

BGPに関する補足的な用語です。過去問でも登場していますので，内容を確認しておきましょう。

❶ピア

BGP接続を行う2台のルータ間では，TCPのポート179番を使用して経路情報の交換を行います。このコネクションのことをピア(またはピアリング)と呼びます。また，ピアリングする相手のルータもピアといいます。

❷iBGP と eBGP

BGPには，iBGP (Internal BGP) と，eBGP (External BGP) があります。

iBGP (Internal BGP) は，同一のAS内で利用されるiBGP (Internal BGP) です。一方のeBGP (External BGP) は，異なるAS間で利用されるBGPです。例えば異なるプロバイダ間で使われます。

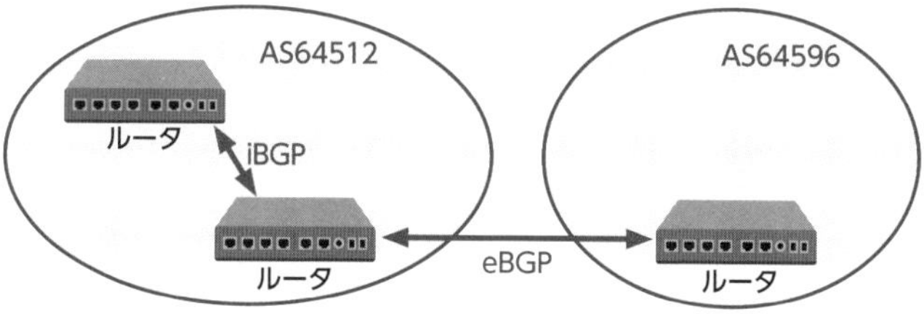

◉ iBGP と eBGP

IGPとEGPを分けるのと基本的には同じです。少し補足します。ネットワーク管理者は，自分の社内のネット枠に関しては，冗長化の仕組みなど，細かな設定をしたいと思うことでしょう。一方，eBGPの場合は，AS間なので，他のASルータの機種も，設定も，管理する人も別です。よって，あまり複雑な設定はできません。このように，iBGPとeBGPは設定内容が大きく違ってくるのです。

(4) BGPで交換されるメッセージ

BGPでは，ピアとの間でTCPポート179番によるBGP接続を確立し，経路情報を交換します。BGPで交換されるメッセージは五つあります，その中の二つを紹介します。

◉ BGPで交換されるメッセージのタイプ2とタイプ4

タイプ	名称	説明
2	UPDATE	経路情報の交換に利用する。 経路の追加や削除が発生した場合に送信される。
4	KEEPALIVE	BGP接続の確立やBGP接続の維持のために交換する。

(5) パスアトリビュート

パスアトリビュートとは，パス（path，経路と考えてください）のアトリビュート（attribute，属性）です。経路に関して，優先度や経由したAS番号などの情報が記載されています。また，最適経路の決定にも利用されます。例えば，LOCAL_PREFであれば，複数の経路がある中で，この値（優先度）が高い方が優先されます。

パスアトリビュートの概要を以下にまとめます。

◉ パスアトリビュートの概要

タイプコード	パスアトリビュート	概要
2	AS_PATH	経路情報がどのASを経由してきたのかを示すAS番号の並び
3	NEXT_HOP	宛先ネットワークアドレスへのネクストホップのIPアドレス
4	MED (MULTI_EXIT_DISC)	eBGPピアに対して通知する，自身のAS内に存在する宛先ネットワークアドレスの優先度のこと。MEDはメトリックとも呼ばれる
5	LOCAL_PREF	iBGPピアに対して通知する，外部のASに存在する宛先ネットワークアドレスの優先度

◉ タイプコードごとの最適経路選択の方法

タイプコード	最適経路選択の方法
2	AS_PATHの長さが最も短い経路情報を選択
3	NEXT_HOPが最も小さい経路情報を選択
4	MEDの値が最も小さい経路情報を選択
5	LOCAL_PREFの値が最も大きい経路情報を選択

5 ルーティングに関するその他の仕組み

ルーティングに関して，いくつか補足します。

❶パッシブインタフェース

ルーティング情報を受信はするが，送信はしないインタフェースを設定することができます。これを，受動的な（passive）という意味で，パッシブインタフェースといいます。

以下の図をみてください。ルータ1とルータ2はRIPが動作して（図❶），経路情報を交換しています（図❷）。一方，PCはもちろんRIPが動いていません。ルーティングの設定として，デフォルトゲートウェイを設定しているだけです。ですから，ルータはPCに経路情報を流す必要はありません（図❸）。そこで，ルータのP2は，パッシブインタフェース（図❹）にして，RIPによる無駄なトラフィックを流さないようにします。

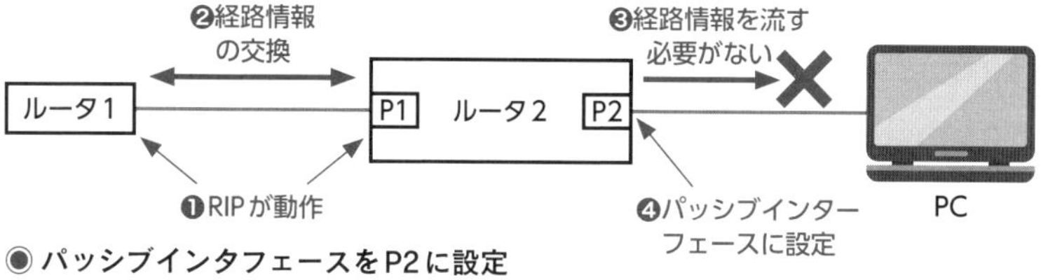

◉ パッシブインタフェースをP2に設定

過去問（平成29年午後1問3設問3（2））では，パッシブインタフェースの動作の特徴として「Helloパケットを出さない」とありました。

❷再配布

経路情報の再配布とは，例えば，OSPFで学習した経路情報をBGPが動作するネットワークに通知することです。

異なるルーティングプロトコルでは，経路交換ができません。よって，再配布することで，経路情報を伝えます。

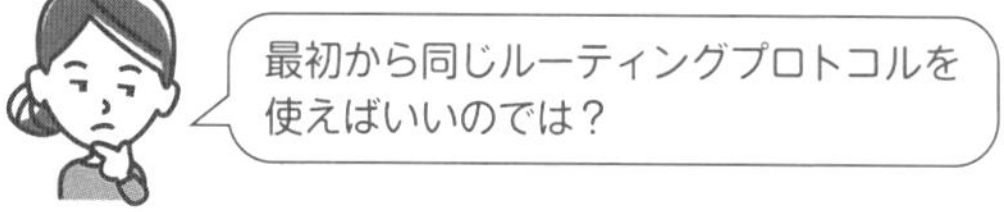

現実的はそうはいかない場合もあるのです。例えば，社内はOSPFを動かしていても，WANに関しては，他社であったり，使用するWANサービス（IP-VPN網は基本的にBGP）の制約があったりします。よって，同一企業内で複数のルーティングプロトコルが混在することは少なくありません。

ではここで，Ciscoルータにおける設定例をご紹介します。以下は，RIPの経路情報をOSPFに再配布（redistribute）する場合の設定例です。

```
Cisco(config)# router ospf 1
Cisco(config-router)# redistribute rip
```

◉ RIPの経路情報をOSPFに再配布する設定

前記は最もシンプルな設定です。RIPとOSPFでは，最適は経路を判断する基準であるメトリック（コストやホップ数）が違います。よって，実際の設定では，再配布する際のメトリック値をどうするかなどの設定も行います。

補足解説

再配布時の注意点

複数のルータで経路の再配布を行うと，経路情報がループしてしまうことがあります。以下はループするイメージをつかんでもらうために，簡略化した図で説明します（実際にループするのは，もう少し複雑な状況です）。

左側のネットワークではOSPF，右側はBGPが動作しています。R4のルータに着目してください。R4は，サーバの経路情報をもっています。それをR2に伝えます。（図❶）。これにより，R2は「サーバと通信するにはR4へ送ればいい」ということを知ります。R2はeBGPによるサーバの経路情報をOSPFに再配布してR1に伝えます（図❷）。R1は，「サーバと通信するにはR2へ送ればいい」ということを知り，この経路情報をR3に伝えます（図❸）。この情報がR4に再配布して伝わります。結果的に，R4は，「サーバと通信するにはR3へ送ればいい」という情報をもってしまいます。

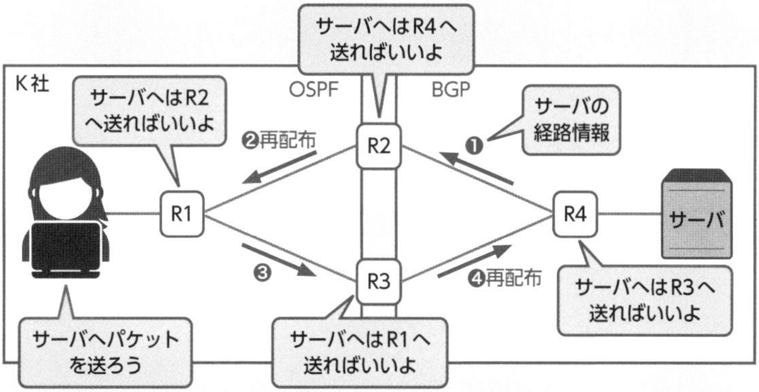

◉ 再配布による経路情報のループ

変ですね。R4では，すぐ近くにサーバがあるのに，R3に送るという経路情報をもらうんですね

そうなんです。再配布を繰り返すと経路がおかしくなりますね。そこで，BGPから再配布された経路をBGPに再配布しないという当たり前の経路制御が必要になります。

❸アドミニストレーティブディスタンス

一つのルータが，複数の経路情報を受け取る場合があります。

過去問（平成30年午後1問3）の例では，拠点のL3SWがIP-VPN網からはBGPで本社宛ての経路を受け取り，インターネットVPN網からは，OSPFで本社宛ての経路を受け取りました。つまり，2重で経路を受け取ったのです。

このときのネットワーク構成図と，L3SWのルーティングテーブルは以下のようになります。

◉ L3SWのルーティングテーブル（イメージ）

ルーティングプロトコル	宛先ネットワーク	ネクストホップ
BGP4	192.168.1.0/24	10.1.1.1
OSPF	192.168.1.0/24	192.168.12.1

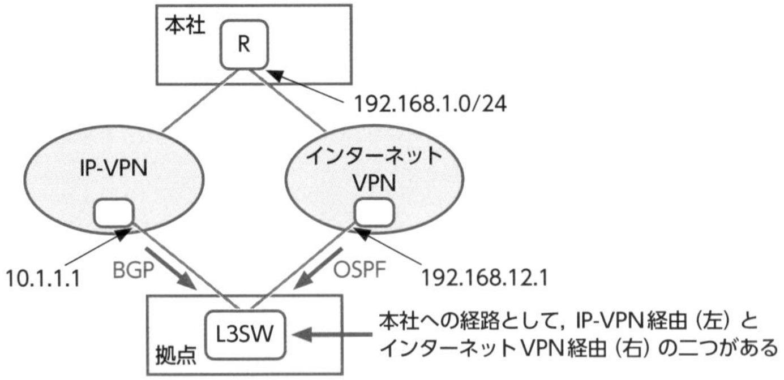

◉ 複数のルーティングプロトコルから経路情報を受信

このとき，どちらの経路が優先されるでしょうか。どちらを優先するかは事前に決められていて，アドミニストレーティブディスタンス値が小さい方が優先されます。（値や優先度などは覚える必要がありません。）

◉ Ciscoルータの場合のアドミニストレーティブディスタンス値

ルーティングプロトコル	アドミニストレーティブディスタンス値
直接接続	0
スタティックルート	1
BGP	20
OSPF	110
RIP	120

もちろん，この値は，設定にて変えることができます。過去問（平成30年午後1問3）では，値や優先度は問われませんでしたが，「BGP4から得られた経路を優先する」という解答が求められました。

9-3 WAN

1 WANのサービス

1-1の「ネットワークとは」で，ネットワークは，LAN，WAN，インターネットに分けられることを紹介しました。復習になりますが，複数の拠点や取引先などと接続されたネットワークを**WAN**（Wide Area Network）といいます。

WANのサービスには，レイヤ1レベルのサービスである専用線，レイヤ2レベルのサービスである広域イーサネットと，レイヤ3レベルのサービスであるIP-VPNがあります。参考ですが，WANサービスではありませんが，レイヤ3レベルのWANを構築する方法として，IPsecによるインターネットVPNがあります。

2 専用線

専用線は，その名の通り，契約した企業が専用で利用できる回線です。単に物理的なケーブルを準備してもらっていると考えてください。接続するには，DSU（Digital Service Unit：メタル回線を接続する装置）やONU（Optical Network Unit：光回線を接続する装置）などといった回線終端装置を設置します。

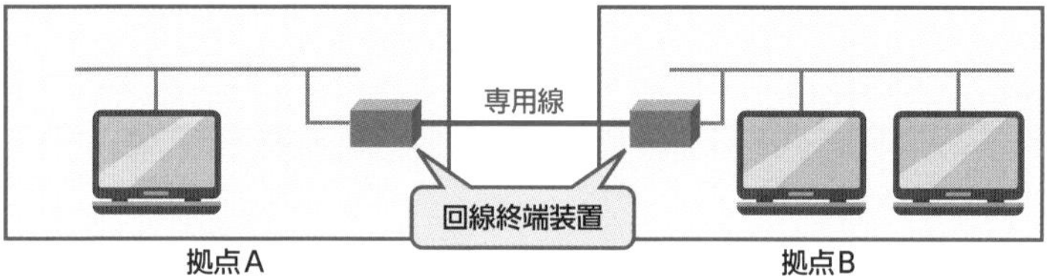

◉ 専用線の接続構成

専用線の契約回線は年々減少しています。

理由は，料金が高いからですか？

はい，それが大きな理由です。専用線は，企業が回線を占有するため，料金が高くなるのです。

代わりに，この後解説するIP-VPNサービスや広域イーサネットサービスが増加しています。これらのサービスは，価格以外の利点があります。専用線の場合，複数の拠点と接続する際に，専用線がたくさん必要になるのです（下図の左）。

一方，広域イーサネットやIP-VPNサービスの場合，以下に図にあるように，必要な回線が少なくて済みます。拠点Aを見ると，専用線では3本の専用線の契約が必要で，物理的な線が3本，回線終端装置も3台必要です。一方，右側の広域イーサネットやIP-VPNサービスの場合，拠点Aに必要な回線契約は一つで，物理的な線も回線終端装置も一つで済みます。

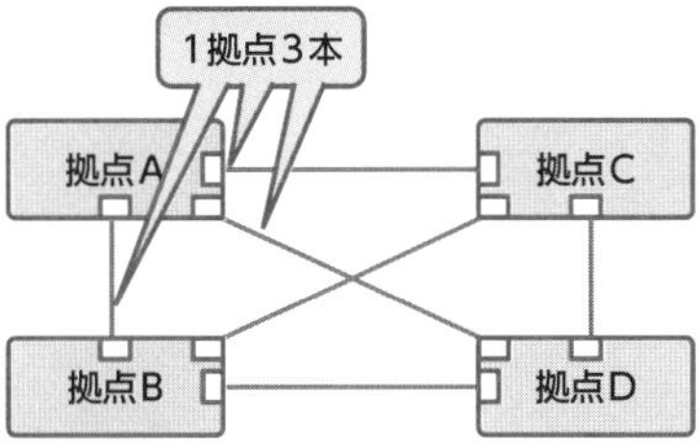

◉専用線の場合

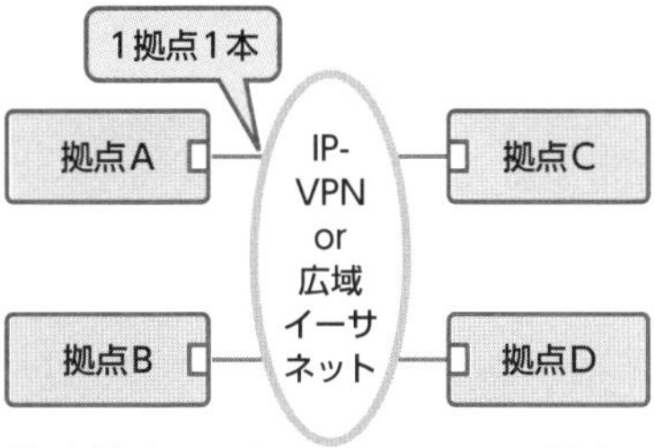

◉広域イーサネットやIP-VPNの場合

3 広域イーサネット

広域イーサネット（広域イーサ網）は，拠点間におけるLAN（イーサネット）です。通常は拠点内に閉じられたLANを，NTTなどの通信キャリアの設備を通じて拠点間に広げたものです。

通常は，拠点からインターネットへの出口にはルータやFWが設定されることが一般的です（次の図❶）。しかし，広域イーサネットに接続する場合は，LANの延長ですので，必ずしもルータやFWを置く必要がありません。以下の図のように，L2SWで接続することも可能です（同❷）。

また，各拠点は，100Mbps，1Gbpsなど，自由な回線速度を契約することができます（同❸）。

以下に，広域イーサネットによるネットワーク接続の例を紹介します。

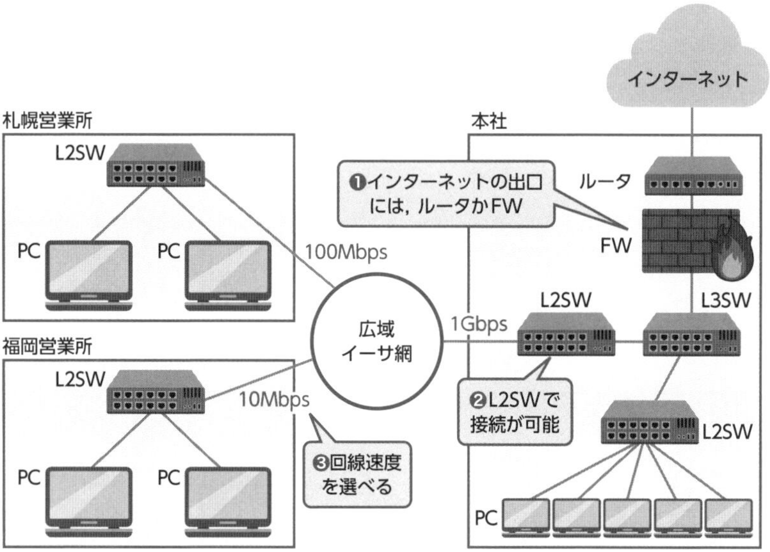

◉ 広域イーサネットの構成

4 IP-VPN

(1) IP-VPNとは

IP-VPNサービスは，通信事業者が提供する拠点間接続のWANサービスです。広域イーサネットでは，レイヤ2レベルでの接続を可能にしましたが，IP-VPNでは，拠点間の接続にルータを設置し，レイヤ3レベルでの接続を可能にします。

後半の章で解説するインターネットVPNも，レイヤ3レベルでのサービスになります。

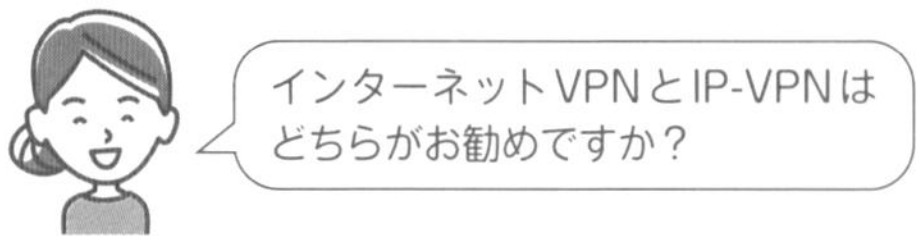

IP-VPNは，通信事業者が提供するサービスなので，セキュリティ面や品質面が保たれたサービスです。その半面，利用料金は高くなります。どちらがお勧め

というより，セキュリティ面やコストなどから企業に適したネットワークを選ぶことになります。

余談ですが，最近のネットワークスペシャリスト試験では，IP-VPNを使ったWANを取り上げる問題が少なくなっているように感じます。

(2) MPLSとラベル

IP-VPN網では，RFC 3031で規定された**MPLS** (Multi Protocol Label Switching) と呼ばれるラベルスイッチング方式を用いることが一般的です。これは，パケットに「**ラベル**」と呼ばれる短い固定長のタグ情報を付与し，このラベルの情報をもとにルーティングをします。

普通のルーティングではダメなのですか？

いえ，そんなことはありません。ですが，ラベルによるルーティングはIPアドレスによるルーティングに比べて，高速な通信が可能になります。それは，ラベルがどこに転送するかだけを記載した単純なものだからです。

少し補足します。PEルータ (次項で解説) で付与するラベルには2種類のラベルがあります。一つは利用者を識別するVPN識別ラベル，もう一つはIP-VPN網内での経路情報のための転送ラベルです (先に説明したルーティングをするためのラベルです)。

以下は，ラベル付けをする前のパケットと，IP-VPN網内でラベル付けをした後のパケットです。

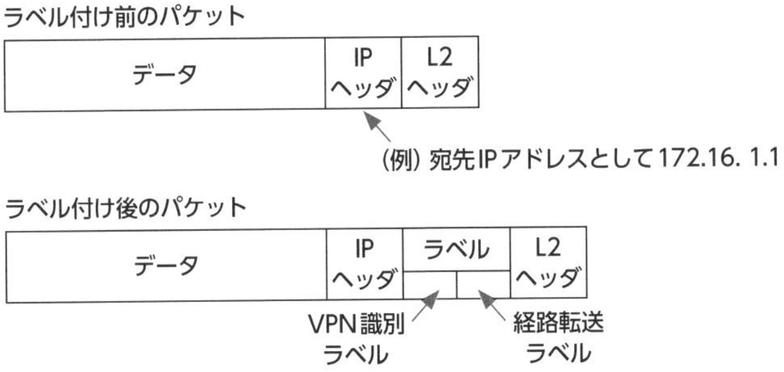

◉ **ラベルを付ける前と付けた後のパケットの違い**

(3) PEルータとCEルータ

IP-VPNの構成をもう少し詳しくみていきましょう。

利用者の拠点と，IP-VPN網との接続点において，利用者が設置するルータを，CE (Customer Edge) ルータといいます。CEは，顧客 (Customer) の端 (Edge) にあるルータという意味です。

このCEルータから送られたパケットは，通信事業者のPE (Provider Edge) ルータでラベルが付与されます。PEは，Provider (通信事業者) の端 (Edge) という意味です。IP-VPN網内では，付与されたラベルを用いてパケットが転送されます。

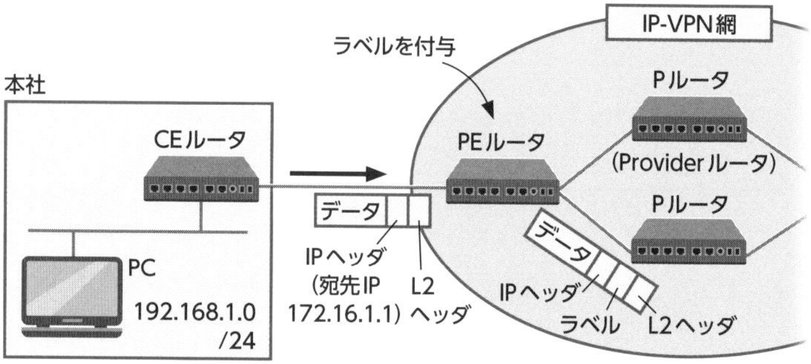

◉ CEルータとPEルータ

5 マルチホーミング

マルチホーミングとは，インターネット接続において，回線を冗長化する仕組みです。目的は，インターネット回線の帯域を広くすることと，片方の回線に障害があっても通信を継続させることです。

マルチホーミングを実現するには，複数のプロバイダ (ISP) とインターネット接続契約をする必要があります。そして，複数のインターネット回線を利用できる状態にして，負荷分散装置などを使ってインターネット通信を振り分けます。

通信を振り分ける仕組みは，内部から外部と，外部から内部の通信で実現方法が異なります。

順に解説します。

❶内部から外部

内部PCからのインターネット閲覧を冗長化するケースです。PCからインターネットへの通信（図❶）を冗長化するために，企業の内部に負荷分散装置（LB）を設置します（図❷）。負荷分散装置（LB）が，PCからインターネットの通信を複数のプロバイダ（ISP）に振り分けます（図❸）。

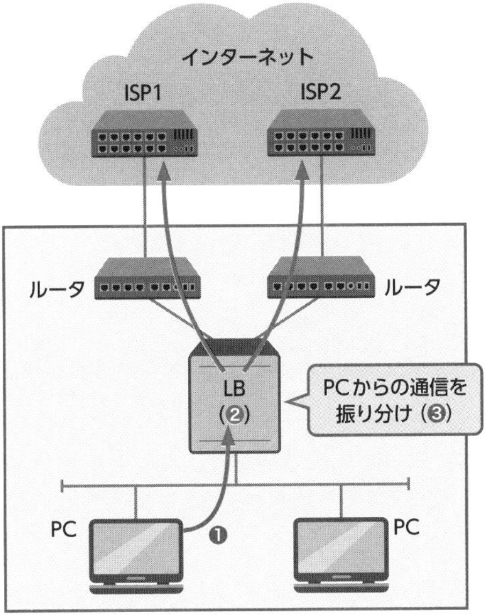

◉ 負荷分散装置（LB）でインターネットへの通信を負荷分散

❷外部から内部

インターネットから公開Webサーバへの通信を冗長化するケースです。「❶内部から外部」のように，PCからの通信経路にLBを置くことはできません。説明すると長くなってしまうのですが，世界中のPCの通信経路上に，自前でLBを設置することは費用的にも実行上でも不可能なのです。雑な説明でごめんなさい。

そこで，インターネットから内部への通信を冗長化する場合には，DNSラウンドロビンの仕組みを使います。例えば，次の図のように，ISP1からは203.0.113.1（図❶），ISP2からは198.51.100.1（図❷）の二つのIPアドレスを割り当てられているとします。DNSラウンドロビンにて，二つのIPアドレスを交互に払い出せば（図❸），外部からの通信経路を振り分けることができます（図❹）。

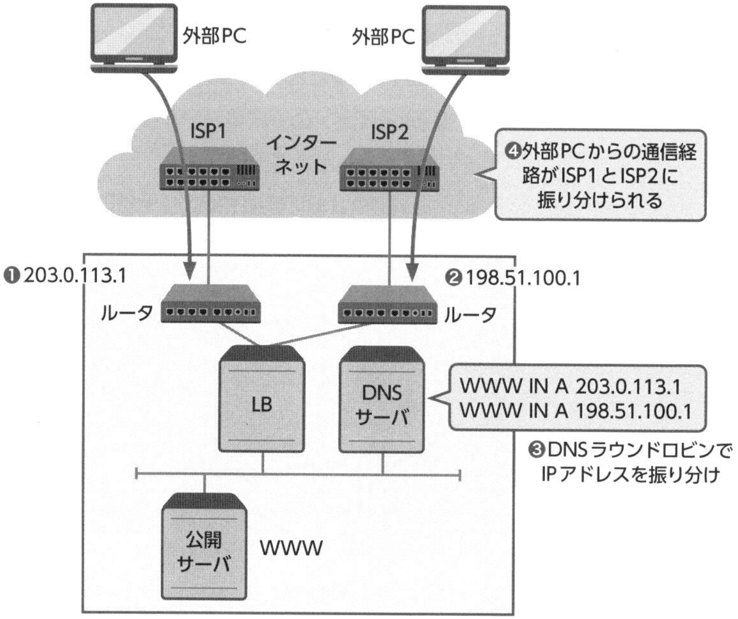

◉インターネットからの通信経路を負荷分散

6 WAN高速化装置

WAN回線は，回線速度を1Gbpsから2Gbps，3Gbpsなどの高速化すると，それに応じて費用も高額になります。**WAN高速化装置**（WAS）は，帯域を増やさずに，WANを高速化します。

そんなことができるんですか？
すごい……

はい。ただ，流れるデータの種類によって効果は変わります。確実に高速化できるとは限りません。

では，WAN高速化を実現する三つの方法を紹介します。次の図と照らし合わせて確認してください。

❶キャッシュ蓄積

通信したデータをWASにキャッシュとして保存することで，2回目以降の通信を高速化します。プロキシサーバがキャッシュ機能を備えることで応答を速くしているのと同じです。

❷データ圧縮機能

通信するデータをWASが圧縮します。

❸代理応答

TCPの通信は信頼性を確保するため，サーバとPC間では，確認応答であるACKのパケットを送受信しています。WANを超えると，そのやりとりに時間がかかるので，対向機器（下の図ではサーバ）に代わってWASが代行します。こうすることで，ACKの遅延の影響を削減します。

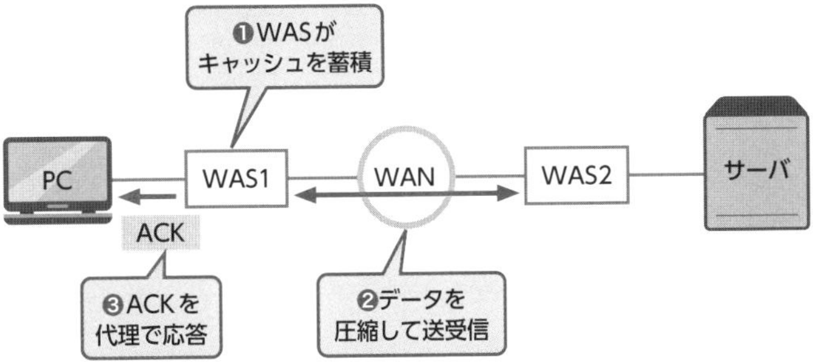

◉ WAN高速化の実現方法

補足解説　障害時の仕組み

WAN高速化装置の接続方式は，先の図に示すように，拠点間の通信経路上に配置されます。ですから，もしこの装置が故障すると，WAN経由の通信が行えなくなってしまいます。困りますね。

WAN高速化装置が故障しても通信を継続するために必要な機能が，IPSでも紹介したバイパス機能やフェールオープンともいわれる機能です。詳しくは，7-10の「IDSとIPS」を確認してください。

7 SD-WAN

SD-WAN（Software Defined WAN）を直訳すると「ソフトウェアで定義されたWAN」です。ただ，SD-WANは「概念」であり，メーカ各社によって実装できる機能が異なります。SD-WANの定義をあまり厳密に考えず，「物理的な制約にとらわれずに，ソフトウェアで実現するWANの仮想化技術」くらいにイメージしてください。

まあ，そんな感じです。実際，SDNのコントロールプレーンに該当するのがSD-WANコントローラで，利用者の通信トラフィックを転送するデータプレーンに該当するのがSD-WANルータです。SD-WANルータの設定は，SD-WANコントローラによって集中制御されます。

9-4 PPPとPPPoE

1 PPPとは

PPP (Point to Point Protocol) は，そのフルスペルが意味する通り，点 (Point) から点 (Point) (つまり，1対1) の通信で利用するデータリンク層のプロトコルです。古くは，アナログやISDNの電話回線を使ってダイヤルアップにて通信をする場合に使われました。PPPでは，通信相手との接続を行うだけでなくエラー処理機能なども持ちます。

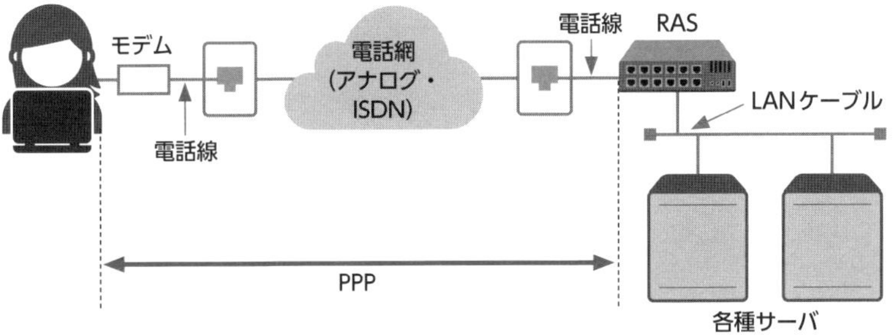

◉ PPPの通信

試験には出ないのですが，上記におけるRAS (リモートアクセスサーバ) だけ簡単に説明しておきます。RASは，ダイヤルアップ接続を受け付ける機能をもち，ユーザの認証も行います。

さて，PPPでは，PAPやCHAPなどの，パスワードを利用した簡単な認証しかできませんでした。そこで，認証機能などを拡張 (Extensible) したプロトコルが**EAP** (Extensible Authentication Protocol) です。EAPには，無線LANやIEEE802.1X認証で利用するEAP-PEAPやEAP-TLSなどがあります。詳しくは7-5の「認証」で解説しています。

補足解説 HDLC

PPPのプロトコルのもとになったのが，HDLCと呼ばれる手順です。HDLC手順は，古くに存在したベーシック手順を改良したものです。例えば，HDLCでは，ベーシック手順ではできなかった任意の長さのデータを送ることができたり，誤り制御の仕組みが実装されています。

HDLCでは，データの開始と終了位置が判断できるように**フラグシーケンス**と呼ばれる8ビットの「01111110」という値を挿入します。送受信されるデータは2進数で，例えば，011011110010111001011000110……というデータです。任意の文字数を送れる反面，どこがデータの開始や終了なのかが分からないのです。

参考までに，HDLCのフレームフォーマットを記載します。このフォーマットにおける先頭と末尾のフラグが，フラグシーケンスのことです。

フラグ	アドレス部	制御部	情報部	FCS	フラグ

◉ **HDLCのフレームフォーマット**

2 PPPoEとは

PPPoE（PPP over Ethernet）は，イーサネット（Ethernet）の上（over）で実現するPPPのことです。

LANで接続しているのに，わざわざPPPで接続する必要はあるのですか？

LANは，スイッチに接続すれば，誰もが接続できます。イーサネットのLANには認証という概念がないのです。しかしこれは，メリットでもありデメリットでもあります。なぜなら，認証もせずに誰もが自由に使えてしまっては，プロバイダが利用者に課金をすることができないのです。

そこで，LANでも認証できるようにしたのがPPPoEです。例えば，我々がプロバイダと契約して光回線のインターネットを利用しています。このとき，PPPoEを使ってユーザを認証した後に接続が許可されます。

9-5 IPsec

1 インターネットVPNとIPsec

インターネットVPN（Virtual Private Network）とは，インターネット上に構築する仮想的なネットワークのことです。インターネットVPNを使えば，各拠点の間を専用線や広域イーサネットサービスを使って構築するよりも，安価にかつ広帯域なWANを構築できます。なぜなら，1Gbpsの広域イーサネットの回線を契約しようとすると，月に何十万円という費用がかかります。一方，インターネット回線であれば，月に数千円程度で契約できるからです。

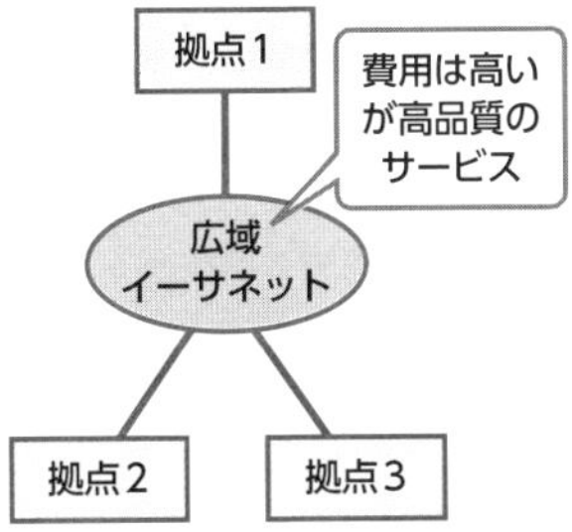

◉ 広域イーサネット

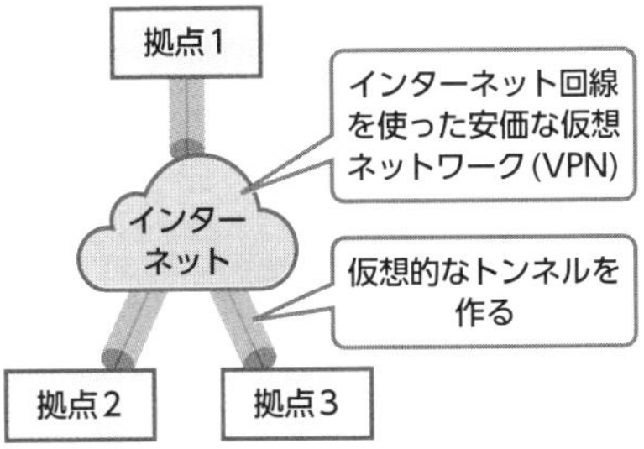

◉ インターネットVPN

また，インターネットVPNを実現する技術が，認証と暗号の機能をもった規格である**IPsec**（Security Architecture for Internet Protocol）です。

2 IPsecのプロトコル

IPsecには，**ESP**（Encapsulating Security Payload）とAH（Authentication Header）の2種類のセキュリティプロトコルがあります。ESP（Encapsulating Security Payload）は，暗号化と認証の両方の機能をもちます。一方のAH（Authentication Header）は，認証のみの機能をもち，あまり利用されていません。

ESPのパケット構造は次の通りです。この中で，暗号化されてる部分はペイロードとESPトレーラです。

◉ IPsecでの暗号化部分

IPヘッダは，宛先IPアドレスや送信元IPアドレスなどの情報をもちます。**ESPヘッダ**には，暗号化通信における各種情報をもちます。

ここで確認してほしいのは，ESPはTCPやUDPと違ってポート番号がないことです。よってポート番号を使ったNATであるNAPTができません。そこで，NATトラバーサルの仕組みを活用します。詳しくはこの後の9-7で解説します。

3 IPsecのパケット構造

下図に，IPsecでの通信の様子を紹介します。PC1から出たパケット（パケット❶）が，VPNルータ1で暗号化処理がなされてVPNルータ2に送られます（パケット❷）。VPNルータ2では，パケットを復号化してPC2に届けます（パケット❶）。

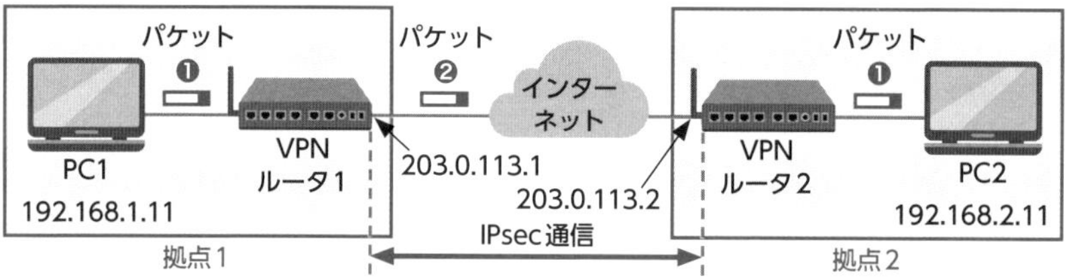

◉ IPsecの通信の流れ

では，このときのIPsecで暗号化したパケット構造を記載します。まず，上記の❶の暗号化前のパケットは以下です。送信元IPアドレスがPC1（192.168.1.11）で，宛先IPアドレスがPC2（192.168.2.11）です。

宛先IPアドレス	送信元IPアドレス	データ
192.168.2.11	192.168.1.11	

◉ パケット❶のパケット構造

次は，IPsecで暗号化したパケットです。先ほどのパケットにESPヘッダを付けるとともに，新しいIPヘッダを付与します。送信元IPアドレスがVPNルータ1（203.1.113.1）で，宛先IPアドレスがVPNルータ2（203.0.113.2）です。先ほど述べましたように，最後にESPトレーラやESP認証データが付与されますが，図では省略しています。

宛先IPアドレス	送信元IPアドレス	ESPヘッダ	宛先IPアドレス	送信元IPアドレス	データ
203.0.113.2	203.1.113.1		192.168.2.11	192.168.1.11	
			←暗号化		→

◉ パケット❷のパケット構造

また，VPNルータ2で復号化されたパケットは，PC1から送出されたパケットと同じ構造です。

4 IPsecの通信モード

IPsecの通信モードには，**トランスポートモード**と**トンネルモード**の二つがあります。トランスポートモードは端末間でIPsec通信を行うのに対し，トンネルモードはVPN装置間でIPsec通信を行います。一般的に利用されるのは，トンネルモードです。なぜならVPNルータにIPsecの設定をすれば，PCにて個別のIPsecの設定をする必要がないからです。

ちなみに，先ほど紹介した「IPsecの通信の流れ」の構成図もトンネルモードです。以下に，トランスポートモードでの構成例を紹介します。

◉ トランスポートモードでの構成例

トランスポートモードのIPsecで暗号化したパケットの構造は次の通りです。

宛先IP アドレス	送信元IP アドレス	ESP ヘッダ	データ (暗号化)
203.0.113.2	203.1.113.1		

◉ トランスポートモードのパケット構造

※ESPトレーラやESP認証データが付与されますが，図では省略。

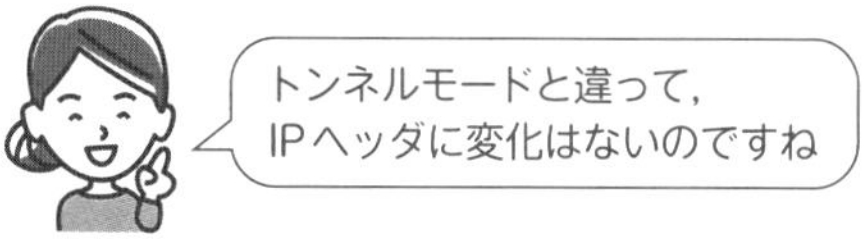

その通りです。暗号化前後で変化しているのは，データが暗号化されることと，ESPヘッダが付与されることです。過去問（平成29年午後1問2）では，「IPヘッダを暗号化対象としない」とあります。IPヘッダを暗号化したら，どこにパケットを届けていいか分からず，通信ができませんね。

5 IKE

IKE（Internet Key Exchange）とは，IPsecにおける鍵（Key）を交換（Exchange）する鍵交換プロトコルです。実際には，鍵交換だけでなく，使用する暗号方式や認証方式などもIKEによって決定します。

IKEv2では，IKEv1と比べて，仕組みが少し変更になりました。例えば，IKEv1のような「メインモード」，「アグレッシブモード」の区別はなくなりました。

また，シーケンスも変更されています。

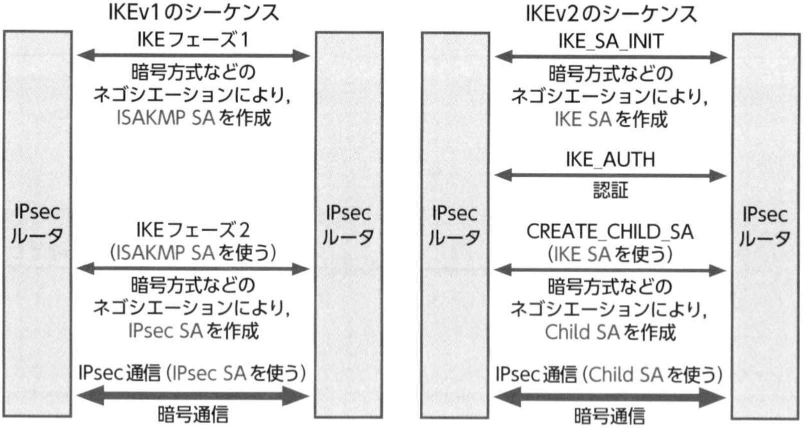

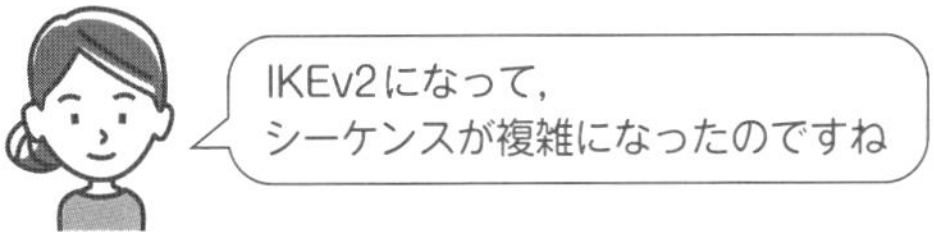

そう見えるかもしれませんが，実際には，各フェーズでやり取りするパケット数が大幅に減って，シンプルになっています。

では，前記のシーケンスに関して，補足します。IKEv1では，ISAKMP SAと，IPsecSAの二つのSAを作りました。SA（Security Association）とは，論理的な通信路ですが，TCPでいうセッションみたいなものと考えればいいでしょう。一方，IKEv2では，IKE SAとChild SAの二つを作ります。また，IKEv2では，IKE_AUTHというのがありますが，送信元偽装などを防ぐための認証機能です。あまり深入りせず，「ふーん，そうなんだ」くらいに考えてください。

IKEv1とIKEv2では内容が大きく変更になっているので，厳密には違います。ですが，試験でRFCレベルの細かいところは問われません。シンプルに理解するために，そう考えてもいいでしょう。

6 IPsecのNAT越え

IPsec通信では，VPNルータの間にNAT（NAPT）を行う装置があると，通信に失敗することがあります。理由は，IPsecのプロトコルであるESPやAHは，ポート番号をもっていないからです。IPsecのパケットはNAT（NAPT）機器を通過できないのです。

そこで，**NATトラバーサル**という技術を使いESPパケットに，UDPヘッダを付与します。UDPにはポート番号があるので，NAT機器を通過することができるのです。

NAT機器がある場合とない場合の違いを，パケット構造で確認ください。上が従来のESPのパケット構造で，下がUDPヘッダが付与されたNATトラバーサルによるパケット構造です。

宛先IPアドレス	送信元IPアドレス	ESPヘッダ	宛先IPアドレス	送信元IPアドレス	データ
203.0.113.2	203.1.113.1		192.168.2.11	192.168.1.11	

◉ ESPのパケット構造（従来）

宛先IPアドレス	送信元IPアドレス	UDPヘッダ（ポート番号含む）	ESPヘッダ	宛先IPアドレス	送信元IPアドレス	データ
203.0.113.2	203.1.113.1			192.168.2.11	192.168.1.11	

◉ ESPのパケット構造（NATトラバーサル）

VPNルータでは，通信経路上にNAT装置があるのが分かった場合，NATトラバーサルの機能でパケットにUDPヘッダを付与します。

7 IPsecトンネルの接続方式

(1) フルメッシュとハブアンドスポーク

IPsecトンネルの接続方式には，二つあります。本社などをハブとして，支店をスポークとして接続する方法がハブアンドスポーク，全ての拠点でIPsecトンネルを張るのがフルメッシュです。

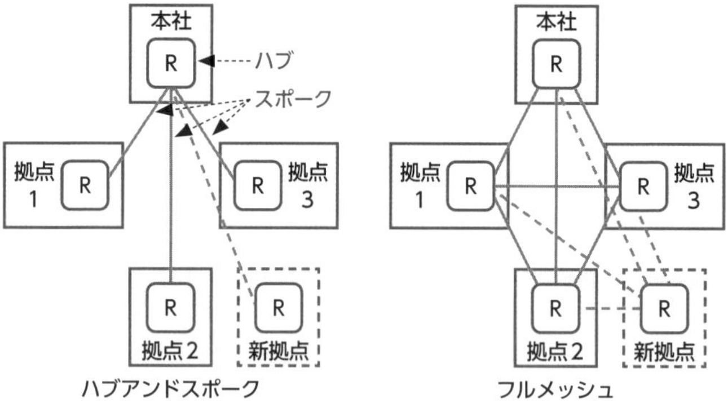

◉ ハブアンドスポーク構成とフルメッシュ構成

(2) それぞれの特徴

上図を参照してください。フルメッシュの利点は，拠点間の通信がハブを通らないので，遅延なく通信ができることです。また，拠点が増えると，ハブ拠点の負荷（回線およびNW機器）が高くなります。よって，本社側の機器は高価なものを用意する必要がありますし，処理速度が悪くなります。

ハブアンドスポークの利点は，設定がシンプルで，拠点を追加するときの設定が最小限で済むことです。また，拠点側は固定IPアドレスである必要がありません（これはコストメリットです）。多くの場合，拠点間通信はあまりないので，ハブアンドスポーク構成で十分だったりするのです。

過去問（平成30年午後1問3）では，「フルメッシュのIPsecトンネルのネットワーク構成に，追加拠点向けIPsecトンネルを手動で追加設定するネットワーク拡張方式は望ましくない」として，望ましくない理由が問われました。解答例は「新拠点追加のときに全拠点の設定変更が必要になるから」です。

いえ，WAN全体にいえることです。しかし，IP-VPNや広域イーサネットでは，このような検討をすることがあまりありません。例えば，広域イーサネットは，網の中に大きなスイッチングハブがあるのと同じです。どの拠点とも自由に通信ができる状態になっていて，実質的にフルメッシュ構成なのです。

9-6 カプセル化技術

1 カプセル化とは

カプセル化（「トンネリング」ともいいます）とは，フレームに新しいヘッダを付けることです。カプセル化の例として，IPsecがあります。IPsecでは，ESPというプロトコルで元データにヘッダを付けてカプセル化し，インターネットVPNを構築しました。

以下，レイヤごとのカプセル化技術の代表例を紹介します。

(1) レイヤ2のカプセル化技術

L2TP（Layer2 Tunneling Protocol），PPTP（Point to Point Tunneling Protocol）などがあります。レイヤ2のカプセル化技術は，試験で深くは問われていません。この二つがレイヤ2の技術ということだけを知っていればいいでしょう。

(2) レイヤ3のカプセル化技術

既に紹介したIPsec以外の代表的なカプセル化プロトコルとして，**GRE**（Generic Routing Encapsulation）があります。それ以外には，GREと同じようなカプセル化をするIP in IPがあります。IP in IPは，平成29年午後1問2に軽く登場した程度で，特に覚える必要はありません。一方，GREは過去問で何度も問われているのでしっかりと覚えておきましょう。

2 GRE

GREは，IPsecと同じくネットワーク層でカプセル化するプロトコルです。GREによって，拠点間を接続するVPNを構築することができます。しかし，GREはIPsecと違って，通信を暗号化することができません。

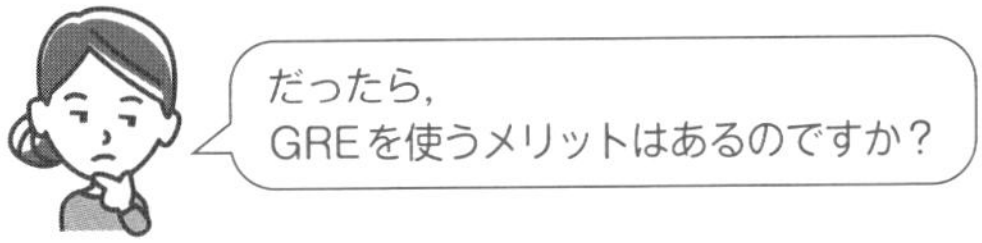

はい，GREにも利点があります。たとえば，IPsecでは，ブロードキャストやマルチキャストのフレームをカプセル化することはできません。ですから，OSPFのリンクステート情報の交換パケットが送受信できないのです。一方のGREは，ブロードキャストやマルチキャストのフレームをカプセル化できます。

また，両者の利点を組み合わせることも可能です。GREでカプセル化した上で，さらにIPsecによって暗号化するのです。この仕組みをGRE over IPsecといいます。この点は，後で詳しく解説します。

3 GREによるVPN

(1) 構成例

以下は，拠点1と拠点2の間をGREによるVPNを構築した図です。拠点1と拠点2はグローバルIPアドレスが割り当てられ，インターネットに接続しています。PC1から送られたパケット（下図のパケット❶）は，ルータ1にてGREによるカプセル化が行われてルータ2に送られます（下図のパケット❷）。また，このパケットを受け取ったルータ2は，カプセル化を元のパケットに戻してPC2に送ります。

このように，インターネットを介した通信であっても，PC1とPC2は，プライベートIPアドレスで通信をすることができます。

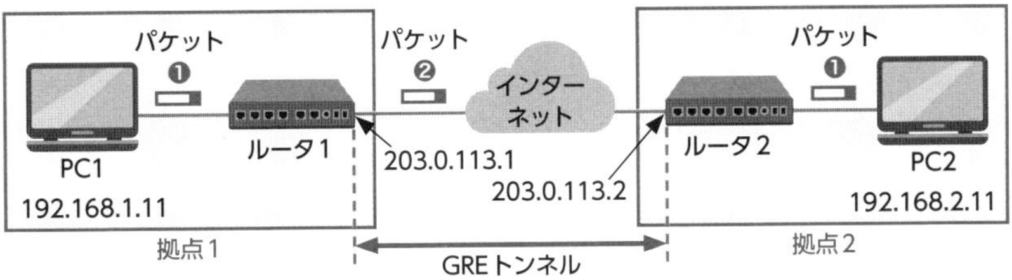

◉ GREトンネルの構成図

(2) GREでカプセル化したパケット構造

IPパケットをGREでカプセル化したときのパケット構造を解説します。とはいえ，既に説明したIPsec同じです。

まず，前記のカプセル化前のパケット❶は以下です。送信元IPアドレスがPC1（192.168.1.11）で，宛先IPアドレスがPC2（192.168.2.11）です。

宛先IPアドレス	送信元IPアドレス	データ
192.168.2.11	192.168.1.11	

◉ パケット❶のパケット構造

次は，GREでカプセル化したパケットです。先ほどのパケットにGREヘッダを付けるとともに，新しいIPヘッダを付与します。送信元IPアドレスがルータ1（203.1.113.1）で，宛先IPアドレスがルータ2（203.0.113.2）です。

宛先IPアドレス	送信元IPアドレス	GREヘッダ	宛先IPアドレス	送信元IPアドレス	データ
203.0.113.2	203.1.113.1		192.168.2.11	192.168.1.11	

◉ パケット❷のパケット構造

4 GRE over IPsec

先ほども述べましたが，OSPFのHelloパケットをインターネットVPNなどのWANで交換するには，GREトンネルが必要になります。（ただし，WANに広域イーサネットを使う場合は不要です。広域イーサネットはブロードキャストもマルチキャストフレームも通過できるからです。）

OSPFをIPsecを使ったWANで利用する際に，**GRE over IPsec**を使うということは，過去問でも何度か問われました。例えば，過去問（平成30年午後1問3）では，「GRE over IPsecを利用する目的」が問われ，正解は，「OSPFのマルチキャストを通すため」です。

しかし，GREはパケットをGREは暗号化する機能がありません。そこで，IPsecとGREを組み合わせる必要があります。

GRE over IPsecのパケット構造は，過去問（平成28年午後2問2図7）の図を使って説明します。

元のパケットの構成

項目名	IP ヘッダ1	TCP/UDP ヘッダ	データ

カプセル化されたパケットの構成

項目名	IP ヘッダ1	ESP ヘッダ	GRE ヘッダ	IP ヘッダ2	TCP/UDP ヘッダ	データ	ESP トレーラ	ESP 認証データ
バイト数	20	8	4	20	20	可変	不定	不定

◉ GRE over IPsecのパケット構造

はい，そうなります。イメージしやすいように，具体的なIPヘッダで解説します。たとえば，OSPFのHelloパケットは，宛先IPアドレスとして，マルチキャストアドレス（224.0.0.5）を使用します。これが，上記の図の元パケットのIPヘッダや，カプセル化されたパケットのIPヘッダ2です。

IPヘッダ1は，宛先のIPsecルータとして，例えば203.0.113.1などが宛先IPアドレスになります。参考ですが，IPsecはトンネルモードではなくトランスポートモードです。また，IPsecによって，ESPヘッダが付与されますが，IPヘッダの変更はありません。

5 カプセル化とMTU

(1) MTUとMSS

4-2章「IPパケットの構成」の「IPヘッダ」でも触れましたが，IPパケットの最大サイズを**MTU**（Maximum Transmission Unit）といいます。また，IPヘッダとTCPヘッダを除いたデータ部分を**MSS**（Maximum Segment Size）といい，最大サイズは1460バイトです。

IPヘッダ (IPアドレスなど)	TCPヘッダ (ポート番号など)	データ
20バイト	20バイト	～1460バイト

← MSS →

← MTU →

◉ MTUとMSS

仮に，パケットがMTUやMSSで決められたサイズより大きくなると，パケットが複数に分割（**フラグメント**）されます。分割されたパケットは，元通りに組み立てる（リアセンブル）する処理が発生し，通信速度の悪化につながります。

(2) カプセル化とMTU

GREなどのプロトコルでカプセル化するとヘッダが長くなるので，PCから発出されるパケットのMTUやMSSの値を小さくする必要があります。

どちらか一方でいい気がしますよね。しかし，MTUはルータで調整しますが，MSSはPCが調整します。別々の機器で調整しているので，結果的に両方の調整を行うことになります。

まず，MTUですが，GRE等でヘッダを付与するとMTUサイズの1500バイトを超えてしまいます。そこで，ルータでMTUを調整します（下図❶）。

次にMSSですが，MSSは，TCP通信の確立時（3ウェイハンドシェイク）に送信側（下図のPC）と受信側（下図のサーバ）の端末間で決定します（下図❷）。しかし，途中でカプセル化されることは知りませんので，最適なMSSにはなりません。そこで，ルータが最適なMSS値に書き換えます（下図❸）。

MSSだけ最適な値にすればいいのでは？と考えるかもしれませんが，MSSはTCPだけにしか使えません。UDPではMTUを調整する必要があります。

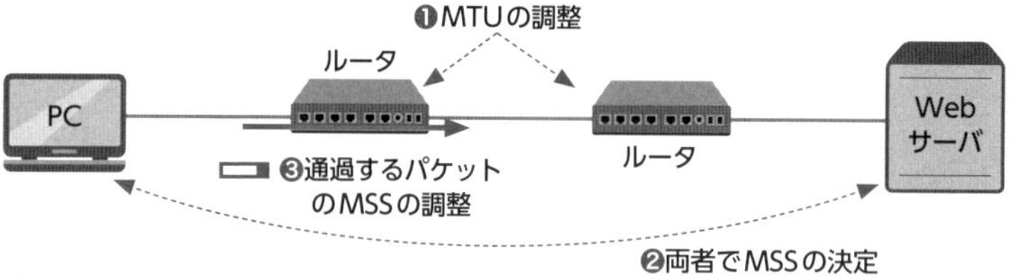

◉ MTUとMSSの調整

索 引

Index

数字，アルファベット順

五十音順

■表記について

・本文の用語は原則，情報処理技術者試験の問題文に合わせています。

・本書に登場する企業や団体名，製品名は，それぞれの商標または登録商標です。

■著者

左門 至峰（さもん しほう）

システムエンジニア

株式会社エスエスコンサルティング代表取締役

システムエンジニアとしての本業に加え，IT系資格，セキュリティ技術・運用などの分野で書籍，雑誌記事を執筆。オリジナルコンテンツを用いたセミナーなどで多くの後進を育てる。IT系資格の試験対策，セキュリティ機器の活用ハンズオン，新人向けIT基礎研修などの講師として実績と定評がある。著書多数。『日経クロステック』『日経NETWORK』（日経BP）や『Think IT』（インプレス）などで記事を執筆。保有資格は「ネットワークスペシャリスト」「プロジェクトマネージャ」「IT ストラテジスト」「システムアーキテクト」「技術士（情報工学）」「情報処理安全確保支援士」「テクニカルエンジニア（データベース）試験」「セキュリティ プロフェッショナル認定資格制度（CISSP）」など。

左門至峰の出るとこ

ネスペ教科書

最短距離で合格できるネットワークスペシャリスト

2023年12月18日　第1版第1刷発行
2024年 2月26日　第1版第2刷発行

著　　者　左門 至峰
編　　集　日経クロステック 齊藤 貴之
発 行 者　森重 和春
発　　行　株式会社日経BP
発　　売　株式会社日経BPマーケティング
　　　　　〒105-8308　東京都港区虎ノ門4-3-12
イラスト　冬乃 郁也（カバー表），串田 千麻（本文，カバー裏）
表紙デザイン　Oruha Design（新川 春男）
制　　作　マップス
印刷・製本　図書印刷

ISBN 978-4-296-20384-0